现场监理安全知识解析

主编　张存钦

中国建筑工业出版社

图书在版编目（CIP）数据

现场监理安全知识解析/张存钦主编. —北京：中国建筑工业出版社，2019.8
ISBN 978-7-112-24084-5

Ⅰ.①现… Ⅱ.①张… Ⅲ.①建筑施工-施工监理 Ⅳ.①TU712.2

中国版本图书馆CIP数据核字(2019)第173741号

责任编辑：宋 凯 张智芊
责任校对：赵听雨

现场监理安全知识解析
主编 张存钦
*
中国建筑工业出版社出版、发行（北京海淀三里河路9号）
各地新华书店、建筑书店经销
北京科地亚盟排版公司制版
北京建筑工业印刷厂印刷
*
开本：787×1092毫米 1/16 印张：13¾ 字数：342千字
2019年9月第一版 2019年9月第一次印刷
定价：**46.00**元

ISBN 978-7-112-24084-5
(34305)

質量安全
銘刻於心
監理为本
全面提昇

王早生
己亥年夏

中国建设监理协会会长王早生为本书题字

本书编委会

前　言

《现场监理安全知识解析》是根据现行国家法律、法规、规定、标准及规范，结合现场监理人员上岗培训的实际需要，旨在提高现场监理从业人员服务水平、规范监理工作行为，由中国建设监理协会、河南省建设监理协会、中元方工程咨询有限公司组织行业专家、学者以及中国监理大师，历时三年呕心沥血编写、审核、校订而成。

本书的最突出特点是具有很强的针对性、实用性和可操作性。根据实际工作中经常使用或涉及的法律、法规、规范、标准、主管部门文件等内容，以单项选择题、多项选择题、填空题、判断题等形式进行相关安全知识点的汇总、解析。能切实有效的提高现场监理从业人员业务技能，也可以最大限度的防范风险、规避风险，从而可以提高监理行业的履职服务水平。

本书的编写得到中国建设监理协会、河南省建设监理协会以及监理兄弟单位的大力支持，他们对本书的编写提出了许多宝贵的意见和建议；在本书的编写过程中监理行业人员也给予了大力支持和帮助，在此，一并表示衷心感谢！

由于编者水平有限，又缺乏编写经验，书中疏漏和错误之处在所难免，欢迎批评指正，以便我们在下次修订时改进。

《现场监理安全知识解析》编写委员会

2019 年 9 月

目　　录

第一部分　单项选择题

1. 按照住房城乡建设部的有关规定，开挖深度超过（　　）的基坑、槽的土方开挖工程应当编制专项施工方案。

A. 3m（含 3m）　B. 4m　C. 5m（含 5m）　D. 8m

【答案】 A

【解析】 根据住房城乡建设部办公厅关于实施《危险性较大的分部分项工程安全管理规定》有关问题的通知，有关危险性较大的分部分项工程范围包括：开挖深度超过 3m（含 3m）或虽未超过 3m 但地质条件和周边环境复杂的基坑（槽）的土方开挖、支护、降水工程。

2. 垂直运输机械作业人员、安装拆卸工、爆破作业人员、起重信号工、登高架设作业人员等特种作业人员，必须按照国家有关规定经过（　　）培训，并取得特种作业操作资格证书后，方可上岗作业。

A. 专门的安全作业　B. 三级教育

C. 安全管理教育　D. 安全技术交底

【答案】 A

【解析】 根据《建设工程安全生产管理条例》第二十五条：垂直运输机械作业人员、安装拆卸工、爆破作业人员、起重信号工、登高架设作业人员等特种作业人员，必须按照国家有关规定经过专门的安全作业培训，并取得特种作业操作资格证书后，方可上岗作业。

3. 工地高处作业遇大雾、大雨和（　　）级以上大风时，禁止露天攀登与悬空高处作业。

A. 五　B. 六　C. 七　D. 八

【答案】 B

【解析】 根据《建筑施工高处作业安全技术规范》JGJ 80—2016 第 3.0.8 条：在雨、霜、雾、雪等天气进行高处作业时，应采取防滑、防冻措施，并应及时清除作业面上的水、冰、雪、霜。

当遇有 6 级以上强风、浓雾、沙尘暴等恶劣气候，不得进行露天攀登与悬空高处作业。暴风雪及台风暴雨后，应对高处作业安全设施进行检查，当发现有松动、变形、损坏或脱落等现象时，应立即修理完善，维修合格后再使用。

4. 在一般路段的施工工地设置的封闭围挡高度不应小于（　　）m。

A. 2.2　B. 2　C. 1.8　D. 3

【答案】 C

【解析】 根据《建筑施工安全检查标准》JGJ 59—2011 第 3.2.3 条：文明施工保证项目的检查评定现场围挡应符合下列规定：1）市区主要路段的工地应设置高度不小于 2.5m 的封闭围挡；2）一般路段的工地应设置高度不小于 1.8m 的封闭围挡；3）围挡应坚固、稳定、整洁、美观。

5. 依据《国务院关于进一步加强企业安全生产工作的通知》规定，要进一步规范企业生产经营行为。加强对生产现场监督检查，严格查处（　　）的“三违”行为。

A. 违章指挥、违规作业、违反劳动纪律

B. 违章生产、违章指挥、违反纪律

C. 违章作业、违章指挥、违反操作规程

D. 违章指挥、违章操作、违章生产

【答案】A

【解析】根据《国务院关于进一步加强企业安全生产工作的通知》国发〔2010〕23号第3条：进一步规范企业生产经营行为。企业要健全完善严格的安全生产规章制度，坚持不安全不生产。加强对生产现场监督检查，严格查处违章指挥、违规作业、违反劳动纪律的“三违”行为。

6. 满堂支撑架外侧周边及中间每隔6～8m应由底至顶连续设置（　　）。

A. 横向剪刀撑　　B. 竖向剪刀撑　　C. 斜撑　　D. 纵向剪刀撑

【答案】B

【解析】根据《建筑施工扣件式脚手架安全技术规程》JGJ 130—2011第6.8.4条：满堂脚手架应在架体外侧四周及内部纵、横向每6m至8m由底至顶设置连续竖向剪刀撑。当架体搭设高度在8m以下时，应在架顶部设置连续水平剪刀撑；当架体搭设高度在8m及以上时，应在架体底部及竖向间隔不超过8m分别设置连续水平剪刀撑。水平剪刀撑宜在竖向剪刀撑斜相交平面设置。剪刀撑宽度应为6～8m。

7. 关于项目监理机构在施工测量控制职责，下列叙述正确的是（　　）。

A. 核验规划部门提交的测量成果，并移交施工单位

B. 查验内容包括施工单位测量人员的资格证书及测量设备检定证书

C. 查验施工单位提交的施工控制网和临时水准点的测量成果及控制桩的保护措施即予签发

D. 检查施工单位提交的书面测量成果后即予签发

【答案】C

【解析】根据《建设工程监理规范》GB/T 50319—2013第5.2.5条：专业监理工程师应检查、复核施工单位报送的施工控制测量成果及保护措施，签署意见。专业监理工程师应对施工单位在施工过程中报送的施工测量放线成果进行查验。

施工控制测量成果及保护措施的检查、复核，应包括下列内容：

1. 施工单位测量人员的资格证书及测量设备检定证书；

2. 施工平面控制网、高程控制网和临时水准点的测量成果及控制桩的保护措施。

8. 生产经营单位应当在危险源、危险区域设置明显的（　　）。

A. 避险告知牌　　B. 职业危害告知牌　C. 危险警示标志　　D. 安全警示标志

【答案】D

【解析】根据《中华人民共和国安全生产法》第三十二条：生产经营单位应当在有较大危险因素的生产经营场所和有关设施、设备上，设置明显的安全警示标志。

9. 生产经营单位必须为从业人员提供符合国家标准或者行业标准的（　　）用品，并监督、教育从业人员按照使用规则佩戴、使用。

A. 劳动工具　　B. 劳动防护　　C. 安全防护　　D. 劳动安全

【答案】B

【解析】根据《中华人民共和国安全生产法》第四十二条：生产经营单位必须为从业人员提供符合国家标准或者行业标准的劳动防护用品，并监督、教育从业人员按照使用规则佩戴、使用。

10. 特种作业人员应当按照国家有关规定，接受与其所从事的特种作业相应的安全技术理论培训和实际操作培训，取得（　　）后，方可上岗作业。

A. 安全生产管理资格证书　　B. 劳动技能培训证书

C. 特种作业相关资格证书　　D. 企业上岗证

【答案】C

【解析】根据《建筑施工特种作业人员管理规定》第四条：建筑施工特种作业人员必须经建设主管部门考核合格，取得建筑施工特种作业人员操作资格证书，方可上岗从事相应作业。

11. 生产经营单位应当建立健全安全生产隐患排查治理体系，定期组织安全检查，开展事故隐患自查自纠。对查出的问题应当（　　）。

A. 立即通报企业各部门　　B. 立即上报有关管理部门

C. 立即整改　　D. 通报批评

【答案】C

【解析】根据《中华人民共和国安全生产法》第三十八条：生产经营单位应当建立健全生产安全事故隐患排查治理制度，采取技术、管理措施，及时发现并消除事故隐患。事故隐患排查治理情况应当如实记录，并向从业人员通报。

12.（　　）是本单位安全生产的第一责任人，对落实本单位安全生产主体责任全面负责。

A. 生产经营单位的主要负责人　　B. 安全总监

C. 分管安全负责人　　D. 安全管理人员

【答案】A

【解析】根据《中华人民共和国安全生产法》第五条：生产经营单位的主要负责人对本单位的安全生产工作全面负责。

13. 依据《安全生产法》规定，从业人员不足100人的生产经营单位应当（　　）。

A. 设置安全生产管理机构，并配备专职安全生产管理人员

B. 设置安全生产管理机构，并配备兼职安全生产管理人员

C. 配备专职或兼职的安全生产管理人员

D. 按一定的比率配备专职或兼职的安全生产管理人员

【答案】C

【解析】根据《中华人民共和国安全生产法》第二十一条：矿山、金属冶炼、建筑施工、道路运输单位和危险物品的生产、经营、储存单位，应当设置安全生产管理机构或者配备专职安全生产管理人员。“前款规定以外的其他生产经营单位，从业人员超过一百人的，应当设置安全生产管理机构或者配备专职安全生产管理人员；从业人员在一百人以下的，应当配备专职或者兼职的安全生产管理人员。”

14. 依据《建设工程质量管理条例》规定，建设单位应当自建设工程竣工验收合格之日起（　　）日内，将建设工程竣工报告报建设行政主管部门备案。

A. 10　　B. 15　　C. 20　　D. 30

【答案】B

【解析】根据《建设工程质量管理条例》第四十九条：建设单位应当自房屋建筑工程竣工验收和消防、电梯、燃气等工程验收合格之日起十五日内，将竣工验收报告和有关合格证明文件或者准许使用文件报建设行政主管部门备案。

15. 依据《建设工程监理规范》规定，监理单位实施施工阶段监理工作时，有关项目监理机构及其设施方面的相关规定，下列表述中不符合要求的为（　　）。

A. 必须在施工现场建立项目监理机构

B. 配备的监理人员应专业配套且数量满足监理工作的需要

C. 总监理工程师调整时，监理单位应征得建设单位和承包单位同意

D. 依据监理合同约定，配备满足监理工作需要的检测设备和工器具

【答案】C

【解析】根据《建设工程监理规范》GB/T 50319—2013 第 3.1.1 条：工程监理单位实施监理时，应在施工现场派驻项目监理机构。项目监理机构的组织形式和规模，可根据建设工程监理合同约定的服务内容、服务期限，以及工程特点、规模、技术复杂程度、环境等因素确定。

第 3.1.2 条：项目监理机构的监理人员应由总监理工程师、专业监理工程师和监理员组成，且专业配套、数量应满足建设工程监理工作需要，必要时可设总监理工程师代表。

第 3.1.4 条：工程监理单位调换总监理工程师时，应征得建设单位书面同意；调换专业监理工程师时，总监理工程师应书面通知建设单位。

第 3.3.2 条：工程监理单位宜按建设工程监理合同约定，配备满足监理工作需要的检测设备和工器具。

16. 项目监理机构对施工单位提出的涉及设计文件修改的工程变更申请的处理程序是（　　）。

A. 审查申请→提出审查意见→报建设单位批准→监督工程变更实施

B. 建设、监理、施工单位共同协商确定变更费用及工期调整→签发变更单→监督工程变更实施

C. 审查申请→提出审查意见→评估变更对费用及工期影响提出处理意见→组织建设、施工单位协商→会签工程变更单→监督工程变更实施

D. 审查申请→同施工单位协商→提出处理意见→报建设单位批准→监督工程变更实施

【答案】C

【解析】根据《建设工程监理规范》GB/T 50319—2013 第 6.3.1 条：项目监理机构可按下列程序处理施工单位提出的工程变更：

1）总监理工程师组织专业监理工程师审查施工单位提出的工程变更申请，提出审查意见。对涉及工程设计文件修改的工程变更，应由建设单位转交原设计单位修改工程设计文件。必要时，项目监理机构应建议建设单位组织设计、施工等单位召开论证工程设计文件的修改方案的专题会议。

2）总监理工程师组织专业监理工程师对工程变更费用及工期影响作出评估。

3）总监理工程师组织建设单位、施工单位等共同协商确定工程变更费用及工期变化，会签工程变更单。

4）项目监理机构根据批准的工程变更文件监督施工单位实施工程变更。

17. 依据《建设工程安全生产管理条例》规定，生产经营单位发生生产安全事故后，事故现场有关人员应当立即报告（　　）。

A. 本单位安全管理人员　　B. 本单位负责人

C. 当地安全生产监督管理部门　　D. 监理单位

【答案】B

【解析】根据《建设工程安全生产管理条例》第八十条：生产经营单位发生生产安全事故后，事故现场有关人员应当立即报告本单位负责人。单位负责人接到事故报告后，应当迅速采取有效措施，组织抢救，防止事故扩大，减少人员伤亡和财产损失，并按照国家有关规定立即如实报告当地负有安全生产监督管理职责的部门，不得隐瞒不报、谎报或者迟报，不得故意破坏事故现场、毁灭有关证据。

18. 依据《安全生产法》规定，不具备安全生产条件的生产经营单位（　　）。

A. 不得从事生产经营活动

B. 经主管部门批准后允许生产经营

C. 经安全生产监管部门批准后可从事生产经营活动

D. 经单位负责人同意后可从事生产经营活动

【答案】A

【解析】根据《中华人民共和国安全生产法》第十七条：生产经营单位应当具备本法和有关法律、行政法规和国家标准或者行业标准规定的安全生产条件；不具备安全生产条件的，不得从事生产经营活动。

19. 专业监理工程师应审查施工单位报送的新材料、新工艺、新技术、新设备的（　　）和相关验收标准的适用性，必要时，应要求施工单位组织专题论证，审查合格后报总监理工程师签认。

A. 专业规范　　B. 质量认证材料　　C. 技术措施　　D. 安全措施

【答案】B

【解析】根据《建设工程监理规范》GB/T 50319—2013 第 5.2.4 条：专业监理工程师应审查施工单位报送的新材料、新工艺、新技术、新设备的质量认证材料和相关验收标准的适用性，必要时，应要求施工单位组织专题论证，审查合格后报总监理工程师签认。

20. 监理机构应参加由建设单位组织的竣工验收，对验收中提出需整改问题，项目监理机构应要求承包单位及时整改。工程质量符合要求，（　　）应在工程竣工验收报告中签署意见。

A. 总监理工程师　B. 专业监理工程师　C. 监理单位负责人　D. 总监理工程师代表

【答案】A

【解析】根据《建设工程监理规范》GB/T 50319—2013 第 5.2.20 条：项目监理机构应参加由建设单位组织的竣工验收，对验收中提出的整改问题，应督促施工单位及时整改。工程质量符合要求的，总监理工程师应在工程竣工验收报告中签署意见。

21. 依据《建设工程安全生产管理条例》规定，注册执业人员未执行法律、法规和工程建设强制性标准，情节严重的，吊销执业资格证书，（　　）年内不予注册；造成重大安全事故的，终身不予注册；构成犯罪的，依照刑法有关规定追究刑事责任。

A. 3　　B. 4　　C. 5　　D. 6

【答案】C

【解析】根据《建设工程安全生产管理条例》第五十八条：注册执业人员未执行法律、法规和工程建设强制性标准的，责令停止执业 3 个月以上 1 年以下；情节严重的，吊销执业资格证书，5 年内不予注册；造成重大安全事故的，终身不予注册；构成犯罪的，依照刑法有关规定追究刑事责任。

22. 依据《建设工程安全生产管理条例》规定，（　　）应当审查施工组织设计中的安全技术措施或者专项施工方案是否符合工程建设强制性标准。

A. 监理单位　　B. 勘察单位　　C. 设计单位　　D. 建设单位

【答案】A

【解析】根据《建设工程安全生产管理条例》第十四条：工程监理单位应当审查施工组织设计中的安全技术措施或者专项施工方案是否符合工程建设强制性标准。

23. 建设工程安全生产管理，坚持（　　）的方针。

A. 安全第一、预防为主　　B. 百年大计、质量第一

C. 安全第一、用户至上　　D. 全员管理、安全第一

【答案】A

【解析】根据《建设工程安全生产管理条例》第三条：建设工程安全生产管理，坚持安全第一、预防为主的方针。

24. 单位工程质量竣工验收记录中的“综合验收结论”由验收组共同商定后，由（　　）填写。

A. 建设单位　　B. 施工单位　　C. 监理单位　　D. 设计单位

【答案】A

【解析】根据《建筑工程施工质量验收统一标准》GB 50300—2013 H. 0. 2：表 H. 0. 1-1 中的验收记录由施工单位填写，验收结论由监理单位填写。综合验收结论经参加验收各方共同商定，由建设单位填写，应对工程质量是否符合设计文件和相关标准的规定及总体质量水平做出评价。

25. 依据《建筑法》规定，建筑工程安全生产管理必须坚持（　　）的方针，建立健全安全生产的责任制度和群防群治制度。

A. 安全第一、预防为主　　B. 安全为了生产，生产必须安全

C. 安全生产人人有责　　D. 以人为本

【答案】A

【解析】根据《中华人民共和国建筑法》第三十六条：建筑工程安全生产管理必须坚持安全第一、预防为主的方针，建立健全安全生产的责任制度和群防群治制度。

26. 依据《建筑法》规定，建设工程监理实施的前提是（　　）。

A. 依法取得建设单位的委托和授权　　B. 建设工程施工合同已经签订

C. 施工许可证已经办理　　D. 监理规划获得批准

【答案】A

【解析】根据《中华人民共和国建筑法》第三十四条：工程监理单位应当在其资质等级许可的监理范围内，承担工程监理业务。

工程监理单位应当根据建设单位的委托，客观、公正地执行监理任务。

工程监理单位与被监理工程的承包单位以及建筑材料、建筑构配件和设备供应单位不得有隶属关系或者其他利害关系。

工程监理单位不得转让工程监理业务。

27. 监理规划的主要内容不包括（　　）。

A. 监理工作目标　B. 监理实施细则　C. 监理组织形式　D. 监理工作制度

【答案】B

【解析】根据《建设工程监理规范》GB/T 50319—2013 第 4.2.3 条：监理规划应包括下列主要内容：

1）工程概况。2）监理工作的范围、内容、目标。3）监理工作依据。4）监理组织形式、人员配备及进退场计划、监理人员岗位职责。5）监理工作制度。6）工程质量控制。7）工程造价控制。8）工程进度控制。9）安全生产管理的监理工作。10）合同与信息管理。11）组织协调。12）监理工作设施。

28. 安全监理工作中，发现有违规施工和存在安全事故隐患的，应当要求施工单位（　　）。

A. 自纠　B. 整改　C. 停工　D. 返工

【答案】B

【解析】根据《建设工程安全生产管理条例》第十四条：工程监理单位在实施监理过程中，发现存在安全事故隐患的，应当要求施工单位整改；情况严重的，应当要求施工单位暂时停止施工，并及时报告建设单位。施工单位拒不整改或者不停止施工的，工程监理单位应当及时向有关主管部门报告。

29. 在安全监理巡视检查中，发现有违规施工和存在安全事故隐患，情况严重的，由总监理工程师下达（　　），并报告建设单位。

A. 口头指令　B. 监理通知　C. 紧急通知　D. 工程暂停令

【答案】D

【解析】根据《建设工程安全生产管理条例》第十四条：工程监理单位在实施监理过程中，发现存在安全事故隐患的，应当要求施工单位整改；情况严重的，应当要求施工单位暂时停止施工，并及时报告建设单位。施工单位拒不整改或者不停止施工的，工程监理单位应当及时向有关主管部门报告。

30. 工程监理单位应对施工组织设计中的安全技术措施或专项施工方案是否符合（　　）进行审查。

A. 工程监理规范　B. 施工验收规范

C. 工程建设强制性标准　D. 设计文件要求

【答案】C

【解析】根据《建设工程安全生产管理条例》第十四条：工程监理单位应当审查施工组织设计中的安全技术措施或者专项施工方案是否符合工程建设强制性标准。

31. 依据《危险性较大的分部分项工程安全管理规定》规定，对下列超过一定规模的危险性较大的分部分项工程专项施工方案，应当由（　　）组织专家组进行论证、审查。

A. 建设主管部门　B. 建设单位　C. 监理单位　D. 施工单位

【答案】D

【解析】根据《危险性较大的分部分项工程安全管理规定》第十二条：超过一定规模的危险性较大的分部分项工程专项方案应当由施工单位组织召开专家论证会。实行施工总承包的，由施工总承包单位组织召开专家论证会。

32. 依据《建设工程安全生产管理条例》规定，监理工程师应当按照法律、法规和工程建设强制性标准实施安全监理，并对建设工程安全生产承担（　　）。

A. 施工责任　B. 监理责任　C. 合同责任　D. 行政责任

【答案】B

【解析】根据《建设工程安全生产管理条例》第十四条：工程监理单位和监理工程师应当按照法律、法规和工程建设强制性标准实施监理，并对建设工程安全生产承担监理责任。

33. 施工单位应当在（　　）施工前编制安全专项施工方案。

A. 大中型工程　B. 关键工程　C. 主体结构工程　D. 危险性较大工程

【答案】D

【解析】根据《危险性较大的分部分项工程安全管理规定》第十条：施工单位应当在危大工程施工前组织工程技术人员编制专项施工方案。

34. 建设行政主管部门应当自收到申请之日起（　　）日内，对符合条件的申请颁发施工许可证。

A. 5　B. 7　C. 15　D. 30

【答案】B

【解析】根据《中华人民共和国建筑法》第八条：建设行政主管部门应当自收到申请之日起七日内，对符合条件的申请颁发施工许可证。

35. 两个以上不同资质等级的施工单位实行联合共同承包的，应当按照（　　）的单位的业务许可范围承揽工程。

A. 资质等级低　B. 资质等级高

C. 建设单位认可的资质等级　D. 监理单位认可的资质等级

【答案】A

【解析】根据《中华人民共和国建筑法》第二十七条：两个以上不同资质等级的单位实行联合共同的，应当按照资质等级低的单位的业务许可范围承揽工程。

36. 依据《安全生产法》规定，生产经营单位应当具备的安全生产条件所必需的（　　），由生产经营单位的决策机构、主要负责人或者个人经营的投资人予以保证，并对由于安全生产所必需的资金投入不足导致的后果承担责任。

A. 设备投入　B. 人员配备　C. 资金投入　D. 资源配置

【答案】C

【解析】根据《中华人民共和国安全生产法》第二十条：生产经营单位应当具备的安全生产条件所必需的资金投入，由生产经营单位的决策机构、主要负责人或者个人经营的投资人予以保证，并对由于安全生产所必需的资金投入不足导致的后果承担责任。

37. 在本单位发生生产安全事故时，生产经营单位的主要负责人不立即组织抢救或者在事故调查处理期间擅离职守或者逃匿的，对其给予的处分和处罚不包括（　　）。

A. 降级　　B. 撤职　　C. 拘押　　D. 罚款

【答案】 C

【解析】 根据《中华人民共和国安全生产法》第一百零六条：生产经营单位的主要负责人在本单位发生生产安全事故时，不立即组织抢救或者在事故调查处理期间擅离职守或者逃匿的，给予降级、撤职的处分，并由安全生产监督管理部门处上一年年收入百分之六十至百分之一百的罚款；对逃匿的处十五日以下拘留；构成犯罪的，依照刑法有关规定追究刑事责任。

38. 依据《安全生产法》规定，发现危及从业人员生命安全情况时，工会有权（　　）从业人员撤离危险场所。

A. 代表生产经营单位决定　　B. 命令现场负责人组织

C. 向生产经营单位建议组织　　D. 采取紧急措施指挥

【答案】 C

【解析】 根据《中华人民共和国安全生产法》第五十七条：工会对生产经营单位违反安全生产法律、法规，侵犯从业人员合法权益的行为，有权要求纠正；发现生产经营单位违章指挥、强令冒险作业或者发现事故隐患时，有权提出解决的建议，生产经营单位应当及时研究答复；发现危及从业人员生命安全的情况时，有权向生产经营单位建议组织从业人员撤离危险场所，生产经营单位必须立即作出处理。

39. 企业主要负责人在本单位发生重大生产安全事故后逃匿，应当处（　　）日以下的拘留。

A. 5　　B. 10　　C. 15　　D. 30

【答案】 C

【解析】 根据《中华人民共和国安全生产法》第一百零六条：生产经营单位的主要负责人在本单位发生生产安全事故时，不立即组织抢救或者在事故调查处理期间擅离职守或者逃匿的，给予降级、撤职的处分，并由安全生产监督管理部门处上一年年收入百分之六十至百分之一百的罚款；对逃匿的处十五日以下拘留；构成犯罪的，依照刑法有关规定追究刑事责任。

40. 依据《安全生产法》规定，企业必须对安全设备进行（　　）维护、保养。

A. 定期　　B. 周期性　　C. 经常性　　D. 一次性

【答案】 C

【解析】 根据《中华人民共和国安全生产法》第三十三条：生产经营单位必须对安全设备进行经常性维护、保养，并定期检测，保证正常运转。维护、保养、检测应当做好记录，并由有关人员签字。

41. 依据《建设工程质量管理条例》规定，未经（　　）签字的建筑材料不得在工程上使用。

A. 监理员　　B. 见证员　　C. 安全员　　D. 监理工程师

【答案】 D

【解析】 根据《建设工程质量管理条例》第三十七条：未经监理工程师签字，建筑材料、建筑构配件和设备不得在工程上使用或者安装，施工单位不得进行下一道工序的施工。未经总监理工程师签字，建设单位不拨付工程款，不进行竣工验收。

42. 隐蔽工程验收前应由（　　）通知监理单位进行验收，并形成验收文件。

A. 建设单位　　B. 监理单位　　C. 施工单位　　D. 质量监督部门

【答案】 C

【解析】 根据《建筑工程施工质量验收统一标准》GB 50300—2013 第 3.0.6 条：隐蔽工程在隐蔽前应由施工单位通知监理单位进行验收，并应形成验收文件，验收合格后方可继续施工。

43. 依据《生产安全事故报告和调查处理条例》规定，事故一般可分为以下等级（　　）。

A. 特别重大事故、重大事故、较大事故、一般事故

B. 一级事故、二级事故、三级事故、四级事故

C. 特别严重事故、特别重大事故、重大事故、较大事故

D. 特别严重事故、一级事故、二级事故、三级事故

【答案】 A

【解析】 根据《生产安全事故报告和调查处理条例》第三条：根据生产安全事故（以下简称事故）造成的人员伤亡或者直接经济损失，事故一般分为以下等级：

（一）特别重大事故，是指造成 30 人以上死亡，或者 100 人以上重伤（包括急性工业中毒，下同），或者 1 亿元以上直接经济损失的事故；

（二）重大事故，是指造成 10 人以上 30 人以下死亡，或者 50 人以上 100 人以下重伤，或者 5000 万元以上 1 亿元以下直接经济损失的事故；

（三）较大事故，是指造成 3 人以上 10 人以下死亡，或者 10 人以上 50 人以下重伤，或者 1000 万元以上 5000 万元以下直接经济损失的事故；

（四）一般事故，是指造成 3 人以下死亡，或者 10 人以下重伤，或者 1000 万元以下直接经济损失的事故。

44. 建设单位应在工程竣工验收前（　　）个工作日前将验收时间、地点、验收组名单通知该工程的工程质量监督机构。

A. 5　　B. 7　　C. 10　　D. 14

【答案】 B

【解析】 根据《房屋建筑和市政基础设施工程竣工验收规定》第六条：（三）建设单位应当在工程竣工验收 7 个工作日前将验收的时间、地点及验收组名单书面通知负责监督该工程的工程质量监督机构。

45. 依据《建筑施工质量验收统一标准》规定，（　　）是按主要工种、材料、施工工艺、设备类别等进行划分的。

A. 检验批　　B. 分项工程　　C. 分部工程　　D. 单位工程

【答案】 B

【解析】 根据《建筑施工质量验收统一标准》GB 50300—2013 第 4.0.4 条：分项工程可按主要工种、材料、施工工艺、设备类别等进行划分。

46. 依据《建筑工程施工质量验收统一标准》规定，建筑工程质量验收逐级划分为（　　）。

A. 分部工程、分项工程和检验批

B. 分部工程、分项工程、隐蔽工程和检验批

C. 单位工程、分部工程、分项工程和检验批

D. 单位工程、分部工程、分项工程、隐蔽工程和检验批

【答案】 C

【解析】 根据《建筑施工质量验收统一标准》GB 50300—2013 第 4.0.1 条：建筑工程施工质量验收应划分为单位工程、分部工程、分项工程和检验批。

47. 依据《建筑施工扣件式脚手架安全技术规程》规定，连墙件必须采用（　　）的构造。

A. 可承受压力　　B. 可承受拉力

C. 可承受压力和拉力　　D. 仅有拉筋或仅有顶撑

【答案】 C

【解析】 根据《建筑施工扣件式脚手架安全技术规程》JGJ 130—2011 第 6.4.6 条：连墙件必须采用可承受拉力和压力的构造。对高度 24m 以上的双排脚手架，应采用刚性连墙件与建筑物连接。

48. 依据《中华人民共和国安全生产法》规定，生产经营单位新建、改建、扩建工程项目的（　　），必须与主体工程同时设计、同时施工、同时投入生产和使用。

A. 生活设施　　B. 福利设施　　C. 安全设施　　D. 工作实施

【答案】 C

【解析】 根据《中华人民共和国安全生产法》第二十八条：生产经营单位新建、改建、扩建工程项目的安全设施，必须与主体工程同时设计、同时施工、同时投入生产和使用。安全设施投资应当纳入建设项目概算。

49. 依据《建设工程安全生产管理条例》规定，有关总包分包的责任承担表述不正确的是（　　）。

A. 总承包单位对施工现场的安全生产负总责

B. 分包单位应当服从总承包单位的安全生产管理

C. 总承包单位和分包单位就分包工程的安全生产承担连带责任

D. 总承包单位和分包单位就分包工程的安全生产承担各自的责任

【答案】 D

【解析】 根据《建设工程安全生产管理条例》第二十四条：建设工程实行施工总承包的，由总承包单位对施工现场的安全生产负总责。

总承包单位应当自行完成建设工程主体结构的施工。

总承包单位依法将建设工程分包给其他单位的，分包合同中应当明确各自的安全生产方面的权利、义务。总承包单位和分包单位对分包工程的安全生产承担连带责任。

分包单位应当服从总承包单位的安全生产管理，分包单位不服从管理导致生产安全事故的，由分包单位承担主要责任。

50. 依据《中华民族共和国安全生产法》规定，下列关于安全生产工作方针的表述，最准确的是（　　）。

A. 以人为本、安全第一、预防为主

B. 安全第一、预防为主、政府监管

C. 安全第一、预防为主、综合治理

D. 安全第一、预防为主、群防群治

【答案】C

【解析】根据《中华人民共和国安全生产法》第三条：安全生产工作应当以人为本，坚持安全发展，坚持安全第一、预防为主、综合治理的方针，强化和落实生产经营单位的主体责任，建立生产经营单位负责、职工参与、政府监管、行业自律和社会监督的机制。

51. 依据《安全生产法》规定，从业人员发现事故隐患或者其他不安全因素，正确的处理方法是（　　）。

A. 一定要自己想办法排除隐患

B. 立即停止所有作业

C. 告知工友注意安全后继续作业

D. 立即向现场安全生产管理人员或者本单位负责人报告

【答案】D

【解析】根据《中华人民共和国安全生产法》第五十六条：从业人员发现事故隐患或者其他不安全因素，应当立即向现场安全生产管理人员或者本单位负责人报告；接到报告的人员应当及时予以处理。

52. 依据《建设工程安全生产管理条例》规定，下列达到一定规模的危险性较大的分部分项工程中，应当由施工单位组织专家对其专项施工方案进行论证、审查的是（　　）。

A. 脚手架工程　　B. 土方开挖工程　　C. 高大模板工程　　D. 起重吊装工程

【答案】C

【解析】根据《建设工程安全生产管理条例》第二十六条：施工单位应当在施工组织设计中编制安全技术措施和施工现场临时用电方案，对下列达到一定规模的危险性较大的分部分项工程编制专项施工方案，并附具安全验算结果，经施工单位技术负责人、总监理工程师签字后实施，由专职安全生产管理人员进行现场监督：

（一）基坑支护与降水工程；

（二）土方开挖工程；

（三）模板工程；

（四）起重吊装工程；

（五）脚手架工程；

（六）拆除、爆破工程；

（七）国务院建设行政主管部门或者其他有关部门规定的其他危险性较大的工程。

对前款所列工程中涉及深基坑、地下暗挖工程、高大模板工程的专项施工方案，施工单位还应当组织专家进行论证、审查。

本条第一款规定的达到一定规模的危险性较大工程的标准，由国务院建设行政主管部门会同国务院其他有关部门制定。

53. 依据《建设工程安全生产管理条例》规定，属于工程监理单位的安全生产管理职责之一的是（　　）。

A. 发现存在安全事故隐患时，应要求施工单位立即暂时停止施工

B. 委派专职安全生产管理人员对安全生产进行现场监督检查

C. 发现存在安全事故隐患时，应立即报告建设单位

D. 审查施工组织设计中的安全技术措施或专项施工方案是否符合工程建设强制性标准

【答案】 D

【解析】 根据《建设工程安全生产管理条例》第十四条：工程监理单位应当审查施工组织设计中的安全技术措施或者专项施工方案是否符合工程建设强制性标准。

工程监理单位在实施监理过程中，发现存在安全事故隐患的，应当要求施工单位整改；情况严重的，应当要求施工单位暂时停止施工，并及时报告建设单位。施工单位拒不整改或者不停止施工的，工程监理单位应当及时向有关主管部门报告。

工程监理单位和监理工程师应当按照法律、法规和工程建设强制性标准实施监理，并对建设工程安全生产承担监理责任。

54. 依据《建设工程安全生产管理条例》规定，工程监理单位发现安全事故隐患要求施工单位整改或暂停施工，施工单位拒不整改或者不停止施工，监理单位未及时向有关主管部门报告的，责令限期改正；逾期未改正的，责令停业整顿，并处（　　）的罚款。

A. 1 万元以上 5 万元以下　　B. 3 万元以上 10 万元以下

C. 5 万元以上 20 万元以下　　D. 10 万元以上 30 万元以下

【答案】 D

【解析】 根据《建设工程安全生产管理条例》第五十七条：违反本条例的规定，工程监理单位有下列行为之一的，责令限期改正；逾期未改正的，责令停业整顿，并处 10 万元以上 30 万元以下的罚款；情节严重的，降低资质等级，直至吊销资质证书；造成重大安全事故，构成犯罪的，对直接责任人员，依照刑法有关规定追究刑事责任；造成损失的，依法承担赔偿责任：

（一）未对施工组织设计中的安全技术措施或者专项施工方案进行审查的；

（二）发现安全事故隐患未及时要求施工单位整改或者暂时停止施工的；

（三）施工单位拒不整改或者不停止施工，未及时向有关主管部门报告的；

（四）未依照法律、法规和工程建设强制性标准实施监理的。

55. 工程开工前，监理人员应参加建设单位主持召开的第一次工地会议，会议纪要应由（　　）负责整理，与会各方代表会签。

A. 项目监理机构　　B. 建设单位　　C. 施工单位　　D. 设计单位

【答案】 A

【解析】 根据《建设工程监理规范》GB/T 50319—2013 第 5.1.3 条：工程开工前，监理人员应参加由建设单位主持召开的第一次工地会议，会议纪要应由项目监理机构负责整理，与会各方代表应会签。

56. 依据《建设工程质量管理条例》规定，建设工程的保修期自（　　）起计算。

A. 施工单位提交竣工验收申请之日　　B. 竣工预验收合格之日

C. 交付使用之日　　D. 竣工验收合格之日

【答案】 D

【解析】 根据《建设工程质量管理条例》第四十条：建设工程的保修期，自竣工验收合格之日起计算。

57. 依据《建设工程监理规范》规定，关于工程质量评估报告的说法，正确的是（　　）。

A. 工程质量评估报告应在正式竣工验收前提交建设单位

B. 工程质量评估报告应由施工单位组织编制并经总监理工程师签认

C. 工程质量评估报告是工程竣工验收后形成的主要验收文件之一

D. 工程质量评估报告由专业监理工程师组织编制并经总监理工程师签认

【答案】A

【解析】根据《建设工程监理规范》GB/T 50319—2013 第 5.2.19 条：工程竣工预验收合格后，项目监理机构应编写工程质量评估报告，并应经总监理工程师和工程监理单位技术负责人审核签字后报建设单位。

58. 依据《建设工程安全生产管理条例》规定，施工单位在尚未竣工的建筑物内设置员工集体宿舍的处（　　）的罚款。

A. 10 万元以上 30 万元以下　　B. 5 万元以上 10 万元以下

C. 2 万元以上 5 万元以下　　D. 20 万元以上 50 万元以下

【答案】B

【解析】根据《建设工程安全生产管理条例》第六十四条：违反本条例的规定，施工单位有下列行为之一的，责令限期改正；逾期未改正的，责令停业整顿，并处 5 万元以上 10 万元以下的罚款；造成重大安全事故，构成犯罪的，对直接责任人员，依照刑法有关规定追究刑事责任：

（一）施工前未对有关安全施工的技术要求做出详细说明的；

（二）未根据不同施工阶段和周围环境及季节、气候的变化，在施工现场采取相应的安全施工措施，或者在城市市区内的建设工程的施工现场未实行封闭围挡的；

（三）在尚未竣工的建筑物内设置员工集体宿舍的；

（四）施工现场临时搭建的建筑物不符合安全使用要求的；

（五）未对因建设工程施工可能造成损害的毗邻建筑物、构筑物和地下管线等采取专项防护措施的。

59. 依据《建设工程质量管理条例》规定，屋面防水工程、有防水要求的卫生间、房间和外墙面的防渗漏工程的最低的保修期为（　　）年。

A. 5　　B. 2　　C. 3　　D. 1

【答案】A

【解析】根据《建设工程质量管理条例》第四十条：（二）屋面防水工程、有防水要求的卫生间、房间和外墙面的防渗漏，为 5 年。

60. 依据《建设工程质量管理条例》规定，建设工程发生质量事故，有关单位应当在（　　）小时内向当地建设行政主管部门和其他有关部门报告。

A. 24　　B. 48　　C. 72　　D. 12

【答案】A

【解析】根据《建设工程质量管理条例》第五十二条：建设工程发生质量事故，有关单位应当在 24 小时内向当地建设行政主管部门和其他有关部门报告。对重大质量事故，事故发生地的建设行政主管部门和其他有关部门应当按照事故类别和等级向当地人民政府和上级建设行政主管部门和其他有关部门报告。

特别重大质量事故的调查程序按照国务院有关规定办理。

61. 依据《危险性较大的分部分项工程安全管理规定》规定，下列需专家论证的分部分项工程是（　　）。

A. 搭设高度 6m 的混凝土模板支撑工程

B. 开挖深度为 5m 的基坑（槽）的支护工程

C. 架体高度 18m 的悬挑式脚手架工程

D. 跨度为 35m 的钢结构安装工程

【答案】 B

【解析】 根据住房城乡建设部办公厅关于实施《危险性较大的分部分项工程安全管理规定》有关问题的通知中附件二超过一定规模的危险性较大的分部分项工程范围：

一、深基坑工程

开挖深度超过 5m（含 5m）的基坑（槽）的土方开挖、支护、降水工程。

二、模板工程及支撑体系

（一）各类工具式模板工程：包括滑模、爬模、飞模、隧道模等工程。

（二）混凝土模板支撑工程：搭设高度 8m 及以上，或搭设跨度 18m 及以上，或施工总荷载（设计值）15kN/m^2 及以上，或集中线荷载（设计值）20kN/m 及以上。

（三）承重支撑体系：用于钢结构安装等满堂支撑体系，承受单点集中荷载 7kN 及以上。

四、脚手架工程

（一）搭设高度 50m 及以上的落地式钢管脚手架工程。

（二）提升高度在 150m 及以上的附着式升降脚手架工程或附着式升降操作平台工程。

（三）分段架体搭设高度 20m 及以上的悬挑式脚手架工程。

七、其他

（一）施工高度 50m 及以上的建筑幕墙安装工程。

（二）跨度 36m 及以上的钢结构安装工程，或跨度 60m 及以上的网架和索膜结构安装工程。

（三）开挖深度 16m 及以上的人工挖孔桩工程。

（四）水下作业工程。

（五）重量 1000kN 及以上的大型结构整体顶升、平移、转体等施工工艺。

（六）采用新技术、新工艺、新材料、新设备可能影响工程施工安全，尚无国家、行业及地方技术标准的分部分项工程。

62. 开关箱与其控制的固定式用电设备的水平距离不宜超过（　　）m。

A. 3　　B. 4　　C. 5　　D. 6

【答案】 A

【解析】 根据《施工现场临时用电安全技术规范》JGJ 46—2005 第 8.1.2 条：总配电箱以下可设若干分配电箱；分配电箱以下可设若干开关箱。

总配电箱应设在靠近电源的区域，分配电箱应设在用电设备或负荷相对集中的区域，分配电箱与开关箱的距离不得超过 30m，开关箱与其控制的固定式用电设备的水平距离不宜超过 3m。

63. 依据《施工现场临时用电安全技术规范》规定，移动式配电箱、开关箱中心点与地面的垂直距离符合规范要求的是（　　）m。

A. 0.3　　B. 0.6　　C. 0.9　　D. 1.8

【答案】 C

【解析】 根据《施工现场临时用电安全技术规范》JGJ 46—2005 第 8.1.8 条：配电箱、开关箱应装设端正、牢固。固定式配电箱、开关箱的中心点与地面的垂直距离应为 1.4～1.6m。移动式配电箱、开关箱应装设在坚固、稳定的支架上。其中心点与地面的垂直距离宜为 0.8～1.6m。

64. 依据《施工现场临时用电安全技术规范》规定，临时用电设备在（　　）台及以上或设备中容量（　　）kW 及以上者，应编制临时用电施工组织设计。

A. 4、50　　B. 5、50　　C. 5、40　　D. 4、40

【答案】 B

【解析】 根据《施工现场临时用电安全技术规范》JGJ 46—2005 第 3.1.1 条：施工现场临时用电设备在 5 台及以上或设备总容量在 50kW 及以上者，应编制用电组织设计。

65. 依据《建设工程监理规范》规定，监理规划可在（　　）编制。

A. 接到监理中标通知书及签订监理合同后

B. 签订监理合同及收到施工组织设计文件后

C. 签订监理合同及收到工程设计文件后

D. 递交监理投标文件时

【答案】 C

【解析】 根据《建设工程监理规范》GB/T 50319—2013 第 4.2.1 条：监理规划可在签订建设工程监理合同及收到工程设计文件后由总监理工程师组织编制，并应在召开第一次工地会议前报送建设单位。

66. 依据《建设工程监理规范》规定，负责核查进场的工程材料、构配件、设备的监理人员是（　　）。

A. 总监理工程师　　B. 总监理工程师代表

C. 专业监理工程师　　D. 监理员

【答案】 C

【解析】 根据《建设工程监理规范》GB/T 50319—2013 第 3.2.3 条：专业监理工程师应履行以下职责：

1）负责编制本专业的监理实施细则；

2）负责本专业监理工作的具体实施；

3）组织指导检查和监督本专业监理员的工作当人员需要调整时向总监理工程师提出建议；

4）审查承包单位提交的涉及本专业的计划方案申请变更并向总监理工程师提出报告；

5）负责本专业分项工程验收及隐蔽工程验收；

6）定期向总监理工程师提交本专业监理工作实施情况报告对重大问题及时向总监理工程师汇报和请示；

7）根据本专业监理工作实施情况做好监理日记；

8）负责本专业监理资料的收集汇总及整理参与编写监理月报；

9）核查进场材料设备构配件的原始凭证检测报告等质量证明文件及其质量情况根据实际情况认为有必要时对进场材料设备构配件进行平行检验合格时予以签认；

10）负责本专业的工程计量工作审核工程计量的数据和原始凭证。

67. 生产经营单位必须对安全设备进行经常性维护、保养，并定期检测，保证正常运转。维护、保养、检测应当做好记录，并由（　　）签字。

A. 总监理工程师　B. 施工项目经理　C. 有关人员　D. 专业监理工程师

【答案】C

【解析】根据《中华人民共和国安全生产法》第三十三条：安全设备的设计、制造、安装、使用、检测、维修、改造和报废，应当符合国家标准或者行业标准。

生产经营单位必须对安全设备进行经常性维护、保养，并定期检测，保证正常运转。维护、保养、检测应当做好记录，并由有关人员签字。

68. 依据《建设工程监理规范》规定，工程项目竣工验收报审表的提交方是（　　）。

A. 建设单位　B. 监理单位　C. 施工单位　D. 项目使用单位

【答案】C

【解析】根据《建设工程监理规范》GB/T 50319—2013 第 5.2.18 条：项目监理机构应审查施工单位提交的单位工程竣工验收报审表及竣工资料，组织工程竣工预验收。存在问题的，应要求施工单位及时整改；合格的，总监理工程师应签认单位工程竣工验收报审表。

69. 依据《建设工程监理规范》规定，关于单位工程的竣工验收，下面说法正确的是（　　）。

A. 项目监理机构负责组织竣工验收

B. 总监理工程师应在工程竣工验收报告中签署意见

C. 监理单位技术负责人应在工程竣工验收报告中签署意见

D. 总监理工程师和监理单位技术负责人均应在工程竣工验收报告中签署意见

【答案】B

【解析】根据《建设工程监理规范》GB/T 50319—2013 第 5.2.20 条：项目监理机构应参加由建设单位组织的竣工验收，对验收中提出的整改问题，应督促施工单位及时整改。工程质量符合要求的，总监理工程师应在工程竣工验收报告中签署意见。

70. 建设单位领取施工许可证后因故不能按期开工的，应当向发证机关申请延期。延期以（　　）次为限，每次不超过三个月。

A. 一　B. 二　C. 三　D. 四

【答案】B

【解析】根据《中华人民共和国建筑法》第九条：建设单位应当自领取施工许可证之日起三个月内开工。因故不能按期开工的，应当向发证机关申请延期；延期以两次为限，每次不超过三个月。既不开工又不申请延期或者超过延期时限的，施工许可证自行废止。

71. 违反《建设工程质量管理条例》规定，工程监理单位超越本单位资质等级承揽工程的，责令停止违法行为，对工程监理单位处合同约定的（　　）的罚款。

A. 监理合同额 2%以上 4%以下　B. 监理酬金 1 倍以上 2 倍以下

C. 监理酬金 25%以上 50%以下　D. 监理酬金 2 倍以上 4 倍以下

【答案】B

【解析】根据《建设工程质量管理条例》第六十条：违反本条例规定，勘察、设计、施工、工程监理单位超越本单位资质等级承揽工程的，责令停止违法行为，对勘察、设计单位或者工程监理单位处合同约定的勘察费、设计费或者监理酬金1倍以上2倍以下的罚款；对施工单位处工程合同价款百分之二以上百分之四以下的罚款，可以责令停业整顿，降低资质等级；情节严重的，吊销资质证书；有违法所得的，予以没收。

72. 违反《建设工程质量管理条例》的规定，施工单位在施工中偷工减料的，使用不合格的建筑材料、建筑构配件和设备的，或者有不按照工程设计图纸或者施工技术标准施工的其他行为的，责令改正，处工程合同价款（　　）的罚款。

A. 2%以上4%以下　　B. 1倍以上2倍以下

C. 0.5%以上1%以下　　D. 2倍以上4倍以下

【答案】A

【解析】根据《建设工程质量管理条例》第六十四条：违反本条例规定，勘察、设计、施工、工程监理单位超越本单位资质等级承揽工程的，责令停止违法行为，对勘察、设计单位或者工程监理单位处合同约定的勘察费、设计费或者监理酬金1倍以上2倍以下的罚款；对施工单位处工程合同价款百分之二以上百分之四以下的罚款，可以责令停业整顿，降低资质等级；情节严重的，吊销资质证书；有违法所得的，予以没收。

73. 违反《建设工程质量管理条例》规定，工程监理单位转让工程监理业务的，责令改正，没收违法所得，处合同约定的（　　）的罚款。

A. 监理合同额2%以上4%以下

B. 监理酬金1倍以上2倍以下

C. 监理酬金25%以上50%以下

D. 监理酬金2倍以上4倍以下

【答案】C

【解析】根据《建设工程质量管理条例》六十二条：工程监理单位转让工程监理业务的，责令改正，没收违法所得，处合同约定的监理酬金百分之二十五以上百分之五十以下的罚款；可以责令停业整顿，降低资质等级；情节严重的，吊销资质证书。

74. 关于总监理工程师签发工程开工令的必要条件中，下列叙述不正确的是（　　）。

A. 施工组织设计已由总监理工程师签认

B. 监理规划已经审批完成

C. 施工单位现场质量、安全生产管理体系已建立

D. 进场道路及水、电、通信等已满足开工要求

【答案】B

【解析】根据《建设工程监理规范》GB/T 50319—2013第5.1.8条：总监理工程师应组织专业监理工程师审查施工单位报送的开工报审表及相关资料；同时具备下列条件时，应由总监理工程师签署审查意见，并应报建设单位批准后，总监理工程师签发工程开工令：

1. 设计交底和图纸会审已完成；

2. 施工组织设计已由总监理工程师签认；

3. 施工单位现场质量、安全生产管理体系已建立，管理及施工人员已到位，施工机械具备使用条件，主要工程材料已落实；

4. 进场道路及水、电、通信等已满足开工要求。

75. 下列监理工作中，总监理工程师可委托给总监理工程师代表的是（　　）。

A. 组织编制监理规划　　B. 组织召开监理例会

C. 组织审查施工组织设计　　D. 组织编写工程质量评估报告

【答案】B

【解析】根据《建设工程监理规范》GB/T 50319—2013 第 3.2.2 条：总监理工程师不得将下列工作委托总监理工程师代表：

1）组织编制监理规划，审批监理实施细则；

2）根据工程进展及监理工作情况调配监理人员；

3）组织审查施工组织设计、（专项）施工方案；

4）签发工程开工令、暂停令和复工令；

5）签发工程款支付证书，组织审核竣工结算；

6）调解建设单位与施工单位的合同争议，处理工程索赔；

7）审查施工单位的竣工申请，组织工程竣工预验收，组织编写工程质量评估报告，参与工程竣工验收；

8）参与或配合工程质量安全事故的调查和处理。

76. 下列监理工作中，不属于监理员工作职责的是（　　）。

A. 检查施工单位投入工程的人力、主要设备的使用及运行状况

B. 担任旁站工作

C. 复核工程计量有关数据

D. 资料管理

【答案】D

【解析】根据《建设工程监理规范》GB/T 50319—2013 第 3.2.4 条：监理员应履行以下职责：

1）在专业监理工程师的指导下开展现场监理工作；

2）检查承包单位投入工程项目的人力材料主要设备及其使用运行状况并做好检查记录；

3）复核或从施工现场直接获取工程计量的有关数据并签署原始凭证；

4）按设计图及有关标准对承包单位的工艺过程或施工工序进行检查和记录对加工制作及工序施工质量检查结果进行记录；

5）担任旁站工作发现问题及时指出并向专业监理工程师报告；

6）做好监理日记和有关的监理记录。

77. 依据《安全生产法》规定，生产经营单位的主要负责人未履行本法规定的安全生产管理职责，导致发生重大生产安全事故的，由安全生产监督管理部门处以上一年年收入百分之（　　）的罚款。

A. 三十　　B. 四十　　C. 五十　　D. 六十

【答案】D

【解析】根据《中华人民共和国安全生产法》第九十二条：生产经营单位的主要负责

人未履行本法规定的安全生产管理职责，导致发生生产安全事故的，由安全生产监督管理部门依照下列规定处以罚款：

（一）发生一般事故的，处上一年年收入百分之三十的罚款；

（二）发生较大事故的，处上一年年收入百分之四十的罚款；

（三）发生重大事故的，处上一年年收入百分之六十的罚款；

（四）发生特别重大事故的，处上一年年收入百分之八十的罚款。

78. 依据《安全生产法》规定，发生生产安全事故，对负有责任的生产经营单位除要求其依法承担相应的赔偿等责任外，发生重大事故的，处（　　）的罚款。

A. 二十万元以上五十万元以下　　B. 五十万元以上一百万元以下

C. 一百万元以上五百万元以下　　D. 五百万元以上一千万元以下

【答案】C

【解析】根据《中华人民共和国安全生产法》第一百零九条：发生生产安全事故，对负有责任的生产经营单位除要求其依法承担相应的赔偿等责任外，由安全生产监督管理部门依照下列规定处以罚款：

（一）发生一般事故的，处二十万元以上五十万元以下的罚款；

（二）发生较大事故的，处五十万元以上一百万元以下的罚款；

（三）发生重大事故的，处一百万元以上五百万元以下的罚款；

（四）发生特别重大事故的，处五百万元以上一千万元以下的罚款；情节特别严重的，处一千万元以上二千万元以下的罚款。

79. 依据《安全生产法》规定，施工单位未如实记录安全生产教育和培训情况的，责令限期改正，可以处（　　）以下的罚款。

A. 一万元以上二万元以下　　B. 五万元以下

C. 十万元以下　　D. 十五万元以下

【答案】B

【解析】根据《中华人民共和国安全生产法》第九十四条：生产经营单位有下列行为之一的，责令限期改正，可以处五万元以下的罚款；逾期未改正的，责令停产停业整顿，并处五万元以上十万元以下的罚款，对其直接负责的主管人员和其他直接责任人员处一万元以上二万元以下的罚款：

（一）未按照规定设置安全生产管理机构或者配备安全生产管理人员的；

（二）危险物品的生产、经营、储存单位以及矿山、金属冶炼、建筑施工、道路运输单位的主要负责人和安全生产管理人员未按照规定经考核合格的；

（三）未按照规定对从业人员、被派遣劳动者、实习学生进行安全生产教育和培训，或者未按照规定如实告知有关的安全生产事项的；

（四）未如实记录安全生产教育和培训情况的；

（五）未将事故隐患排查治理情况如实记录或者未向从业人员通报的；

（六）未按照规定制定生产安全事故应急救援预案或者未定期组织演练的；

（七）特种作业人员未按照规定经专门的安全作业培训并取得相应资格，上岗作业的。

80. 依据《安全生产法》规定，施工单位未对安全设备进行经常性维护、保养和定期检测的，责令限期改正并罚款，逾期未改正的，可以处（　　）的罚款。

A. 一万元以上二万元以下　　B. 五万元以上二十万元以下

C. 五万元以上十万元以下　　D. 五万元以上十五万元以下

【答案】B

【解析】根据《中华人民共和国安全生产法》第九十六条：生产经营单位有下列行为之一的，责令限期改正，可以处五万元以下的罚款；逾期未改正的，处五万元以上二十万元以下的罚款，对其直接负责的主管人员和其他直接责任人员处一万元以上二万元以下的罚款；情节严重的，责令停产停业整顿；构成犯罪的，依照刑法有关规定追究刑事责任：

（一）未在有较大危险因素的生产经营场所和有关设施、设备上设置明显的安全警示标志的；

（二）安全设备的安装、使用、检测、改造和报废不符合国家标准或者行业标准的；

（三）未对安全设备进行经常性维护、保养和定期检测的；

（四）未为从业人员提供符合国家标准或者行业标准的劳动防护用品的；

（五）危险物品的容器、运输工具，以及涉及人身安全、危险性较大的海洋石油开采特种设备和矿山井下特种设备未经具有专业资质的机构检测、检验合格，取得安全使用证或者安全标志，投入使用的；

（六）使用应当淘汰的危及生产安全的工艺、设备的。

81. 依据《安全生产法》规定，施工单位未建立事故隐患排查治理制度的，责令限期改正，可以处（　　）的罚款。

A. 一万元以上二万元以下　　B. 五万元以下

C. 十万元以下　　D. 十五万元以下

【答案】C

【解析】根据《中华人民共和国安全生产法》第九十八条：生产经营单位有下列行为之一的，责令限期改正，可以处十万元以下的罚款；逾期未改正的，责令停产停业整顿，并处十万元以上二十万元以下的罚款，对其直接负责的主管人员和其他直接责任人员处二万元以上五万元以下的罚款；构成犯罪的，依照刑法有关规定追究刑事责任：

（一）生产、经营、运输、储存、使用危险物品或者处置废弃危险物品，未建立专门安全管理制度、未采取可靠的安全措施的；

（二）对重大危险源未登记建档，或者未进行评估、监控，或者未制定应急预案的；

（三）进行爆破、吊装以及国务院安全生产监督管理部门会同国务院有关部门规定的其他危险作业，未安排专门人员进行现场安全管理的；

（四）未建立事故隐患排查治理制度的。

82. 违反《建设工程安全生产管理条例》规定，施工单位在施工组织设计中未编制安全技术措施、施工现场临时用电方案或者专项施工方案的，责令限期改正；逾期未改正的，责令停业整顿，并处（　　）的罚款；情节严重的，降低资质等级，直至吊销资质证书；造成重大安全事故，构成犯罪的，对直接责任人员，依照刑法有关规定追究刑事责任；造成损失的，依法承担赔偿责任。

A. 5 万元以上 10 万元以下　　B. 10 万元以上 20 万元以下

C. 10 万元以上 30 万元以下　　D. 20 万元以上 30 万元以下

【答案】C

【解析】根据《建设工程安全生产管理条例》第六十五条：违反本条例的规定，施工单位有下列行为之一的，责令限期改正；逾期未改正的，责令停业整顿，并处10万元以上30万元以下的罚款；情节严重的，降低资质等级，直至吊销资质证书；造成重大安全事故，构成犯罪的，对直接责任人员，依照刑法有关规定追究刑事责任；造成损失的，依法承担赔偿责任：

（一）安全防护用具、机械设备、施工机具及配件在进入施工现场前未经查验或者查验不合格即投入使用的；

（二）使用未经验收或者验收不合格的施工起重机械和整体提升脚手架、模板等自升式架设设施的；

（三）委托不具有相应资质的单位承担施工现场安装、拆卸施工起重机械和整体提升脚手架、模板等自升式架设设施的；

（四）在施工组织设计中未编制安全技术措施、施工现场临时用电方案或者专项施工方案的。

83. 项目监理机构应安排监理人员对工程施工质量进行巡视，下列不是巡视内容的是（　　）。

A. 施工单位是否按工程设计文件、工程建设标准和批准的施工组织设计、（专项）施工方案施工

B. 使用的构配件和设备是否合格

C. 现场管理人员，特别是施工质量管理人员是否到位

D. 施工单位投入工程的资金是否满足进度要求

【答案】D

【解析】根据《建设工程监理规范》GB/T 50319—2013第5.2.12条：项目监理机构应安排监理人员对工程施工质量进行巡视。巡视应包括下列主要内容：

1）施工单位是否按工程设计文件、工程建设标准和批准的施工组织设计、（专项）施工方案施工；

2）使用的工程材料、构配件和设备是否合格；

3）施工现场管理人员，特别是施工质量管理人员是否到位；

4）特种作业人员是否持证上岗。

84. 依据《建设工程监理规范》规定，项目监理机构应（　　）危险性较大的分部分项工程专项施工方案实施情况。

A. 旁站监理　　B. 巡视检查　　C. 平行检验　　D. 见证

【答案】B

【解析】根据《建设工程监理规范》GB/T 50319—2013第5.5.5条：项目监理机构应巡视检查危险性较大的分部分项工程专项施工方案实施情况。发现未按专项施工方案实施时，应签发监理通知单，要求施工单位按专项施工方案实施。

85. 工程监理人员发现工程设计不符合建筑工程质量标准或合同约定的质量要求的，应当报告（　　），要求设计单位改正。

A. 施工单位　　B. 建设主管部门　　C. 建设单位　　D. 设计单位

【答案】C

【解析】根据《中华人民共和国建筑法》第三十二条：建筑工程监理应当依照法律、

行政法规及有关的技术标准、设计文件和建筑工程承包合同，对承包单位在施工质量、建设工期和建设资金使用等方面，代表建设单位实施监督。

工程监理人员认为工程施工不符合工程设计要求、施工技术标准和合同约定的，有权要求建筑施工企业改正。

工程监理人员发现工程设计不符合建筑工程质量标准或者合同约定的质量要求的，应当报告建设单位要求设计单位改正。

86. 负责建筑安全生产的管理，并依法接受劳动行政主管部门对建筑安全生产指导和监督的单位是（　　）。

A. 建筑企业　　B. 监理企业

C. 建设行政主管部门　　D. 建设单位

【答案】C

【解析】根据《中华人民共和国建筑法》第四十三条：建设行政主管部门负责建筑安全生产的管理，并依法接受劳动行政主管部门对建筑安全生产的指导和监督。

87. 建筑工程实行总承包的，工程质量由总承包单位负责，总承包单位将建筑工程分部给其他单位的，应当对分包工程的质量与分包单位（　　）。

A. 不承担责任　　B. 承担部分责任　　C. 承担连带责任　　D. 承担全部责任

【答案】C

【解析】根据《建设工程安全生产管理条例》第二十四条：总承包单位依法将建设工程分包给其他单位的，分包合同中应当明确各自的安全生产方面的权利、义务。总承包单位和分包单位对分包工程的安全生产承担连带责任。

88. 应当向施工单位提供施工现场及毗邻区域内供水、供电、排水、通信等地下管线资料的单位是（　　）。

A. 勘察单位　　B. 城建档案馆　　C. 建设单位　　D. 市政管理部门

【答案】C

【解析】根据《建设工程安全生产管理条例》第六条：建设单位应当向施工单位提供施工现场及毗邻区域内供水、排水、供电、供气、供热、通信、广播电视等地下管线资料，气象和水文观测资料，相邻建筑物和构筑物、地下工程的有关资料，并保证资料的真实、准确、完整。

89. 实行施工总承包的工程，发生安全事故后，由（　　）负责上报事故。

A. 建设单位　　B. 分包单位　　C. 总包单位　　D. 监理单位

【答案】C

【解析】根据《建设工程安全生产管理条例》第五十条：实行施工总承包的建设工程，由总承包单位负责上报事故。

90. 安全事故报告后出现新情况，以及事故发生之日起（　　）日内伤亡人数发生变化的，应当及时补报。

A. 7　　B. 10　　C. 15　　D. 30

【答案】D

【解析】根据《生产安全事故报告和调查处理条例》第十三条：事故报告后出现新情况的，应当及时补报。

自事故发生之日起30日内，事故造成的伤亡人数发生变化的，应当及时补报。道路交通事故、火灾事故自发生之日起7日内，事故造成的伤亡人数发生变化的，应当及时补报。

91. 建筑施工特种作业人员资格证书的有效期为（　　）年。

A. 1　　B. 2　　C. 3　　D. 5

【答案】 B

【解析】 根据《建筑施工特种作业人员管理规定》第二十二条：资格证书有效期为两年。有效期满需要延期的，建筑施工特种作业人员应当于期满前3个月内向原考核发证机关申请办理延期复核手续。延期复核合格的，资格证书有效期延期2年。

92. 依据《危险性较大的分部分项工程安全管理规定》规定，施工单位和监理单位应当建立危大工程安全管理（　　）。

A. 规定　　B. 奖惩办法　　C. 职责　　D. 档案

【答案】 D

【解析】 根据《危险性较大的分部分项工程安全管理规定》第二十四条：施工、监理单位应当建立危大工程安全管理档案。施工单位应当将专项施工方案及审核、专家论证、交底、现场检查、验收及整改等相关资料纳入档案管理。监理单位应当将监理实施细则、专项施工方案审查、专项巡视检查、验收及整改等相关资料纳入档案管理。

93. 依据《建筑工程施工质量验收统一标准》规定，检验批应由专业监理工程师组织施工单位（　　）等进行验收。

A. 企业质量负责人　　B. 项目技术负责人

C. 项目负责人　　D. 项目专业质量检查员、专业工长

【答案】 D

【解析】 根据《建筑工程施工质量验收统一标准》GB 50300—2013第6.0.1条：检验批应由专业监理工程师组织施工单位项目专业质量检查员、专业工长等进行验收。

94. 经返修或加固处理仍不能满足安全或重要使用要求的分部工程及单位工程，（　　）。

A. 严禁验收　　B. 可以降级验收

C. 与监理单位协商是否同意验收　　D. 部分验收

【答案】 A

【解析】 根据《建筑工程施工质量验收统一标准》GB 50300—2013第5.0.8条：经返修或加固处理仍不能满足安全或重要使用要求的分部工程及单位工程，严禁验收。

95. 具备独立施工条件并能形成独立使用功能的建筑物或构筑物为一个（　　）工程。

A. 单位　　B. 单项　　C. 分部　　D. 分项

【答案】 A

【解析】 根据《建筑工程施工质量验收统一标准》GB 50300—2013第4.0.2条：单位工程应按下列原则划分：

1. 具备独立施工条件并能形成独立使用功能的建筑物或构筑物为一个单位工程；

2. 对于规模较大的单位工程，可将其能形成独立使用功能的部分划分为一个子单位工程。

96. 施工单位专职安全生产管理人员负责对安全生产进行现场（　　）。

A. 监督检查　　B. 安全培训　　C. 安全验收　　D. 安全指导

【答案】 A

【解析】 根据《建设工程安全生产管理条例》第二十三条：专职安全生产管理人员负责对安全生产进行现场监督检查。发现安全事故隐患，应当及时向项目负责人和安全生产管理机构报告；对违章指挥、违章操作的，应当立即制止。

97. 施工起重机械和整体提升脚手架、模板等自升式架设设施的使用（　　）的，必须经具有专业资质的检验检测机构检测。经检测不合格的，不得继续使用。

A. 达到1年　　B. 达到2年

C. 达到国家规定的检验检测期限　　D. 达到3年

【答案】 C

【解析】 根据《建设工程安全生产管理条例》第十八条：施工起重机械和整体提升脚手架、模板等自升式架设设施的使用达到国家规定的检验检测期限的，必须经具有专业资质的检验检测机构检测。经检测不合格的，不得继续使用。

98. 依据《建筑法》规定，在建的建筑工程因故中止施工的，建设单位应当自中止施工之日起（　　）内，向发证机关报告，并按照规定做好建筑工程的维护管理工作。

A. 10日　　B. 20日　　C. 1个月　　D. 3个月

【答案】 C

【解析】 根据《中华人民共和国建筑法》第十条：在建的建筑工程因故中止施工的，建设单位应当自中止施工之日起一个月内，向发证机关报告，并按照规定做好建筑工程的维护管理工作。

99. 依据《建设工程安全生产管理条例》规定，在城市市区的建设工程，施工单位应当对施工现场（　　）。

A. 界定红线范围　　B. 实行封闭围挡　　C. 设置透视围栏　　D. 设置禁行区域

【答案】 B

【解析】 根据《建设工程安全生产管理条例》第三十条：在城市市区内的建设工程，施工单位应当对施工现场实行封闭围挡。

100. 当专业验收规范对工程中的验收项目未做出相应规定时，涉及安全、节能、环境保护等项目的专项验收要求应由（　　）组织专家论证。

A. 建设单位　　B. 施工单位　　C. 监理单位　　D. 设计单位

【答案】 A

【解析】 根据《建筑工程施工质量验收统一标准》GB 50300—2013第3.0.5条：当专业验收规范对工程中的验收项目未做出相应规定时，应由建设单位组织监理、设计、施工等相关单位制定专项验收要求。涉及安全、节能、环境保护等项目的专项验收要求应由建设单位组织专家论证。

101. 依据《建设工程质量管理条例》规定，勘察、设计、施工、工程监理单位允许其他单位或者个人以本单位名义承揽工程的，责令改正，没收违法所得，对勘察、设计单位和工程监理单位处合同约定的勘察费、设计费和监理酬金（　　）的罚款；对施工单位处工程合同价款百分之二以上百分之四以下的罚款；可以责令停业整顿，降低资质等级；情节严重的，吊销资质证书。

A. 1倍以上2倍以下　　B. 1倍以上3倍以下

C. 2倍以上4倍以下　　D. 1倍以上4倍以下

【答案】 A

【解析】 根据《建设工程质量管理条例》第六十一条：违反本条例规定，勘察、设计、施工、工程监理单位允许其他单位或者个人以本单位名义承揽工程的，责令改正，没收违法所得，对勘察、设计单位和工程监理单位处合同约定的勘察费、设计费和监理酬金1倍以上2倍以下的罚款；对施工单位处工程合同价款百分之二以上百分之四以下的罚款；可以责令停业整顿，降低资质等级；情节严重的，吊销资质证书。

102. 依据《建设工程质量管理条例》规定，在正常使用条件下，建设工程电器管线、给排水管道、设备安装和装修工程，维修最低期限（　　）年。

A. 1　　B. 2　　C. 3　　D. 5

【答案】 B

【解析】 根据《建设工程质量管理条例》第四十条：在正常使用条件下，建设工程的最低保修期限为：

（一）基础设施工程、房屋建筑的地基基础工程和主体结构工程，为设计文件规定的该工程的合理使用年限；

（二）屋面防水工程、有防水要求的卫生间、房间和外墙面的防渗漏，为5年；

（三）供热与供冷系统，为2个采暖期、供冷期；

（四）电气管线、给排水管道、设备安装和装修工程，为2年。

103. 项目监理机构对施工单位提出的费用索赔，其恰当的处理程序是（　　）。

A. 受理费用索赔报审表→收集索赔证据→审查费用索赔报审表→签发费用索赔报审表→报建设单位批准

B. 受理索赔意向通知书→收集索赔证据→受理费用索赔报审表→审查费用索赔报审表→签发费用索赔报审表→报建设单位批准

C. 受理索赔意向通知书→收集索赔证据→受理费用索赔报审表→审查费用索赔报审表→与建设、施工单位协商一致后签发费用索赔报审表→最后报建设单位

D. 受理索赔意向通知书→收集索赔证据→审查费用索赔报审表→报建设单位批准

【答案】 C

【解析】 根据《建设工程监理规范》GB/T 50319—2013 第6.4.3条：项目监理机构可按下列程序处理施工单位提出的费用索赔：

1）受理施工单位在施工合同约定的期限内提交的费用索赔意向通知书；

2）收集与索赔有关的资料；

3）受理施工单位在施工合同约定的期限内提交的费用索赔报审表；

4）审查费用索赔报审表。需要施工单位进一步提交详细资料时，应在施工合同约定的期限内发出通知；

5）与建设单位和施工单位协商一致后，在施工合同约定的期限内签发费用索赔报审表，并报建设单位。

104. 违反《建设工程安全生产管理条例》规定，施工单位挪用列入建设工程概算的安全生产作业环境及安全施工措施所需费用的，责令限期改正，处挪用费用（　　）的罚款。

A. 5%以上10%以下　　B. 10%以上20%以下

C. 10%以上30%以下　　D. 20%以上50%以下

【答案】D

【解析】根据《建设工程安全生产管理条例》第六十三条：违反本条例的规定，施工单位挪用列入建设工程概算的安全生产作业环境及安全施工措施所需费用的，责令限期改正，处挪用费用20%以上50%以下的罚款；造成损失的，依法承担赔偿责任。

105. 下列表述中不符合《中华人民共和国安全生产法》有关规定的是（　　）。

A. 生产经营单位做出涉及安全生产的经营决策，应当听取安全生产管理人员的意见

B. 生产经营单位制定或者修改有关安全生产的规章制度，应当听取工会的意见

C. 有关生产经营单位应当按照企业预算提取和使用安全生产费用，专门用于改善安全生产条件

D. 生产经营单位应当建立安全生产教育和培训档案，如实记录安全生产教育和培训的时间、内容、参加人员以及考核结果等情况

【答案】C

【解析】根据《中华人民共和国安全生产法》第二十条：有关生产经营单位应当按照规定提取和使用安全生产费用，专门用于改善安全生产条件。安全生产费用在成本中据实列支。安全生产费用提取、使用和监督管理的具体办法由国务院财政部门会同国务院安全生产监督管理部门征求国务院有关部门意见后制定。

106. 依据《安全生产法》规定，安全设备的设计、制造、安装、使用、检测、维修、改造和报废，应当符合国家标准或者（　　）。

A. 行业标准　　B. 地方标准　　C. 企业标准　　D. 国际通用标准

【答案】A

【解析】根据《中华人民共和国安全生产法》第三十三条：安全设备的设计、制造、安装、使用、检测、维修、改造和报废，应当符合国家标准或者行业标准。

107. 在建工程（含脚手架具）周边与10kV外电架空线路边线之间的最小安全操作距离应是（　　）m。

A. 4　　B. 6　　C. 8　　D. 10

【答案】B

【解析】根据《施工现场临时用电安全技术规范》JGJ 46—2005第4.1.2条：在建工程（含脚手架）的周边与架空线路的边线之间的最小安全操作距离

外电线路电压等级（kV）	<1	1～10	35～110	220	330～500
最小安全操作距离（m）	4.0	6.0	8.0	10	15

108. 下列关于建设单位质量责任和义务的表述中，不符合《建设工程质量管理条例》有关规定的是（　　）。

A. 建设单位不得将建设工程肢解发包

B. 建设工程发包方不得迫使承包方以低于成本的价格竞标

C. 建设单位不得任意压缩合同工期

D. 涉及承重结构变动的装修工程施工期前，必须委托原设计单位提交设计方案

【答案】D

【解析】根据《建设工程质量管理条例》第十五条：涉及建筑主体和承重结构变动的装修工程，建设单位应当在施工前委托原设计单位或者具有相应资质等级的设计单位提出设计方案；没有设计方案的，不得施工。

109. 某大桥的施工单位与监理单位同属一个上级单位，则下列说法正确的是（　　）。

A. 只要施工单位与监理单位都是独立法人，则这种关系就是合法的

B. 该关系违反了《建设工程质量管理条例》的相关禁止规定

C. 一个单位同时拥有施工单位与监理单位本身就是违法的

D. 只要监理单位与施工单位事实上没有营私舞弊就是合法的

【答案】B

【解析】根据《建设工程质量管理条例》第十二条：实行监理的建设工程，建设单位应当委托具有相应资质等级的工程监理单位进行监理，也可以委托具有工程监理相应资质等级并与被监理工程的施工承包单位没有隶属关系或者其他利害关系的该工程的设计单位进行监理。

110. 禁止施工单位超越本单位（　　）的业务范围或者以其他施工单位的名义承揽工程。

A. 安全生产许可证　B. 营业执照　C. 税务登记证　D. 资质等级许可

【答案】D

【解析】根据《建设工程质量管理条例》第二十五条：施工单位应当依法取得相应等级的资质证书，并在其资质等级许可的范围内承揽工程。

禁止施工单位超越本单位资质等级许可的业务范围或者以其他施工单位的名义承揽工程。禁止施工单位允许其他单位或者个人以本单位的名义承揽工程。

施工单位不得转包或者违法分包工程。

111. 依据《建设工程质量管理条例》规定，涉及建筑主体和承重结构的装修工程，没有设计方案擅自施工的，责令改正，处以（　　）的罚款。

A. 50 万元以上 100 万元以下　B. 20 万元以上 50 万元以下

C. 工程合同价款 0.5%以上 1%以下　D. 工程合同价款 1%以上 2%以下

【答案】A

【解析】根据《建设工程质量管理条例》第六十九条：违反本条例规定，涉及建筑主体或者承重结构变动的装修工程，没有设计方案擅自施工的，责令改正，处 50 万元以上 100 万元以下的罚款；房屋建筑使用者在装修过程中擅自变动房屋建筑主体和承重结构的，责令改正，处 5 万元以上 10 万元以下的罚款。

112.《中共中央　国务院关于推进安全生产领域改革发展的意见》在“健全社会化服务体系”中要求，建立政府（　　）安全生产服务制度。

A. 委托　B. 购买　C. 实施　D. 监督

【答案】B

【解析】根据《中共中央　国务院关于推进安全生产领域改革发展的意见》中（二十八）：健全社会化服务体系。将安全生产专业技术服务纳入现代服务业发展规划，培育多元化服务主体。建立政府购买安全生产服务制度。支持发展安全生产专业化行业组织，强

化自治自律。完善注册安全工程师制度。改革完善安全生产和职业健康技术服务机构资质管理办法。支持相关机构开展安全生产和职业健康一体化评价等技术服务，严格实施评价公开制度，进一步激活和规范专业技术服务市场。鼓励中小微企业订单式、协作式购买运用安全生产管理和技术服务。建立安全生产和职业健康技术服务机构公示制度和由第三方实施的信用评定制度，严肃查处租借资质、违法挂靠、弄虚作假、垄断收费等各类违法违规行为。

113. 建筑安全监督机构在检查施工现场时，发现某施工单位在没有竣工的建筑物内设置员工集体宿舍，下列表述正确的是（　　）。

A. 经工程所在地建设安全监督机构同意，可以继续使用

B. 经工程所在地建设行政主管部门同意，可以继续使用

C. 必须将宿舍迁出

D. 经工程所在地质量监督机构同意，可以继续使用

【答案】C

【解析】根据《建设工程安全生产管理条例》第二十九条：施工单位应当将施工现场的办公、生活区与作业区分开设置，并保持安全距离；办公、生活区的选址应当符合安全性要求。职工的膳食、饮水、休息场所等应当符合卫生标准。施工单位不得在尚未竣工的建筑物内设置员工集体宿舍。

114. 依据《建设工程安全生产管理条例》规定，施工单位在采用（　　）时，应当对作业人员进行相应的安全生产教育培训。

A. 新技术、新工艺、新设备、新原料

B. 新技术、新方法、新设备、新材料

C. 新技术、新工艺、新设备、新材料

D. 新能源、新工艺、新设备、新材料

【答案】C

【解析】根据《建设工程安全生产管理条例》第三十七条：作业人员进入新的岗位或者新的施工现场前，应当接受安全生产教育培训。未经教育培训或者教育培训考核不合格的人员，不得上岗作业。

施工单位在采用新技术、新工艺、新设备、新材料时，应当对作业人员进行相应的安全生产教育培训。

115. 建设单位与其委托的工程监理应当订立（　　）委托监理合同。

A. 口头　　B. 书面　　C. 口头或书面　　D. 任意形式的

【答案】B

【解析】根据《建设工程监理规范》GB/T 50319—2013 第 1.0.3 条：实施建设工程监理前，建设单位应委托具有相应资质的工程监理单位，并以书面形式与工程监理单位订立建设工程监理合同，合同中应包括监理工作的范围、内容、服务期限和酬金，以及双方的义务、违约责任等相关条款。

在订立建设工程监理合同时，建设单位将勘察、设计、保修阶段等相关服务一并委托的，应在合同中明确相关服务的工作范围、内容、服务期限和酬金等相关条款。

116. 依据《建筑工程施工质量验收统一标准》规定，分项工程应由专业监理工程师

组织施工单位（　　）等进行验收。

A. 操作者　　B. 专业工长

C. 项目专业质量检查员　　D. 项目专业技术负责人

【答案】D

【解析】根据《建筑工程施工质量验收统一标准》GB 50300—2013 第6.0.2条：分项工程应由专业监理工程师组织施工单位项目专业技术负责人等进行验收。

117. 依据《危险性较大的分部分项工程安全管理规定》规定，专项施工方案应当由（　　）审核签字、加盖单位公章，并由总监理工程师审查签字、加盖执业印章后方可实施。

A. 施工单位技术负责人　　B. 项目经理

C. 项目技术负责人　　D. 施工单位技术部门

【答案】A

【解析】根据《危险性较大的分部分项工程安全管理规定》第十一条：专项施工方案应当由施工单位技术负责人审核签字、加盖单位公章，并由总监理工程师审查签字、加盖执业印章后方可实施。危大工程实行分包并由分包单位编制专项施工方案的，专项施工方案应当由总承包单位技术负责人及分包单位技术负责人共同审核签字并加盖单位公章。

118. 安装、拆卸施工起重机械，应当编制拆装方案、制定安全施工措施，并由（　　）现场实施全过程监督。

A. 施工单位项目技术负责人　　B. 安装、拆卸单位的专业技术人员

C. 监理单位负责安全的专业监理工程师　D. 出租单位生产管理人员

【答案】B

【解析】根据《建设工程安全生产管理条例》第十七条：安装、拆卸施工起重机械和整体提升脚手架、模板等自升式架设设施，应当编制拆装方案、制定安全施工措施，并由专业技术人员现场监督。

119. 分包单位应当服从总承包单位的安全生产管理，分包单位不服从管理导致生产安全事故的，由分包单位承担（　　）。

A. 全部责任　　B. 连带责任　　C. 主要责任　　D. 次要责任

【答案】C

【解析】根据《建设工程安全生产管理条例》第二十四条：分包单位应当服从总承包单位的安全生产管理，分包单位不服从管理导致生产安全事故的，由分包单位承担主要责任。

120. 建设工程施工前，施工单位负责项目管理的（　　）应当对有关安全施工的技术要求向施工作业班组、作业人员做出详细说明，并由双方签字确认。

A. 项目经理　　B. 技术负责人　　C. 施工员　　D. 技术人员

【答案】D

【解析】根据《建设工程安全生产管理条例》第二十七条：建设工程施工前，施工单位负责项目管理的技术人员应当对有关安全施工的技术要求向施工作业班组、作业人员做出详细说明，并由双方签字确认。

121. 施工单位应当自施工起重机械和整体提升脚手架、模板等自升式架设设施验收合格之日起（　　）日内，向建设行政主管部门或者其他有关部门登记。

A. 15　　　　　B. 30　　　　　C. 60　　　　　D. 90

【答案】 B

【解析】 根据《建设工程安全生产管理条例》第三十五条：施工单位应当自施工起重机械和整体提升脚手架、模板等自升式架设设施验收合格之日起30日内，向建设行政主管部门或者其他有关部门登记。登记标志应当置于或者附着于该设备的显著位置。

122. 关于《安全生产法》适用范围，下列说法正确的是（　　）。

A. 有关法律、行政法规对铁路交通安全没有规定的，适用《安全生产法》

B. 有关法律、行政法规对非煤矿山安全没有规定的，不适用《安全生产法》

C. 有关法律、行政法规对消防安全另有规定的，适用《安全生产法》

D. 有关法律、行政法规对危险化学品安全另有规定的，不适用《安全生产法》

【答案】 D

【解析】 根据《中华人民共和国安全生产法》第二条：在中华人民共和国领域内从事生产经营活动的单位（以下统称生产经营单位）的安全生产，适用本法；有关法律、行政法规对消防安全和道路交通安全、铁路交通安全、水上交通安全、民用航空安全以及核与辐射安全、特种设备安全另有规定的，适用其规定。

123. 关于工程施工质量控制，规范中明确规定应及时签发监理通知要求施工单位整改，其情形不包括（　　）。

A. 项目监理机构发现施工存在质量问题且可能引发质量事故的

B. 施工单位采用不适当的施工工艺

C. 钢盘分项工程报验前，钢筋的间排距个别部分超过规范规定

D. 施工不当，造成工程质量不合格的

【答案】 C

【解析】 根据《建设工程监理规范》GB/T 50319—2013 第5.2.15条：项目监理机构发现施工存在质量问题的，或施工单位采用不适当的施工工艺，或施工不当，造成工程质量不合格的，应及时签发监理通知单，要求施工单位整改。整改完毕后，项目监理机构应根据施工单位报送的监理通知回复对整改情况进行复查，提出复查意见。

124. 依据《建筑法》规定，符合施工许可证办理和报告制度相关规定的情形是（　　）。

A. 某工程因政府宏观调控停建，1个月内向发证机关报告，1年后恢复施工并上报发证机关核验施工许可证

B. 某工程因故延期开工，向发证机关报告后施工许可证自动延期

C. 某工程因地震中止施工，1年后向发证机关报告

D. 某工程因洪水中止施工，1个月内向发证机关报告，2个月后自行恢复施工

【答案】 A

【解析】 根据《中华人民共和国建筑法》第十条：在建的建筑工程因故中止施工的，建设单位应当自中止施工之日起一个月内，向发证机关报告，并按照规定做好建筑工程的维护管理工作。

建筑工程恢复施工时，应当向发证机关报告；中止施工满一年的工程恢复施工前，建设单位应当报发证机关核验施工许可证。

125. 依据《安全生产法》规定，企业与职工订立协议，免除或者减轻其职工因生产

安全事故伤亡依法应承担的责任，该协议无效，对该违法行为应当实施的处罚是（　　）。

A. 责令停产整顿

B. 提请所在地人民政府关闭企业

C. 对企业主要负责人给予治安处罚

D. 给主要负责人给予罚款

【答案】 D

【解析】 根据《中华人民共和国安全生产法》第一百零三条：生产经营单位与从业人员订立协议，免除或者减轻其对从业人员因生产安全事故伤亡依法应承担的责任的，该协议无效；对生产经营单位的主要负责人、个人经营的投资人处二万元以上十万元以下的罚款。

126. 某检验批抽样采用计数抽样，检验批的容量为90，则最小抽样数量应为（　　）。

A. 5　　B. 8　　C. 13　　D. 20

【答案】 A

【解析】 根据《建筑工程施工质量验收统一标准》GB 50300—2013 表3.0.9：检验批最小抽样数量如下表。

检验批的容量	最小抽样数量	检验批的容量	最小抽样数量
2～15	2	151～280	13
16～25	3	281～500	20
26～90	5	501～1200	32
91～150	8	1201～3200	50

127. 依据《建筑法》规定，责令停业整顿、降低资质等级和吊销资质证书的行政处罚，由（　　）决定。

A. 国务院建设行政主管部门　　B. 颁发资质证书的机关

C. 中国建筑业协会　　D. 国务院

【答案】 B

【解析】 根据《中华人民共和国建筑法》第七十六条：本法规定的责令停业整顿、降低资质等级和吊销资质证书的行政处罚，由颁发资质证书的机关决定；其他行政处罚，由建设行政主管部门或者有关部门依照法律和国务院规定的职权范围决定。

128. 依据《建设工程安全生产管理条例》规定，在施工中发生危及人身安全的紧急情况时，作业人员有权立即（　　）或者在采取必要的应急措施后撤离危险区域。

A. 下达停工令　　B. 自救　　C. 上报　　D. 停止作业

【答案】 D

【解析】 根据《建设工程安全生产管理条例》第三十二条：在施工中发生危及人身安全的紧急情况时，作业人员有权立即停止作业或者在采取必要的应急措施后撤离危险区域。

129. 施工质量不合格经返修或加固补强的分项工程、分部工程，通过改变外形尺寸但能满足安全使用要求的，可按（　　）和协商文件进行验收。

A. 设计单位意见　　B. 技术处理方案　　C. 监理单位意见　　D. 建设单位意见

【答案】 B

【解析】 根据《建筑工程施工质量验收统一标准》GB 50300—2013 第5.0.6条：经法定检测机构检测鉴定后认为达不到规范的相应要求，即不能满足最低限度的安全储备和使用功能时，则必须进行加固或处理，使之能满足安全使用的基本要求。这样可能会造成一些永久性的影响，如增大结构外形尺寸，影响一些次要的使用功能。但为了避免建筑物的整体或局部拆除，避免社会财富更大的损失，在不影响安全和主要使用功能条件下，可按技术处理方案和协商文件进行验收，责任方应按法律法规承担相应的经济责任和接受处罚。需要特别注意的是，这种方法不能作为降低质量要求、变相通过验收的一种出路。

130. 工程监理单位是依法成立并取得建设主管部门颁发的工程监理企业资质证书，从事建设工程监理与（　　）的服务机构。

A. 监督管理工作　B. 附加工作　C. 额外工作　D. 相关服务活动

【答案】D

【解析】根据《建设工程监理规范》GB/T 50319—2013 第 2.0.1 条：工程监理单位依法成立并取得建设主管部门颁发的工程监理企业资质证书，从事建设工程监理与相关服务活动的服务机构。

131. 检查、复核施工单位报送的施工控制测量成果及保护措施，查验报送的施工测量放线成果属于（　　）的职责。

A. 总监理工程师　B. 测量工程师　C. 专业监理工程师　D. 监理员

【答案】C

【解析】根据《建设工程监理规范》GB/T 50319—2013 第 5.2.5 条：专业监理工程师应检查、复核施工单位报送的施工控制测量成果及保护措施，签署意见。专业监理工程师应对施工单位在施工过程中报送的施工测量放线成果进行查验。

132. 依据《建设工程质量管理条例》规定，设计文件应符合国家规定的设计深度要求并注明工程（　　）。

A. 材料生产厂家　B. 保修期限　C. 材料供应单位　D. 合理使用年限

【答案】D

【解析】根据《建设工程质量管理条例》第二十一条：设计单位应当根据勘察成果文件进行建设工程设计。

设计文件应当符合国家规定的设计深度要求，注明工程合理使用年限。

133. 工程开工前，施工图纸会审会议应由（　　）主持召开。

A. 监理单位　B. 施工单位　C. 建设单位　D. 设计单位

【答案】C

【解析】根据《建设工程监理规范》GB/T 50319—2013 第 5.1.2 条：监理人员应熟悉工程设计文件，并应参加建设单位主持的图纸会审和设计交底会议，会议纪要应由总监理工程师签认。

134. 工程监理实施过程中，总监理工程师应签发工程暂停令的情形是（　　）。

A. 施工质量存在缺陷　B. 施工存在质量事故隐患

C. 施工单位采用不适当施工工艺　D. 施工单位未按批准的施工方案施工

【答案】D

【解析】根据《建设工程监理规范》GB/T 50319—2013 第 6.2.2 条：项目监理机构发现下列情况之一时，总监理工程师应及时签发工程暂停令：

1）建设单位要求暂停施工且工程需要暂停施工的；

2）施工单位未经批准擅自施工或拒绝项目监理机构管理的；

3）施工单位未按审查通过的工程设计文件施工的；

4）施工单位未按批准的施工组织设计、（专项）施工方案施工或违反工程建设强制性标准的；

5）施工存在重大质量、安全事故隐患或发生质量、安全事故的。

135. 依据《建设工程监理规范》规定，项目监理机构应根据工程特点和施工单位报送的（　　），确定需要旁站的关键部位、关键工序，安排监理人员进行旁站，并应及时记录旁站情况。

A. 施工计划　　B. 施工组织设计　　C. 施工纲要　　D. 施工图纸

【答案】B

【解析】根据《建设工程监理规范》GB/T 50319—2013 第 5.2.11 条：项目监理机构应根据工程特点和施工单位报送的施工组织设计，确定旁站的关键部位；关键工序，安排监理人员进行旁站，并应及时记录旁站情况。

136. 依据《建设工程监理规范》规定，监理规划应由（　　）审批。

A. 监理单位法定代表人　　B. 监理单位技术负责人

C. 总监理工程师代表　　D. 总监理工程师

【答案】B

【解析】根据《建设工程监理规范》GB/T 50319—2013 第 4.2.2 条：监理规划编审应遵循下列程序：

1）总监理工程师组织专业监理工程师编制。

2）总监理工程师签字后由工程监理单位技术负责人审批。

137. 项目监理机构发现工程施工存在质量缺陷时，应发出（　　），要求施工单位进行处理。

A. 工程暂停令　　B. 监理通知单　　C. 工作联系单　　D. 监理报告

【答案】B

【解析】根据《建设工程监理规范》GB/T 50319—2013 第 5.2.15 条：项目监理机构发现施工存在质量问题的，或施工单位采用不适当的施工工艺，或施工不当，造成工程质量不合格的，应及时签发监理通知单，要求施工单位整改。整改完毕后，项目监理机构应根据施工单位报送的监理通知回复对整改情况进行复查，提出复查意见。

138. 工程施工过程中，造成直接经济损失 900 万元的工程安全事故属于（　　）事故。

A. 特别重大　　B. 重大　　C. 较大　　D. 一般

【答案】D

【解析】根据《生产安全事故报告和调查处理条例》第三条：根据生产安全事故（以下简称事故）造成的人员伤亡或者直接经济损失，事故一般分为以下等级：

（一）特别重大事故，是指造成 30 人以上死亡，或者 100 人以上重伤（包括急性工业中毒，下同），或者 1 亿元以上直接经济损失的事故；

（二）重大事故，是指造成 10 人以上 30 人以下死亡，或者 50 人以上 100 人以下重伤，或者 5000 万元以上 1 亿元以下直接经济损失的事故；

（三）较大事故，是指造成 3 人以上 10 人以下死亡，或者 10 人以上 50 人以下重伤，或者1000万元以上5000万元以下直接经济损失的事故；

（四）一般事故，是指造成3人以下死亡，或者10人以下重伤，或者1000万元以下直接经济损失的事故。

139. 依据《建筑法》规定，国家对从事建筑活动的单位推行（　　）制度。

A. 质量保证　　B. 质量监督　　C. 质量体系认证　　D. 质量控制

【答案】C

【解析】根据《中华人民共和国建筑法》第五十三条：国家对从事建筑活动的单位推行质量体系认证制度。从事建筑活动的单位根据自愿原则可以向国务院产品质量监督管理部门或者国务院产品质量监督管理部门授权的部门认可的认证机构申请质量体系认证。经认证合格的，由认证机构颁发质量体系认证证书。

140. 依据《建筑法》规定，我国的建筑工程实行（　　）制度。

A. 质量保修　　B. 质量维修　　C. 质量抽检　　D. 质量巡查

【答案】A

【解析】根据《中华人民共和国建筑法》第六十二条：建筑工程实行质量保修制度。建筑工程的保修范围应当包括地基基础工程、主体结构工程、屋面防水工程和其他土建工程，以及电气管线、上下水管线的安装工程，供热、供冷系统工程等项目；保修的期限应当按照保证建筑物合理寿命年限内正常使用，维护使用者合法权益的原则确定。具体的保修范围和最低保修期限由国务院规定。

141. 依据《建设工程安全生产管理条例》规定，施工单位应当为施工现场从事危险工作的人员办理（　　）。

A. 平安保险　　B. 人寿保险　　C. 第三者责任险　　D. 意外伤害保险

【答案】D

【解析】根据《建设工程安全生产管理条例》第三十八条：施工单位应当为施工现场从事危险作业的人员办理意外伤害保险。

142. 生产经营单位的从业人员不服从管理，违章操作，造成重大事故，构成犯罪的，应当依照《中华人民共和国刑法》第一百三十四条关于（　　）的规定，追究其刑事责任。

A. 工作人员失职罪　　B. 重大责任事故罪

C. 劳动安全事故罪　　D. 安全生产责任事故

【答案】B

【解析】根据《中华人民共和国刑法》第一百三十四条：**【重大责任事故罪】**在生产、作业中违反有关安全管理的规定，因而发生重大伤亡事故或者造成其他严重后果的，处三年以下有期徒刑或者拘役；情节特别恶劣的，处三年以上七年以下有期徒刑。

【强令违章冒险作业罪】强令他人违章冒险作业，因而发生重大伤亡事故或者造成其他严重后果的，处五年以下有期徒刑或者拘役；情节特别恶劣的，处五年以上有期徒刑。

143. 依据《建设工程安全生产管理条例》规定，采用新结构、新材料、新工艺的建设工程和特殊结构的建设工程，设计单位应当在设计中提出（　　）和预防生产安全事故的措施建议。

A. 施工安全操作　　B. 设计安全操作

C. 保障施工作业人员安全　　D. 保障工程安全使用

【答案】 C

【解析】 根据《建设工程安全生产管理条例》第十三条：采用新结构、新材料、新工艺的建设工程和特殊结构的建设工程，设计单位应当在设计中提出保障施工作业人员安全和预防生产安全事故的措施建议。

144. 工程监理单位应当审查施工组织设计中的安全技术措施或者专项施工方案是否符合工程建设（　　）。

A. 强制性标准　　B. 国家标准　　C. 地方标准　　D. 企业标准

【答案】 A

【解析】 根据《建设工程安全生产管理条例》第十四条：工程监理单位应当审查施工组织设计中的安全技术措施或者专项施工方案是否符合工程建设强制性标准。

145. 特种作业操作资格证在（　　）范围内有效。

A. 全国　　B. 发证所在省份　　C. 发证所在城市　　D. 发展所在县

【答案】 A

【解析】 根据《建筑施工特种作业人员管理规定》第十四条：资格证书应当采用国务院建设主管部门规定的统一样式，由考核发证机关编号后签发。资格证书在全国通用。

146. 关于工程延期的概念，下列说法正确的是（　　）。

A. 工程延期是非承包方原因引起的工期延长

B. 工程延期是施工单位原因引起的工期延长

C. 工期延期与工期延误是一个概念

D. 工程延期须业主同意后，总监方可批准工程延期

【答案】 A

【解析】 根据《建设工程监理规范》GB/T 50319—2013 第 2.0.17 条：工程延期是指由于非施工单位原因造成合同工期延长的时间。

147. 支架搭设高度（　　）m 及以上的模板专项施工方案应按规定组织专家论证。

A. 5　　B. 6　　C. 7　　D. 8

【答案】 D

【解析】 根据住房城乡建设部办公厅关于实施《危险性较大的分部分项工程安全管理规定》有关问题的通知，附件二超过一定规模的危险性较大的分部分项工程范围：

二、模板工程及支撑体系

（一）各类工具式模板工程：包括滑模、爬模、飞模、隧道模等工程；

（二）混凝土模板支撑工程：搭设高度 8m 及以上，或搭设跨度 18m 及以上，或施工总荷载（设计值）15kN/m^2 及以上，或集中线荷载（设计值）20kN/m 及以上；

（三）承重支撑体系：用于钢结构安装等满堂支撑体系，承受单点集中荷载 7kN 及以上。

148. 依据《建设工程安全生产管理条例》规定，施工单位应当设立安全生产（　　）机构，配备专职安全生产管理人员。

A. 巡察　　B. 抽查　　C. 督导　　D. 管理

【答案】 D

【解析】 根据《建设工程安全生产管理条例》第二十三条：施工单位应当设立安全生产管理机构，配备专职安全生产管理人员。

149. 依据《建设工程安全生产管理条例》规定，施工项目负责人应根据工程的特点组织制定安全施工措施，消除安全事故隐患，（　　）报告生产安全事故。

A. 及时、如实　　B. 调查清楚前　　C. 全面、真实　　D. 调查清楚后

【答案】A

【解析】根据《建设工程安全生产管理条例》第二十一条：施工单位的项目负责人应当由取得相应执业资格的人员担任，对建设工程项目的安全施工负责，落实安全生产责任制度、安全生产规章制度和操作规程，确保安全生产费用的有效使用，并根据工程的特点组织制定安全施工措施，消除安全事故隐患，及时、如实报告生产安全事故。

150. 某工程在浇筑大跨度梁时，由于架体倾斜导致坍塌事故，造成2人死亡，1500万元直接经济损失，该事故属于（　　）事故。

A. 一般　　B. 较大　　C. 重大　　D. 特别重大

【答案】B

【解析】根据《生产安全事故报告和调查处理条例》第三条：根据生产安全事故（以下简称事故）造成的人员伤亡或者直接经济损失，事故一般分为以下等级：

（一）特别重大事故，是指造成30人以上死亡，或者100人以上重伤（包括急性工业中毒，下同），或者1亿元以上直接经济损失的事故；

（二）重大事故，是指造成10人以上30人以下死亡，或者50人以上100人以下重伤，或者5000万元以上1亿元以下直接经济损失的事故；

（三）较大事故，是指造成3人以上10人以下死亡，或者10人以上50人以下重伤，或者1000万元以上5000万元以下直接经济损失的事故；

（四）一般事故，是指造成3人以下死亡，或者10人以下重伤，或者1000万元以下直接经济损失的事故。

151. 监理单位编制的工程质量评估报告编审和报批的程序是（　　）后报建设单位。

A. 经总监审核签字

B. 经工程监理单位技术负责人审核签字

C. 经总监和工程监理单位技术负责人审核签字

D. 在工程竣工预验收前编制完成

【答案】C

【解析】根据《建设工程监理规范》GB/T 50319—2013第5.2.19条：工程竣工预验收合格后，项目监理机构应编写工程质量评估报告，并应经总监理工程师和工程监理单位技术负责人审核签字后报建设单位。

152. 依据《建筑法》规定，工程监理单位与承包单位串通，为承包单位谋取非法利益，给建设单位造成损失的，法律后果是（　　）。

A. 由工程监理单位和承包单位承担连带赔偿责任

B. 由承包单位承担主要赔偿责任

C. 由工程监理单位承担主要赔偿责任

D. 由工程监理单位和承包单位共同分担赔偿责任

【答案】A

【解析】根据《中华人民共和国建筑法》第三十五条：工程监理单位与承包单位串通，

为承包单位谋取非法利益，给建设单位造成损失的，应当与承包单位承担连带赔偿责任。

153. 实施建设工程监理前，根据《建筑法》规定建设单位随即将该标段的工程监理单位名称、监理的内容及（　　）书面通知被监理的建筑施工企业。

A. 全体监理人员名单　　B. 监理资质等级

C. 监理权限　　D. 监理单位以往业绩

【答案】C

【解析】根据《中华人民共和国建筑法》第三十三条：实施建筑工程监理前，建设单位应当将委托的工程监理单位、监理的内容及监理权限，书面通知被监理的建筑施工企业。

154. 某市一新建中学工程，在开工六个月后，因资金问题不得不于2017年4月12日中止施工。根据《建筑法》规定，该建设单位应当最迟于（　　）前向发证机关报告，并按照规定做好建筑工程的维护管理工作。

A. 2017年5月12日　　B. 2017年6月2日

C. 2017年7月12日　　D. 2017年10月12日

【答案】A

【解析】根据《中华人民共和国建筑法》第十条：在建的建筑工程因故中止施工的，建设单位应当自中止施工之日起一个月内，向发证机关报告，并按照规定做好建筑工程的维护管理工作。

155. 某在建工程于2017年5月13日16时25分发生质量事故，造成多人伤亡，影响恶劣。依据《建设工程质量管理条例》规定，该项目的主要参建单位应当于（　　）前向当地建设行政主管部门和其他有关部门报告。

A. 2017年5月14日18时25分　　B. 2017年5月14日20时25分

C. 2017年5月15日16时25分　　D. 2017年5月14日16时25分

【答案】D

【解析】根据《建设工程质量管理条例》第五十二条：建设工程发生质量事故，有关单位应当在24小时内向当地建设行政主管部门和其他有关部门报告。对重大质量事故，事故发生地的建设行政主管部门和其他有关部门应当按照事故类别和等级向当地人民政府和上级建设行政主管部门和其他有关部门报告。

156. 某甲施工企业承包一桥梁工程施工任务，根据施工合同约定，将桥面防水工程分包给乙施工单位。在竣工验收时，验收组发现乙施工单位施工的桥面防水工程存在漏水现象，随即要求进行整改，由此造成的损失应由（　　）承担。

A. 甲、乙共同连带　　B. 乙施工单位

C. 甲施工单位　　D. 甲乙都不承担

【答案】A

【解析】根据《建设工程质量管理条例》第二十七条：总承包单位依法将建设工程分包给其他单位的，分包单位应当按照分包合同的约定对其分包工程的质量向总承包单位负责，总承包单位与分包单位对分包工程的质量承担连带责任。

157. 某施工单位承包了一段道路改造工程，在施工过程中，建设单位为了减少投资成本，建设单位现场负责人明示施工单位使用经检验不合格的混凝土材料用于工程，施工单位多次要求，材料无法使用，但建设单位现场负责人说：我们领导同意，可以使用，你

若不用，将扣你工程款。施工单位迫于无奈，使用了不合格材料。后工程质量监督单位抽查，发现材料不合格，根据《建设工程质量管理条例》规定，明确要求建设单位，责令改正，并处（　　）的罚款。

A. 20万元以上50万元以下　　B. 50万元以上80万元以下

C. 80万元以上100万元以下　　D. 100万元以上120万元以下

【答案】A

【解析】根据《建设工程质量管理条例》第五十六条：违反本条例规定，建设单位有下列行为之一的，责令改正，处20万元以上50万元以下的罚款：

（一）迫使承包方以低于成本的价格竞标的；

（二）任意压缩合理工期的；

（三）明示或者暗示设计单位或者施工单位违反工程建设强制性标准，降低工程质量的；

（四）施工图设计文件未经审查或者审查不合格，擅自施工的；

（五）建设项目必须实行工程监理而未实行工程监理的；

（六）未按照国家规定办理工程质量监督手续的；

（七）明示或者暗示施工单位使用不合格的建筑材料、建筑构配件和设备的；

（八）未按照国家规定将竣工验收报告、有关认可文件或者准许使用文件报送备案的。

158. 对达到一定规模的危险性较大的分部分项工程，施工单位应编制专项施工方案，并附具安全验算结果，该方案经（　　）后实施。

A. 专业监理工程师审核、总监理工程师签字

B. 施工单位技术负责人、总监理工程师签字

C. 建设单位、施工单位、监理单位签字

D. 专家论证、施工单位技术负责人签字

【答案】B

【解析】根据《建设工程安全生产管理条例》第二十六条：施工单位应当在施工组织设计中编制安全技术措施和施工现场临时用电方案，对达到一定规模的危险性较大的分部分项工程编制专项施工方案，并附具安全验算结果，经施工单位技术负责人、总监理工程师签字后实施，由专职安全生产管理人员进行现场监督。

159. 依据《建筑工程质量验收统一标准》规定，工程观感质量评价分为好、一般、差三个等级。质量评价为差的项目，应进行（　　）。

A. 返工　　B. 返修　　C. 检测鉴定　　D. 加固处理

【答案】B

【解析】根据《建筑工程质量验收统一标准》GB 50300—2013第3.0.6条：观感质量可通过观察和简单的测试确定，观感质量的综合评价结果应由验收各方共同确认并达成一致。对影响观感及使用功能或质量评价为差的项目应进行返修。

160. 工程监理单位（　　）转让工程监理业务。

A. 征得建设单位同意后可以　　B. 自行决定是否

C. 征得主管部门同意后可以　　D. 任何情况下不得

【答案】D

【解析】根据《中华人民共和国建筑法》第三十四条：工程监理单位应当在其资质等级许可的监理范围内，承担工程监理业务。

工程监理单位应当根据建设单位的委托，客观、公正地执行监理任务。

工程监理单位与被监理工程的承包单位以及建筑材料、建筑构配件和设备供应单位不得有隶属关系或者其他利害关系。

工程监理单位不得转让工程监理业务。

161. 依据《建设工程监理规范》规定，属于监理人员对工程施工质量巡视内容的是（　　）。

A. 检查施工单位提交的《交工文件》

B. 使用的工程材料、构配件和设备是否合格

C. 现场难点协调处理

D. 专项施工方案是否审批通过

【答案】B

【解析】根据《建设工程监理规范》第 5.2.12 条：项目监理机构应安排监理人员对工程施工质量进行巡视。巡视应包括下列主要内容：

1）施工单位是否按工程设计文件、工程建设标准和批准的施工组织设计、（专项）施工方案施工。

2）使用的工程材料、构配件和设备是否合格。

3）施工现场管理人员，特别是施工质量管理人员是否到位。

4）特种作业人员是否持证上岗。

162. 关于《开工令》签发时间，下列说法正确的是（　　）。

A. 施工合同签订后

B. 施工组织设计方案批复前

C. 工程材料、工器具、构配件检查合格后

D. 建设单位对《工程开工报审表》签署同意意见后

【答案】D

【解析】根据《建设工程监理规范》GB/T 50319—2013 第 5.1.8 条：总监理工程师应组织专业监理工程师审查施工单位报送的开工报审表及相关资料；同时具备下列条件时，应由总监理工程师签署审查意见，并应报建设单位批准后，总监理工程师签发工程开工令：

1）设计交底和图纸会审已完成。

2）施工组织设计已由总监理工程师签认。

3）施工单位现场质量、安全生产管理体系已建立，管理及施工人员已到位，施工机械具备使用条件，主要工程材料已落实。

4）进场道路及水、电、通信等已满足开工要求。

163.（　　）应检查施工单位为工程提供服务的试验室。

A. 总监理工程师　　B. 总监理工程师代表

C. 专业监理工程师　　D. 监理员

【答案】C

【解析】根据《建设工程监理规范》GB/T 50319—2013 第 5.2.7 条：专业监理工程师应检查施工单位为本工程提供服务的试验室。

164. 依据《建设工程安全生产管理条例》规定，施工单位对列入（　　）的安全作业环境及安全施工措施费用，不得挪作他用。

A. 建设工程概算　B. 建设工程预算　C. 施工预算　D. 施工合同价

【答案】 A

【解析】 根据《建设工程安全生产管理条例》第二十二条：施工单位对列入建设工程概算的安全作业环境及安全施工措施所需费用，应当用于施工安全防护用具及设施的采购和更新、安全施工措施的落实、安全生产条件的改善，不得挪作他用。

165. 依据《建设工程监理规范》规定，关于项目监理机构文件资料管理职责的说法，错误的是（　　）。

A. 应建立和完善监理文件资料管理制度，宜设专人管理监理文件资料

B. 应及时整理、分类汇总监理文件资料，并应按分项工程组卷，形成监理档案

C. 应及时收集、整理、编制、传递监理文件资料

D. 应根据工程特点和有关规定保存监理档案，并向有关单位、部门移交

【答案】 B

【解析】 根据《建设工程监理规范》GB/T 50319—2013 第 7.1.1 条：项目监理机构应建立完善监理文件资料管理制度，宜设专人管理监理文件资料。

第 7.1.2 条　项目监理机构应及时、准确、完整地收集、整理、编制、传递监理文件资料。

第 7.3.1 条　项目监理机构应及时整理、分类汇总监理文件资料，并应按规定组卷，形成监理档案。

第 7.3.2 条　工程监理单位应根据工程特点和有关规定，保存监理档案，并应向有关单位、部门移交需要存档的监理文件资料。

166. 依据《建设工程质量管理条例》规定，工程监理单位有（　　）情形的，责令工程监理单位停止违法行为，并处合同约定的监理酬金 1 倍以上 2 倍以下罚款。

A. 将不合格工程按照合格签字

B. 允许其他单位以本单位名义承揽工程

C. 将所承揽的监理业务转让给其他单位

D. 与施工单位串通降低工程质量

【答案】 B

【解析】 根据《建设工程质量管理条例》第六十条：违反本条例规定，勘察、设计、施工、工程监理单位超越本单位资质等级承揽工程的，责令停止违法行为，对勘察、设计单位或者工程监理单位处合同约定的勘察费、设计费或者监理酬金 1 倍以上 2 倍以下的罚款。

167. 依据《建设工程安全生产管理条例》规定，属于工程监理单位的安全责任是（　　）。

A. 发现存在质量事故隐患时要求施工单位暂停施工

B. 按照法律、法规和工程建设强制性标准实施监理，并对建设工程安全生产承担主要责任

C. 审查施工组织设计中的安全技术措施和专项施工方案是否符合工程建设强制性

标准

D. 监督施工单位执行安全教育培训制度

【答案】C

【解析】根据《建设工程质量管理条例》第十四条：工程监理单位应当审查施工组织设计中的安全技术措施或者专项施工方案是否符合工程建设强制性标准。

工程监理单位在实施监理过程中，发现存在安全事故隐患的，应当要求施工单位整改；情况严重的，应当要求施工单位暂时停止施工，并及时报告建设单位。施工单位拒不整改或者不停止施工的，工程监理单位应当及时向有关主管部门报告。

工程监理单位和监理工程师应当按照法律、法规和工程建设强制性标准实施监理，并对建设工程安全生产承担监理责任。

168. 施工单位承租的机械设备和施工机具及配件使用前，应由施工总承包单位、分包单位、出租单位和（　　）共同进行验收。

A. 建设单位　　B. 监理单位　　C. 安装单位　　D. 检测单位

【答案】C

【解析】根据《建设工程安全生产管理条例》第三十五条：施工单位在使用施工起重机械和整体提升脚手架、模板等自升式架设设施前，应当组织有关单位进行验收，也可以委托具有相应资质的检验检测机构进行验收；使用承租的机械设备和施工机具及配件的，由施工总承包单位、分包单位、出租单位和安装单位共同进行验收。验收合格的方可使用。

169. 特种作业操作资格证需延期的，应当于期满前（　　）内原发证部门部门或者其他相关部门办理延期复核手续。

A. 7日　　B. 10日　　C. 3个月　　D. 2个月

【答案】C

【解析】根据《建筑施工特种作业人员管理规定》第二十二条：资格证书有效期为两年。有效期满需要延期的，建筑施工特种作业人员应当于期满前3个月内向原考核发证机关申请办理延期复核手续。延期复核合格的，资格证书有效期延期2年。

170. 施工扣件式脚手架连墙件设置应该靠近主节点，偏差位置不超过（　　）cm。

A. 30　　B. 35　　C. 40　　D. 45

【答案】A

【解析】根据《建筑施工扣件式脚手架安全技术规程》JGJ 130—2011 第6.4.3条：连墙件的布置应符合下列规定：

1. 应靠近主节点设置，偏离主节点的距离不应大于300mm；

2. 应从底层第一步纵向水平杆处开始设置，当该处设置有困难时，应采用其他可靠措施固定；

3. 应优先采用菱形布置，或采用方形、矩形布置。

171. 关于项目监理机构对施工单位计量设备的检查和检定，下面叙述最恰当的（　　）。

A. 专业监理工程师应审查施工单位定期提交影响工程质量的计量设备的技术状况

B. 专业监理工程师应审查施工单位定期提交影响工程质量的计量设备检查和检定报告

C. 总监理工程师应审查施工单位定期提交影响工程质量的计量设备的技术状况

D. 总监理工程师应审查施工单位定期提交影响工程质量的计量设备检查和检定报告

【答案】B

【解析】根据《建设工程监理规范》GB/T 50319—2013 第 5.2.10 条：专业监理工程师应审查施工单位定期提交影响工程质量的计量设备的检查和检定报告。

172.（　　）对建设工程的质量、安全事故、质量缺陷、安全隐患等都有权向建设行政主管部门或者其他有关部门进行检举、控告、投诉。

A. 任何单位和个人　　B. 建设单位

C. 监理单位　　D. 项目经理

【答案】A

【解析】根据《中华人民共和国建筑法》第六十三条：任何单位和个人对建筑工程的质量事故、质量缺陷都有权向建设行政主管部门或者其他有关部门进行检举、控告、投诉。

173. 制定《中华人民共和国安全生产法》是为了加强安全生产工作，（　　）生产安全事故，保障人民群众生命和财产安全，促进经济社会持续健康发展。

A. 杜绝　　B. 预防发生　　C. 防止和减少　　D. 监督管理

【答案】C

【解析】根据《中华人民共和国安全生产法》第一条：为了加强安全生产工作，防止和减少生产安全事故，保障人民群众生命和财产安全，促进经济社会持续健康发展，制定本法。

174. 制定《中华人民共和国建筑法》是为了加强对建筑活动的（　　），维护建筑市场秩序，保证建筑工程的质量和安全，促进建筑业健康发展。

A. 监督管理　　B. 风险管理　　C. 标准化工作　　D. 规范化监督

【答案】A

【解析】根据《中华人民共和国建筑法》第一条：为了加强对建筑活动的监督管理，维护建筑市场秩序，保证建筑工程的质量和安全，促进建筑业健康发展，制定本法。

175. 制定《建设工程安全生产管理条例》的主要目的是（　　）。

A. 减少安全投入节约安全成本

B. 加强建设安全生产监督管理保障人民群众生命和财产安全

C. 制定行业的标准化管理

D. 建立统一的司法解释，有助于法律程序的执行

【答案】B

【解析】根据《建设工程安全生产管理条例》第一条：为了加强建设工程安全生产监督管理，保障人民群众生命和财产安全。

176. 施工单位的项目负责人应当具备相应（　　）的人员担任。

A. 技术职称　　B. 工作年限　　C. 执业资格　　D. 行政职务

【答案】C

【解析】根据《建设工程安全生产管理条例》第二十一条：施工单位的项目负责人应当由取得相应执业资格的人员担任，对建设工程项目的安全施工负责，落实安全生产责任制度、安全生产规章制度和操作规程，确保安全生产费用的有效使用，并根据工程的特点组织制定安全施工措施，消除安全事故隐患，及时、如实报告生产安全事故。

177. 事故发生单位及其有关人员（　　），对事故发生单位处 100 万元以上 500 万元以下的罚款。

A. 不立即组织事故抢救的　　B. 迟报或者漏报事故的

C. 在事故调查处理期间擅离职守的　　D. 伪造或者故意破坏事故现场的

【答案】 D

【解析】 根据《生产安全事故报告和调查处理条例》第三十六条：事故发生单位及其有关人员有下列行为之一的，对事故发生单位处100万元以上500万元以下的罚款；对主要负责人、直接负责的主管人员和其他直接责任人员处上一年年收入60%至100%的罚款；属于国家工作人员的，并依法给予处分；构成违反治安管理行为的，由公安机关依法给予治安管理处罚；构成犯罪的，依法追究刑事责任：

（一）谎报或者瞒报事故的；

（二）伪造或者故意破坏事故现场的；

（三）转移、隐匿资金、财产，或者销毁有关证据、资料的；

（四）拒绝接受调查或者拒绝提供有关情况和资料的；

（五）在事故调查中作伪证或者指使他人作伪证的；

（六）事故发生后逃匿的。

178. 依据《建设工程监理规范》规定，专业监理工程师对施工单位的试验室应考核的内容不包括（　　）。

A. 试验室的资质等级及其试验范围

B. 试验室组织机构的合规性

C. 法定计量单位对试验设备出具的计量检定证明

D. 试验室的管理制度

【答案】 B

【解析】 根据《建设工程监理规范》GB/T 50319—2013 第 5.2.7 条：专业监理工程师应检查施工单位为本工程提供服务的试验室。

试验室的检查应包括下列内容：

1）试验室的资质等级及试验范围；

2）法定计量部门对试验设备出具的计量检定证明；

3）试验室管理制度；

4）试验人员资格证书。

179. 建筑施工特种作业人员必须经（　　），取得建筑施工特种作业人员操作资格证书方可上岗从事相应作业。

A. 身体检查　　B. 项目监理机构认可

C. 建设主管部门考核合格　　D. 施工单位考核认定

【答案】 C

【解析】 根据《建筑施工特种作业人员管理规定》第四条：建筑施工特种作业人员必须经建设主管部门考核合格，取得建筑施工特种作业人员操作资格证书，方可上岗从事相应作业。

180. 依据《建筑法》规定，作业人员对（　　）的行为有权提出批评、检举和控告。

A. 违反操作规程　　B. 影响安全生产的

C. 危及生命安全和人身健康　　D. 违反施工工艺

【答案】 C

【解析】 根据《中华人民共和国建筑法》第四十七条：建筑施工企业和作业人员在施工过程中，应当遵守有关安全生产的法律、法规和建筑行业安全规章、规程，不得违章指挥或者违章作业。作业人员有权对影响人身健康的作业程序和作业条件提出改进意见，有权获得安全生产所需的防护用品。作业人员对危及生命安全和人身健康的行为有权提出批评、检举和控告。

181. 依据《建设工程监理规范》规定，监理工程师可以采取（　　）等方式对建设工程实施监理。

A. 平行检验　　B. 示范操作　　C. 巡察督导　　D. 技术培训

【答案】 A

【解析】 根据《建设工程监理规范》GB/T 50319—2013 第 5.1.1 条：项目监理机构应根据建设工程监理合同约定，遵循动态控制原理，坚持预防为主的原则，制定和实施相应的监理措施，采用旁站、巡视和平行检验等方式对建设工程实施监理。

182. 脚手架工程中搭设高度（　　）m 及以上落地式钢管脚手架工程，属于超过一定规模的危险性较大的分部分项工程中的范围。

A. 24　　B. 36　　C. 50　　D. 20

【答案】 C

【解析】 根据住房城乡建设部办公厅关于实施《危险性较大的分部分项工程安全管理规定》有关问题的通知中附件二超过一定规模的危险性较大的分部分项工程范围中脚手架工程包括：

（一）搭设高度 50m 及以上落地式钢管脚手架工程；

（二）提升高度 150m 及以上附着式整体和分片提升脚手架工程；

（三）架体高度 20m 及以上悬挑式脚手架工程。

183. 生产经营单位应当具备的安全生产条件所必需的资金投入，由（　　）的决策机构、主要负责人或者个人经营的投资人予以保证，并对由于安全生产所必需的资金投入不足导致的后果承担责任。

A. 建设单位　　B. 监理单位　　C. 生产经营单位　　D. 安全管理部门

【答案】 C

【解析】 根据《中华人民共和国安全生产法》第二十条：生产经营单位应当具备的安全生产条件所必需的资金投入，由生产经营单位的决策机构、主要负责人或者个人经营的投资人予以保证，并对由于安全生产所必需的资金投入不足导致的后果承担责任。

184. 生产经营单位使用被派遣劳动者的，应当将被派遣劳动者纳入本单位从业人员统一管理，对被派遣劳动者进行岗位安全操作规程和安全操作技能的教育和培训。（　　）应当对被派遣劳动者进行必要的安全生产教育和培训。

A. 安全管理单位　B. 施工总承包单位　C. 专业分包单位　D. 劳务派遣单位

【答案】 D

【解析】 根据《中华人民共和国安全生产法》第二十五条：生产经营单位使用被派遣劳动者的，应当将被派遣劳动者纳入本单位从业人员统一管理，对被派遣劳动者进行岗位安全操作规程和安全操作技能的教育和培训。劳务派遣单位应当对被派遣劳动者进行必要的安全生产教育和培训。

185. 依据《安全生产法》规定，特种作业人员的范围由国务院负责安全生产监督管理部门会同（　　）有关部门确定。

A. 国务院　　B. 建设单位　　C. 监理单位　　D. 施工总承包单位

【答案】 A

【解析】 根据《中华人民共和国安全生产法》第二十七条：生产经营单位的特种作业人员必须按照国家有关规定经专门的安全作业培训，取得相应资格，方可上岗作业。特种作业人员的范围由国务院安全生产监督管理部门会同国务院有关部门确定。

186. 负有安全生产监督管理职责的部门依照相关规定采取停止供电措施，除有危及生产安全的紧急情形外，应当提前（　　）小时通知生产经营单位。生产经营单位依法履行行政决定、采取相应措施消除事故隐患的，负有安全生产监督管理职责的部门应当及时解除前款规定的措施。

A. 6　　B. 8　　C. 12　　D. 24

【答案】 D

【解析】 根据《中华人民共和国安全生产法》第六十六条：负有安全生产监督管理职责的部门依照前款规定采取停止供电措施，除有危及生产安全的紧急情形外，应当提前二十四小时通知生产经营单位。生产经营单位依法履行行政决定、采取相应措施消除事故隐患的，负有安全生产监督管理职责的部门应当及时解除前款规定的措施。

187. 特种作业人员不包括（　　）。

A. 建筑电工　　B. 建筑架子工

C. 建筑起重机械司机　　D. 抹灰工

【答案】 D

【解析】 根据《建筑施工特种作业人员管理规定》第三条：建筑施工特种作业包括：

（一）建筑电工；

（二）建筑架子工；

（三）建筑起重信号司索工；

（四）建筑起重机械司机；

（五）建筑起重机械安装拆卸工；

（六）高处作业吊篮安装拆卸工；

（七）经省级以上人民政府建设主管部门认定的其他特种作业。

188. 在建筑工程施工质量验收时，对涉及结构安全的试块、试件，按规定应进行（　　）检测。

A. 抽样　　B. 全数　　C. 无损　　D. 见证取样

【答案】 D

【解析】 根据《建设工程监理规范》GB/T 50319—2013 第 2.0.16 条：见证取样是指项目监理机构对施工单位进行的涉及结构安全的试块、试件及工程材料现场取样、封样、送检工作的监督活动。

189. 发生工程质量事故后，下一步处理程序应当是（　　）。

A. 总监理工程师签发工程暂停令

B. 施工单位立即进行质量事故调查

C. 项目监理机构审查施工单位报送的质量事故调查报告

D. 施工单位实施处理，项目监理机构跟踪调查

【答案】A

【解析】根据《建设工程监理规范》GB/T 50319—2013 第 8.3.5 条：项目监理机构应要求设备制造单位按批准的检验计划和检验要求进行设备制造过程的检验工作，并应做好检验记录。项目监理机构应对检验结果进行审核，认为不符合质量要求时，应要求设备制造单位进行整改、返修或返工。当发生质量失控或重大质量事故时，应由总监理工程师签发暂停令，提出处理意见，并应及时报告建设单位。

190. 质量事故技术处理方案经设计等相关单位认可核签后，监理工程师应对技术处理过程进行（　　）。

A. 平行检验　　B. 旁站检查　　C. 巡视监督　　D. 跟踪检查

【答案】D

【解析】根据《建设工程监理规范》GB/T 50319—2013 第 5.2.16 条：对需要返工处理加固补强的质量缺陷，项目监理机构应要求施工单位报送经设计等相关单位认可的处理方案，并应对质量缺陷的处理过程进行跟踪检查，同时应对处理结果进行验收。

191. 在制定检验批的抽样方案时，为合理分配生产方和使用方的风险，主控项目对应于合格质量水平的错判概率和漏判概率均不宜超过（　　）。

A. 5%　　B. 6%　　C. 8%　　D. 10%

【答案】A

【解析】根据《建设工程质量验收统一标准》GB 50300—2013 第 3.0.10 条：计量抽样的错判概率 α 和漏判概率 β 可按下列规定采取：

1）主控项目：对应于合格质量水平的 α 和 β 均不宜超过 5%。

2）一般项目：对应于合格质量水平的 α 不宜超过 5%，β 不宜超过 10%。

192. 依据《建筑法》规定，从事建筑活动的专业技术人员，应当依法取得（　　）的范围内从事建筑活动。

A. 相应的专业毕业证书，并在其专业领域涉及

B. 相应的职称证书，并在其职称等级对应

C. 相应的执业资格证书，并在执业资格证书许可

D. 相应的继续教育证明，并在其接受继续教育

【答案】C

【解析】根据《中华人民共和国建筑法》第十四条：从事建筑活动的专业技术人员，应当依法取得相应的执业资格证书，并在执业资格证书许可的范围内从事建筑活动。

193. 依据《建设工程监理规范》规定，总监理工程师不得委托总监理工程师代表的工作是（　　）。

A. 审查分包单位的资质　　B. 主持整理工程项目的监理资料

C. 组织工程例会　　D. 审批项目监理实施细则

【答案】D

【解析】根据《建设工程监理规范》GB/T 50319—2013 第 3.2.2 条：总监理工程师不

得将下列工作委托总监理工程师代表：

1）组织编制监理规划，审批监理实施细则；

2）根据工程进展及监理工作情况调配监理人员；

3）组织审查施工组织设计、（专项）施工方案；

4）签发工程开工令、暂停令和复工令；

5）签发工程款支付证书，组织审核竣工结算；

6）调解建设单位与施工单位的合同争议，处理工程索赔；

7）审查施工单位的竣工申请，组织工程竣工预验收，组织编写工程质量评估报告，参与工程竣工验收；

8）参与或配合工程质量安全事故的调查和处理。

194. 依据《建筑法》规定，按照建筑工程发包合同约定，建筑材料、建筑构配件和设备由工程承包单位采购的，发包单位（　　）。

A. 可以指定承包单位购入用于工程的建筑材料及建筑构配件

B. 可以指定承包单位购入用于工程的设备

C. 可以指定生产厂或供应商

D. 不得指定承包单位购入用于工程的建筑材料、构配件、设备或者指定厂商、供应商

【答案】 D

【解析】 根据《中华人民共和国建筑法》第二十五条：按照合同约定，建筑材料、建筑构配件和设备由工程承包单位采购的，发包单位不得指定承包单位购入用于工程的建筑材料、建筑构配件和设备或者指定生产厂、供应商。

195. 建设单位申请领取施工许可证，应当具备的条件不包括以下（　　）内容。

A. 已经办理该建筑工程用地批准手续

B. 施工场地已经基本具备施工条件，拆迁等工作进度符合施工要求

C. 有保证工程质量和安全的具体措施

D. 监理规划已获得批准

【答案】 D

【解析】 根据《中华人民共和国建筑法》第八条：申请领取施工许可证，应当具备下列条件：

（一）已经办理该建筑工程用地批准手续；

（二）依法应当办理建设工程规划许可证的，已经取得规划许可证；

（三）需要拆迁的，其拆迁进度符合施工要求；

（四）已经确定建筑施工企业；

（五）有满足施工需要的资金安排施工图纸及技术资料；

（六）有保证工程质量和安全的具体措施。

196. 依据《建设工程监理规范》规定，项目监理机构在实施监理过程中，发现工程存在安全事故隐患时，应签发监理通知单，要求施工单位整改；情况严重时，应签发工程暂停令，并应及时报告建设单位。施工单位拒不整改或不停止施工时，项目监理机构应及时向有关（　　）报送监理报告。

A. 建设单位上级管理部门　　　　B. 有关主管部门

C. 监理单位　　　　　　　　　　　　D. 劳动管理部门

【答案】B

【解析】根据《建设工程监理规范》GB/T 50319—2013 第 5.5.6 条：项目监理机构在实施监理过程中，发现工程存在安全事故隐患时，应签发监理通知单，要求施工单位整改；情况严重时，应签发工程暂停令，并应及时报告建设单位。施工单位拒不整改或不停止施工时，项目监理机构应及时向有关主管部门报送监理报告。

197. 关于监理单位“见证取样”工作，下列叙述正确的是（　　）。

A. 对实施见证取样监理人员无资格要求

B. 应对工程的所有部位的试块、试件及工程材料进行见证

C. 包括取样、封样、送检、进行独立试验等过程

D. 见证取样项目监理机构对施工单位进行的涉及结构安全的试块、试件及工程材料现场取样、封样、送检工作的监督活动

【答案】D

【解析】根据《建设工程监理规范》GB/T 50319—2013 第 2.0.16 条：见证取样是指项目监理机构对施工单位进行的涉及结构安全的试块、试件及工程材料现场取样、封样、送检工作的监督活动。

198. 依据《建设工程监理规范》规定，项目监理机构应审查施工单位现场安全生产规章制度的建立和实施情况，并应审查施工单位（　　）及施工单位项目经理、专职安全生产管理人员和特种作业人员的资格，同时应核查施工机械和设施的安全许可验收手续。

A. 营业执照　　　B. 税务登记证　　　C. 安全生产许可证　D. 资质证书

【答案】C

【解析】根据《建设工程监理规范》GB/T 50319—2013 第 5.5.2 条：项目监理机构应审查施工单位现场安全生产规章制度的建立和实施情况，并应审查施工单位安全生产许可证及施工单位项目经理、专职安全生产管理人员和特种作业人员的资格，同时应核查施工机械和设施的安全许可验收手续。

199. 依据《建设工程监理规范》规定，项目监理机构对超过一定规模的危险性较大的分部分项工程的（　　），应检查施工单位组织专家进行论证、审查的情况，以及是否附安全验算结果。

A. 施工工艺　　　B. 施工保障措施　　C. 专项施工方案　　D. 施工条件

【答案】C

【解析】根据《建设工程监理规范》GB/T 50319—2013 第 5.5.3 条：项目监理机构应审查施工单位报审的专项施工方案，符合要求的，应由总监理工程师签认后报建设单位。超过一定规模的危险性较大的分部分项工程的专项施工方案，应检查施工单位组织专家进行论证、审查的情况，以及是否附具安全验算结果。

200. 依据《建设工程监理规范》规定，项目监理机构应根据建设工程监理合同约定，遵循动态控制原理，坚持（　　）的原则，制定和实施相应的监理措施，采用旁站、巡视和平行检验等方式对建设工程实施监理。

A. 防治并举　　　B. 服务至上　　　C. 精心监理　　　D. 预防为主

【答案】D

【解析】根据《建设工程监理规范》GB/T 50319—2013 第 5.1.1 条：项目监理机构应根据建设工程监理合同约定，遵循动态控制原理，坚持预防为主的原则，制定和实施相应的监理措施，采用旁站、巡视和平行检验等方式对建设工程实施监理。

201. 依据《建设工程监理规范》规定，项目监理机构应根据法律法规、工程建设强制性标准，履行建设工程安全生产管理的（　　），并应将安全生产管理的监理工作内容、方法和措施纳入监理规划及监理实施细则。

A. 管理义务　　B. 监理职责　　C. 监理权力　　D. 监管职能

【答案】B

【解析】根据《建设工程监理规范》GB/T 50319—2013 第 5.5.1 条：项目监理机构应根据法律法规、工程建设强制性标准，履行建设工程安全生产管理的监理职责；并应将安全生产管理的监理工作内容、方法和措施纳入监理规划及监理实施细则。

202. 依据《建设工程监理规范》规定，监理实施细则应在（　　）由专业监理工程师编制，并应报总监理工程师审批。

A. 工程开工前　　B. 开工报告批准前

C. 相应工程施工开始前　　D. 施工方案批准前

【答案】C

【解析】根据《建设工程监理规范》GB/T 50319—2013 第 4.3.2 条：监理实施细则应在相应工程施工开始前由专业监理工程师编制，并应报总监理工程师审批。

203. 依据《建设工程监理规范》规定，工程监理单位应根据工程特点和有关规定，保存监理档案，并向（　　）移交需要存档的监理文件资料。

A. 有关单位、有关部门　　B. 建设主管部门

C. 施工单位　　D. 建设单位

【答案】A

【解析】根据《建设工程监理规范》GB/T 50319—2013 第 7.3.2 条：工程监理单位应根据工程特点和有关规定，保存监理档案，并应向有关单位、部门移交需要存档的监理文件资料。

204. 依据《建设工程监理规范》规定，承担工程保修阶段的服务工作时，（　　）应定期回访。

A. 总监理工程师　　B. 工程监理单位　　C. 专业监理工程师　D. 项目监理机构

【答案】B

【解析】根据《建设工程监理规范》GB/T 50319—2013 第 9.3.1 条：承担工程保修阶段的服务工作时，工程监理单位应定期回访。

205. 依据《建设工程监理规范》规定，工程监理单位应审查勘察单位提交的勘查成果报告，并向建设单位提交勘查成果评估报告，同时应参与勘查成果验收。下列不属于勘查成果评估报告内容的是（　　）。

A. 勘察工作概况

B. 勘察报告编制深度、与勘察标准的符合情况

C. 存在问题及建议

D. 勘察单位资质

【答案】D

【解析】根据《建设工程监理规范》GB/T 50319—2013 第 9.2.6 条：工程监理单位应审查勘察单位提交的勘察成果报告，并应向建设单位提交勘察成果评估报告，同时应参与勘察成果验收。

勘察成果评估报告应包括下列内容：

1）勘察工作概况；

2）勘察报告编制深度、与勘察标准的符合情况；

3）勘察任务书的完成情况；

4）存在问题及建议；

5）评估结论。

206. 依据《建设工程监理规范》规定，施工单位提出工程延期要求符合施工合同约定时，（　　）应予以受理。

A. 建设单位　　B. 建设主管部门　　C. 项目监理机构　　D. 设计单位

【答案】C

【解析】根据《建设工程监理规范》GB/T 50319—2013 第 6.5.1 条：施工单位提出工程延期要求符合施工合同约定时，项目监理机构应予以受理。

207. 依据《建设工程监理规范》规定，项目监理机构应（　　）、完整、准确的收集、整理、编制、传递，监理文件资料。

A. 合理　　B. 及时　　C. 循序　　D. 快速

【答案】B

【解析】根据《建设工程监理规范》GB/T 50319—2013 第 7.1.2 条：项目监理机构应及时、准确、完整地收集、整理、编制、传递监理文件资料。

208. 从事建设工程活动，必须严格执行基本建设程序，坚持（　　）的原则。

A. 先勘察、后设计、再施工

B. 先计划，后设计，再预算

C. 先预算，后勘察，再设计

D. 先设计，后勘察，再施工

【答案】A

【解析】根据《建设工程质量管理条例》第五条：从事建设工程活动，必须严格执行基本建设程序，坚持先勘察、后设计、再施工的原则。

209. 依据《建设工程监理规范》规定，对需要返工处理或加固补强的质量缺陷，项目监理机构应要求施工单位报送经（　　）等相关单位认可的处理方案，并应对质量缺陷的处理过程进行跟踪检查，同时应对处理结果进行验收。

A. 建设单位　　B. 施工单位　　C. 监理单位　　D. 设计单位

【答案】D

【解析】根据《建设工程监理规范》GB/T 50319—2013 第 5.2.16 条：对需要返工处理加固补强的质量缺陷，项目监理机构应要求施工单位报送经设计等相关单位认可的处理方案，并应对质量缺陷的处理过程进行跟踪检查，同时应对处理结果进行验收。

210. 依据《建设工程监理规范》规定，项目监理机构应比较分析工程施工实际进度与计划进度，预测实际进度对工程总工期的影响，并应在（　　）中向建设单位报告工程实际进展情况。

A. 监理通知　　B. 监理工作联系单　C. 监理月报　　D. 监理周报

【答案】C

【解析】根据《建设工程监理规范》GB/T 50319—2013 第 5.4.4 条：项目监理机构应比较分析工程施工实际进度与计划进度，预测实际进度对工程总工期的影响，并应在监理月报中向建设单位报告工程实际进展情况。

211. 依据《建设工程质量管理条例》规定，建设单位应当将施工图设计文件报（　　）人民政府建设行政主管部门或者其他有关部门审查。

A. 乡级以上　　B. 县级以上　　C. 省级以上　　D. 市级以上

【答案】B

【解析】根据《建设工程质量管理条例》第十一条：建设单位应当将施工图设计文件报县级以上人民政府建设行政主管部门或者其他有关部门审查。施工图设计文件审查的具体办法，由国务院建设行政主管部门会同国务院其他有关部门制定。

212. 生产经营单位的从业人员有依法获得（　　）的权利，并应当依法履行安全生产方面的义务。

A. 生活保证　　B. 劳动保险　　C. 安全生产保障　D. 人身安全保障

【答案】C

【解析】根据《中华人民共和国安全生产法》第六条：生产经营单位的从业人员有依法获得安全生产保障的权利，并应当依法履行安全生产方面的义务。

213. 生产经营单位的安全生产管理人员对检查中发现的安全问题，应当（　　）。

A. 立即处理　　B. 报告主管部门　C. 拟定预防措施　D. 报告上级单位

【答案】A

【解析】根据《中华人民共和国安全生产法》第四十三条：生产经营单位的安全生产管理人员应当根据本单位的生产经营特点，对安全生产状况进行经常性检查；对检查中发现的安全问题，应当立即处理；不能处理的，应当及时报告本单位有关负责人，有关负责人应当及时处理。检查及处理情况应当如实记录在案。

214. 关于建筑施工企业承揽建筑工程的规定，下列说法正确的是（　　）。

A. 满足其资质等级的任何类型的工程

B. 满足其经营业务范围的任何类型的工程

C. 应在其资质等级许可的业务范围内承揽工程

D. 可以将全部业务分包给同等资质的其他施工单位

【答案】C

【解析】根据《中华人民共和国建筑法》第二十六条：承包建筑工程的单位应当持有依法取得的资质证书，并在其资质等级许可的业务范围内承揽工程。

禁止建筑施工企业超越本企业资质等级许可的业务范围或者以任何形式用其他建筑施工企业的名义承揽工程。禁止建筑施工企业以任何形式允许其他单位或者个人使用本企业的资质证书、营业执照，以本企业的名义承揽工程。

215. 甲、乙、丙三家承包单位，甲的资质等级最高，乙次之，丙最低。当三家单位

实行联合共同承包时，应按（　　）单位的业务许可范围承揽工程

A. 甲　　B. 乙　　C. 丙　　D. 均可

【答案】C

【解析】根据《中华人民共和国建筑法》第二十七条：两个以上不同资质等级的单位实行联合共同承包的，应当按照资质等级低的单位的业务许可范围承揽工程。

216. 关于安全施工技术交底，下面说法正确的是（　　）。

A. 施工单位负责项目管理的技术人员向施工作业人员交底

B. 专职安全生产管理人员向施工作业人员交底

C. 施工单位负责项目管理的技术人员向专职安全生产管理人员交底

D. 施工单位负责人向施工项目负责人交底

【答案】A

【解析】根据《建设工程安全生产管理条例》第二十七条：建设工程施工前，施工单位负责项目管理的技术人员应当对有关安全施工的技术要求向施工作业班组、作业人员作出详细说明，并由双方签字确认。

217. 危险性较大的分部分项工程实行分包时，其专项安全施工方案（　　）组织编制。

A. 应由总包单位　　B. 应由监理单位

C. 可由建设单位　　D. 可由相关专业分包单位

【答案】D

【解析】根据《危险性较大的分部分项工程安全管理规定》第十条：施工单位应当在危大工程施工前组织工程技术人员编制专项施工方案。实行施工总承包的，专项施工方案应当由施工总承包单位组织编制。危大工程实行分包的，专项施工方案可以由相关专业分包单位组织编制。

218. （　　）应当对专项施工方案实施情况进行现场监督，对未按照专项施工方案施工的，应当要求立即整改，并及时报告项目负责人，项目负责人应当及时组织限期整改。

A. 项目专职安全生产管理人员　　B. 项目经理

C. 项目技术负责人　　D. 生产经理

【答案】A

【解析】根据《危险性较大的分部分项工程安全管理规定》第十七条：施工单位应当对危大工程施工作业人员进行登记，项目负责人应当在施工现场履职。项目专职安全生产管理人员应当对专项施工方案实施情况进行现场监督，对未按照专项施工方案施工的，应当要求立即整改，并及时报告项目负责人，项目负责人应当及时组织限期整改。施工单位应当按照规定对危大工程进行施工监测和安全巡视，发现危及人身安全的紧急情况，应当立即组织作业人员撤离危险区域。

219. 监理单位发现施工单位未按照专项施工方案施工的，应当要求其进行整改；情况严重的，应当要求其暂停施工，并及时向（　　）报告。

A. 设计单位　　B. 建设单位

C. 建设工程安全监督机构　　D. 建设主管部门

【答案】B

【解析】根据《危险性较大的分部分项工程安全管理规定》第十九条：监理单位发现

施工单位未按照专项施工方案施工的，应当要求其进行整改；情节严重的，应当要求其暂停施工，并及时报告建设单位。施工单位拒不整改或者不停止施工的，监理单位应当及时报告建设单位和工程所在地住房城乡建设主管部门。

220. 监理实施细则是针对工程项目中某一专业或某一方面，开展监理工作的操作性文件。监理实施细则由（　　）编制，并经总监理工程师批准。

A. 专业监理工程师　　B. 该岗位的监理员

C. 公司总部技术部门　　D. 总监理工程师代表

【答案】 A

【解析】 根据《建设工程监理规范》GB/T 50319—2013 第 3.2.3 条：专业监理工程师应履行以下职责：

1）负责编制本专业的监理实施细则；

2）负责本专业监理工作的具体实施；

3）组织指导检查和监督本专业监理员的工作当人员需要调整时向总监理工程师提出建议；

4）审查承包单位提交的涉及本专业的计划方案申请变更并向总监理工程师提出报告；

5）负责本专业分项工程验收及隐蔽工程验收；

6）定期向总监理工程师提交本专业监理工作实施情况报告对重大问题及时向总监理工程师汇报和请示；

7）根据本专业监理工作实施情况做好监理日记；

8）负责本专业监理资料的收集汇总及整理参与编写监理月报；

9）核查进场材料设备构配件的原始凭证检测报告等质量证明文件及其质量情况根据实际情况认为有必要时对进场材料设备构配件进行平行检验合格时予以签认；

10）负责本专业的工程计量工作审核工程计量的数据和原始凭证。

221. 项目监理机构应根据法律法规和工程建设（　　），履行建设工程安全生产管理的监理职责；并应将安全生产管理的监理工作内容、方法和措施纳入监理规划及监理实施细则。

A. 行业标准　　B. 行政文件　　C. 推荐性标准　　D. 强制性标准

【答案】 D

【解析】 根据《建设工程监理规范》GB/T 50319—2013 第 5.5.1 条：项目监理机构应根据法律法规、工程建设强制性标准，履行建设工程安全生产管理的监理职责；并应将安全生产管理的监理工作内容、方法和措施纳入监理规划及监理实施细则。

222. 工程监理单位代表建设单位对施工质量实施监理，（　　）。

A. 对施工质量承担监理责任

B. 对施工质量与施工单位共同承担责任

C. 对施工质量承担连带责任

D. 对施工质量不承担责任

【答案】 A

【解析】 根据《建设工程质量管理条例》第三十六条：工程监理单位应当依照法律、法规以及有关技术标准、设计文件和建设工程承包合同，代表建设单位对施工质量实施监理，并对施工质量承担监理责任。

223. 为了保证工程建设质量，《建筑法》提出不得将本应由一个承包商整体承建完成的建设工程肢解后由不同的单位完成，下面描述正确的是（　　）。

A. 对建设单位发包、总承包单位分包两种情况均提出此要求

B. 对建设单位发包时提出的要求

C. 仅对总承包的施工单位分包时提出的要求

D. 没有明确规定具体是在发包还是分包哪一种情况下“不得将一个完整的工程肢解”

【答案】 A

【解析】 根据《中华人民共和国建筑法》第二十四条：提倡对建筑工程实行总承包，禁止将建筑工程肢解发包。

建筑工程的发包单位可以将建筑工程的勘察、设计、施工、设备采购一并发包给一个工程总承包单位，也可以将建筑工程勘察、设计、施工、设备采购的一项或者多项发包给一个工程总承包单位；但是，不得将应当由一个承包单位完成的建筑工程肢解成若干部分发包给几个承包单位。

第二十八：条禁止承包单位将其承包的全部建筑工程转包给他人，禁止承包单位将其承包的全部建筑工程肢解以后以分包的名义分别转包给他人。

224. 当监理人员发现工程设计不符合建筑工程质量标准或者合同约定的质量要求时，下列做法正确的是（　　）。

A. 监理人员可直接要求设计单位进行设计修改

B. 监理人员及时报告建设单位，由建设单位出面要求设计单位进行设计修改

C. 经建设单位同意后由监理单位通知设计单位进行设计修改

D. 没有设计监理合同，对此不进行干预

【答案】 B

【解析】 根据《中华人民共和国建筑法》第三十二条：工程监理人员发现工程设计不符合建筑工程质量标准或者合同约定的质量要求的，应当报告建设单位要求设计单位改正。

225. 关于总包单位和分包单位的安全责任，下列叙述正确的是（　　）。

A. 由总包单位负责，分包单位向总包单位负责，并服从总包单位对施工现场的安全生产管理

B. 分包单位和总包单位各自对自己施工范围内的安全负责，由总包单位统一协调

C. 分包单位接受总包单位的统一管理，由总包单位对安全负总责

D. 分包单位直接向建设单位负责

【答案】 A

【解析】 根据《建设工程安全生产管理条例》第二十四条：建设工程实行施工总承包的，由总承包单位对施工现场的安全生产负总责。

总承包单位应当自行完成建设工程主体结构的施工。

总承包单位依法将建设工程分包给其他单位的，分包合同中应当明确各自的安全生产方面的权利、义务。总承包单位和分包单位对分包工程的安全生产承担连带责任。

分包单位应当服从总承包单位的安全生产管理，分包单位不服从管理导致生产安全事故的，由分包单位承担主要责任。

226. 涉及建筑主体和承重结构变动的装修工程，建设单位应当在施工前委托原设计

单位或者具有相应资质等级的设计单位提出设计方案，没有设计方案的（　　）。

A. 不得施工

B. 在监理单位监督下可以施工

C. 在质量监督部门监督下可以施工

D. 不确定

【答案】 A

【解析】 根据《中华人民共和国建筑法》第四十九条：涉及建筑主体和承重结构变动的装修工程，建设单位应当在施工前委托原设计单位或者具有相应资质条件的设计单位提出设计方案；没有设计方案的，不得施工。

227. 专职安全生产管理人员发现安全事故隐患，应当及时向施工项目负责人和（　　）报告。

A. 项目技术人员　　B. 建设单位

C. 项目监理机构　　D. 企业安全生产管理机构

【答案】 D

【解析】 根据《建设工程安全生产管理条例》第二十三条：施工单位应当设立安全生产管理机构，配备专职安全生产管理人员。

专职安全生产管理人员负责对安全生产进行现场监督检查。发现安全事故隐患，应当及时向项目负责人和安全生产管理机构报告；对违章指挥、违章操作的，应当立即制止。

228. 依据《建筑施工高处作业安全技术规范》规定，高处作业时，工具应随手（　　）。

A. 放置稳妥　　B. 放在就近的可靠地方

C. 放入工具袋　　D. 放置方便操作的地方

【答案】 C

【解析】 根据《建筑施工高处作业安全技术规范》JGJ 80—2016 第 3.0.6 条：对施工作业现场所有可能坠落的物料，应及时拆除或采取固定措施。高处作业所用的物料应堆放平稳，不得妨碍通行和装卸。工具应随手放入工具袋；作业中的走道、通道板和登高用具，应随时清理干净；拆卸下的物料及余料和废料应及时清理运走，不得任意放置或向下丢弃。传递物料时不得抛掷。

229. 注册建筑师、注册结构工程师等注册执业人员应当在设计文件上（　　），对设计文件负责。

A. 盖章　　B. 签字　　C. 盖企业审核章　　D. 签署审批意见

【答案】 B

【解析】 根据《建设工程质量管理条例》第十九条：勘察、设计单位必须按照工程建设强制性标准进行勘察、设计，并对其勘察、设计的质量负责。

注册建筑师、注册结构工程师等注册执业人员应当在设计文件上签字，对设计文件负责。

230. 施工单位（　　）超越本单位资质等级许可的业务范围承揽工程。

A. 经监理单位同意可以　　B. 禁止

C. 在某些特殊情况许可下可以　　D. 经建设主管部门许可下可以

【答案】 B

【解析】 根据《建设工程质量管理条例》第二十五条：施工单位应当依法取得相应等

级的资质证书，并在其资质等级许可的范围内承揽工程。

禁止施工单位超越本单位资质等级许可的业务范围或者以其他施工单位的名义承揽工程。禁止施工单位允许其他单位或者个人以本单位的名义承揽工程。

231. 依据《安全生产法》规定，国家对严重危及生产安全的工艺、设备实施（　　）制度。

A. 审批　　B. 登记　　C. 淘汰　　D. 监管

【答案】C

【解析】根据《中华人民共和国安全生产法》第三十五条：国家对严重危及生产安全的工艺、设备实行淘汰制度，具体目录由国务院安全生产监督管理部门会同国务院有关部门制定并公布。法律、行政法规对目录的制定另有规定的，适用其规定。

232. 依据《安全生产法》规定，事故调查处理应当按照（　　）的原则，查清事故原因，查明事故性质和责任。

A. 实事求是、尊重科学

B. 公开、公正、公平

C. 及时、准确、合法

D. 科学严谨、依法依规、实事求是、注重实效

【答案】D

【解析】根据《中华人民共和国安全生产法》第八十三条：事故调查处理应当按照科学严谨、依法依规、实事求是、注重实效的原则，及时、准确地查清事故原因，查明事故性质和责任，总结事故教训，提出整改措施，并对事故责任者提出处理意见。事故调查报告应当依法及时向社会公布。事故调查和处理的具体办法由国务院制定。

233. 依据《安全生产法》规定，生产经营单位的从业人员不服从管理，违反安全生产规章制度或者操作规程的，由生产经营单位给予批评教育，依照有关规章制度给予（　　）。

A. 行政处罚　　B. 处分　　C. 追究刑事责任　　D. 批评教育

【答案】B

【解析】根据《中华人民共和国安全生产法》第一百零四条：生产经营单位的从业人员不服从管理，违反安全生产规章制度或者操作规程的，由生产经营单位给予批评教育，依照有关规章制度给予处分；构成犯罪的，依照刑法有关规定追究刑事责任。

234. 依据《建设工程安全生产管理条例》规定，施工单位采购的安全防护用具，应当具备的条件中可以不包括的条件是（　　）。

A. 生产（制造）许可证　　B. 产品合格证

C. 进场前检验　　D. 到安全主管部门备案

【答案】D

【解析】根据《建设工程安全生产管理条例》第三十四条：施工单位采购、租赁的安全防护用具、机械设备、施工机具及配件，应当具有生产（制造）许可证、产品合格证，并在进入施工现场前进行查验。

235. 依据《建设工程安全生产管理条例》规定，（　　）对因建设工程施工可能造成损害的毗邻建筑物、构筑物和地下管线等，应当采取专项保护措施。

A. 设计单位　　B. 施工单位　　C. 监理单位　　D. 建设单位

【答案】 B

【解析】 根据《建设工程安全生产管理条例》第三十条：施工单位对因建设工程施工可能造成损害的毗邻建筑物、构筑物和地下管线等，应当采取专项防护措施。

236. 依据《建设工程安全生产管理条例》规定，对于起重吊装工程的说法不正确的是（　　）。

A. 施工单位应该在施工组织设计中编制安全技术措施

B. 需要编制专项施工方案，并附安全验算结果

C. 经专职安全生产管理人员签字后实施

D. 由专职安全生产管理人员进行现场监督

【答案】 C

【解析】 根据《建设工程安全生产管理条例》第二十六条：施工单位应当在施工组织设计中编制安全技术措施和施工现场临时用电方案，对下列达到一定规模的危险性较大的分部分项工程编制专项施工方案，并附具安全验算结果，经施工单位技术负责人、总监理工程师签字后实施，由专职安全生产管理人员进行现场监督：

（一）基坑支护与降水工程；

（二）土方开挖工程；

（三）模板工程；

（四）起重吊装工程；

（五）脚手架工程；

（六）拆除、爆破工程；

（七）国务院建设行政主管部门或者其他有关部门规定的其他危险性较大的工程。

237. 建设单位与承包单位之间与建设工程合同有关的联系活动应通过（　　）。

A. 监理单位　　B. 建设单位　　C. 设计单位　　D. 建设主管部门

【答案】 A

【解析】 根据《建设工程监理规范》GB/T 50319—2013 第 1.0.5 条：在建设工程监理工作范围内，建设单位与施工单位之间涉及施工合同的联系活动，应通过工程监理单位进行。

238. 施工人员对涉及结构安全的试块、试件以及有关材料，应当在建设单位或者（　　）监督下现场取样，并送具有相应资质等级的质量检测单位进行检测。

A. 建设工程质量监督机构　　B. 工程监理单位

C. 建设工程施工监督机构　　D. 建设主管部门

【答案】 B

【解析】 根据《建设工程质量管理条例》第三十一条：施工人员对涉及结构安全的试块、试件以及有关材料，应当在建设单位或者工程监理单位监督下现场取样，并送具有相应资质等级的质量检测单位进行检测。

239. 依据《建设工程质量管理条例》规定，属于施工单位的质量责任和义务是（　　）。

A. 工程开工前，应按国家有关规定办理工程质量监督手续

B. 工程完工后，应组织竣工预验收

C. 施工过程中，应立即改正所发现的设计图纸差错

D. 隐蔽工程隐蔽前，应通知建设单位和建设工程监督机构

【答案】 D

【解析】 根据《建设工程质量管理条例》第三十条：施工单位必须建立、健全施工质量的检验制度，严格工序管理，作好隐蔽工程的质量检查和记录。隐蔽工程在隐蔽前，施工单位应当通知建设单位和建设工程质量监督机构。

240. 依据《建筑法》规定，大型建筑工程或者结构复杂的建筑工程，可以由两个以上的承包单位联合共同承包，共同承包的各方对承包合同的履行承担（　　）。

A. 主要责任　　B. 法律责任　　C. 全部责任　　D. 连带责任

【答案】 D

【解析】 根据《中华人民共和国建筑法》第二十七条：大型建筑工程或者结构复杂的建筑工程，可以由两个以上的承包单位联合共同承包。共同承包的各方对承包合同的履行承担连带责任。

241. 依据《危险性较大的分部分项工程安全管理规定》规定，对超过一定规模的危险性较大的分部分项工程，施工单位应当组织（　　）名及以上专家论证。

A. 3　　B. 5　　C. 7　　D. 不确定

【答案】 B

【解析】 根据《危险性较大的分部分项工程安全管理规定》第十二条：对于超过一定规模的危大工程，施工单位应当组织召开专家论证会对专项施工方案进行论证。实行施工总承包的，由施工总承包单位组织召开专家论证会。专家论证前专项施工方案应当通过施工单位审核和总监理工程师审查。专家应当从地方人民政府住房城乡建设主管部门建立的专家库中选取，符合专业要求且人数不得少于5名。与本工程有利害关系的人员不得以专家身份参加专家论证会。

242. 下列监理人员基本职责中，属于监理员职责的是（　　）

A. 进行见证取样　　B. 处理工程质量安全事故

C. 检查现场安全生产管理体系　　D. 编写监理日志

【答案】 A

【解析】 根据《建设工程监理规范》GB/T 50319—2013 第3.2.4条：监理员应履行以下职责：

1）在专业监理工程师的指导下开展现场监理工作；

2）检查承包单位投入工程项目的人力材料主要设备及其使用运行状况并做好检查记录；

3）复核或从施工现场直接获取工程计量的有关数据并签署原始凭证；

4）按设计图及有关标准对承包单位的工艺过程或施工工序进行检查和记录对加工制作及工序施工质量检查结果进行记录；

5）担任旁站工作发现问题及时指出并向专业监理工程师报告；

6）做好监理日记和有关的监理记录。

243. 实施建设工程监理前，监理单位必须与建设单位签订书面（　　）。

A. 劳务合同　　B. 技术合作协议　　C. 委托监理合同　　D. 监理承包合同

【答案】 C

【解析】 根据《建设工程监理规范》GB/T 50319—2013 第1.0.3条：实施建设工程监理前，建设单位应委托具有相应资质的工程监理单位，并以书面形式与工程监理单位订立建设工程监理合同，合同中应包括监理工作的范围、内容、服务期限和酬金，以及双方的义务、违约责任等相关条款。

在订立建设工程监理合同时，建设单位将勘察、设计、保修阶段等相关服务一并委托的，应在合同中明确相关服务的工作范围、内容、服务期限和酬金等相关条款。

244. 工程监理单位与被监理工程的施工承包单位以及建筑材料、建筑构配件和设备供应单位有隶属关系或者其他利害关系的，（　　）承担该项建设工程的监理业务。

A. 在特殊情况下可以　　B. 在建设主管部门许可下可以

C. 可以　　D. 不可以

【答案】D

【解析】根据《中华人民共和国建筑法》第三十四条：工程监理单位应当在其资质等级许可的监理范围内，承担工程监理业务。

工程监理单位应当根据建设单位的委托，客观、公正地执行监理任务。

工程监理单位与被监理工程的承包单位以及建筑材料、建筑构配件和设备供应单位不得有隶属关系或者其他利害关系。

工程监理单位不得转让工程监理业务。

245. 依据《建设工程监理规范》规定，项目监理机构在批准工程临时延期、工程最终延期前，均应与（　　）协商。

A. 建设单位　　B. 施工单位

C. 建设单位和施工单位　　D. 设计单位

【答案】C

【解析】根据《建设工程监理规范》GB/T 50319—2013 第 6.5.3 条：项目监理机构在做出工程临时延期批准和工程最终延期批准前，均应与建设单位和施工单位协商。

246. 依据《建设工程监理规范》规定，施工单位因工程延期提出费用索赔时，项目监理机构可按（　　）进行处理。

A. 监理合同约定　　B. 施工合同约定　　C. 施工招标文件　　D. 施工投标文件

【答案】B

【解析】根据《建设工程监理规范》GB/T 50319—2013 第 6.5.5 条：施工单位因工程延期提出费用索赔时，项目监理机构可按施工合同约定进行处理。

247. 依据《危险性较大的分部分项工程安全管理规定》规定，施工单位和（　　）应当建立危大工程安全管理档案。

A. 监理单位　　B. 监督单位　　C. 建设主管部门　　D. 建设单位

【答案】A

【解析】根据《危险性较大的分部分项工程安全管理规定》第二十四条：施工、监理单位应当建立危大工程安全管理档案。施工单位应当将专项施工方案及审核、专家论证、交底、现场检查、验收及整改等相关资料纳入档案管理。监理单位应当将监理实施细则、专项施工方案审查、专项巡视检查、验收及整改等相关资料纳入档案管理。

248. 依据《危险性较大的分部分项工程安全管理规定》规定，建筑工程实行施工总承包的，专项方案应当由（　　）组织编制。

A. 劳务分包单位　　B. 监督管理机构　　C. 项目监理机构　　D. 施工总承包单位

【答案】 D

【解析】 根据《危险性较大的分部分项工程安全管理规定》第十条：施工单位应当在危大工程施工前组织工程技术人员编制专项施工方案。实行施工总承包的，专项施工方案应当由施工总承包单位组织编制。危大工程实行分包的，专项施工方案可以由相关专业分包单位组织编制。

249. 依据《安全生产法》规定，发生生产安全事故，对负有责任的生产经营单位除要求其依法承担相应的赔偿等责任外，由安全生产监督管理部门依照下列规定处以罚款：发生（　　）事故且情节特别严重的，处一千万元以上二千万元以下的罚款；

A. 一般　　B. 较大　　C. 重大　　D. 特别重大

【答案】 D

【解析】 根据《中华人民共和国安全生产法》第一百零九条：发生生产安全事故，对负有责任的生产经营单位除要求其依法承担相应的赔偿等责任外，由安全生产监督管理部门依照下列规定处以罚款：

（一）发生一般事故的，处二十万元以上五十万元以下的罚款；

（二）发生较大事故的，处五十万元以上一百万元以下的罚款；

（三）发生重大事故的，处一百万元以上五百万元以下的罚款；

（四）发生特别重大事故的，处五百万元以上一千万元以下的罚款；情节特别严重的，处一千万元以上二千万元以下的罚款。

250. 为了加强建设工程安全生产监督管理，保障人民群众生命和财产安全，根据（　　）、《中华人民共和国安全生产法》，制定《建设工程安全生产管理条例》。

A. 《中华人民共和国建筑法》　　B. 《建设工程质量管理条例》

C. 《中华人民共和国合同法》　　D. 《中华人民共和国产品质量法》

【答案】 A

【解析】 根据《建设工程安全生产管理条例》第一条：为了加强建设工程安全生产监督管理，保障人民群众生命和财产安全，根据《中华人民共和国建筑法》《中华人民共和国安全生产法》，制定本条例。

251. 依据《建筑工程安全生产管理条例》规定，特种作业人员必须经专门的安全作业培训，并取得特种作业（　　）证书，方可上岗作业。

A. 操作资格　　B. 安全许可　　C. 生产安全　　D. 以上皆不是

【答案】 A

【解析】 根据《建设工程安全生产管理条例》第二十五条：垂直运输机械作业人员、安装拆卸工、爆破作业人员、起重信号工、登高架设作业人员等特种作业人员，必须按照国家有关规定经过专门的安全作业培训，并取得特种作业操作资格证书后，方可上岗作业。

252. 依据《建设工程安全生产管理条例》规定，施工单位应当为施工现场从事危险作业的人员办理意外伤害保险。意外伤害保险费由（　　）支付。

A. 建设单位　　B. 保险公司　　C. 施工单位　　D. 监理单位

【答案】 C

【解析】 根据《建设工程安全生产管理条例》第三十八条：施工单位应当为施工现场从事危险作业的人员办理意外伤害保险。

意外伤害保险费由施工单位支付。实行施工总承包的，由总承包单位支付意外伤害保险费。意外伤害保险期限自建设工程开工之日起至竣工验收合格止。

253. 依据《建设工程安全生产管理条例》规定，建设单位不得对勘察、设计、施工、工程监理等单位提出不符合建设工程安全生产法律、法规和强制性标准规定的要求，不得（　　）。

A. 变更合同约定的造价　　B. 压缩定额规定的工期

C. 变更合同的约定内容　　D. 压缩合同约定的工期

【答案】 D

【解析】 根据《建设工程安全生产管理条例》第七条：建设单位不得对勘察、设计、施工、工程监理等单位提出不符合建设工程安全生产法律、法规和强制性标准规定的要求，不得压缩合同约定的工期。

254. 依据《建筑工程施工质量验收统一标准》规定，未实行监理的建筑工程，（　　）相关人员应履行本标准涉及的监理职责。

A. 施工单位　　B. 建设单位　　C. 设计单位　　D. 监督机构

【答案】 B

【解析】 根据《建筑工程施工质量验收统一标准》GB 50300—013 第 3.0.2 条：未实行监理的建筑工程，建设单位相关人员应履行本标准涉及的监理职责。

255. 依据《建筑工程施工质量验收统一标准》规定，关于建筑工程的施工质量控制，凡涉及安全、节能、环境保护和主要使用功能的重要材料、产品，应按各专业工程施工规范、验收规范和设计文件等规定进行复验，并经（　　）检查认可。

A. 监理工程师　　B. 建设单位质量专职人员

C. 施工单位技术员　　D. 施工单位项目经理

【答案】 A

【解析】 根据《建筑工程施工质量验收统一标准》GB 50300—2013 第 3.0.3 条：建筑工程的施工质量控制应符合下列规定：

建筑工程采用的主要材料、半成品、成品、建筑构配件、器具和设备应进行进场检验。凡涉及安全、节能、环境保护和主要使用功能的重要材料、产品，应按各专业工程施工规范、验收规范和设计文件等规定进行复验，并应经监理工程师检查认可。

256. 勘察、设计单位必须按照（　　）进行勘察、设计，并对勘察、设计的质量负责。注册建筑师、注册结构工程师等注册执业人员应当在设计文件上签字，对设计文件负责。

A. 监理单位　　B. 原始资料

C. 建设单位要求　　D. 工程建设强制性标准

【答案】 D

【解析】 根据《建设工程质量管理条例》第十九条：勘察、设计单位必须按照工程建设强制性标准进行勘察、设计，并对其勘察、设计的质量负责。注册建筑师、注册结构工程师等注册执业人员应当在设计文件上签字，对设计文件负责。

257. 依据《建筑法》规定，未经（　　）签字，建筑材料、建筑构配件和设备不得在工程上使用或者安装，施工单位不得进行下一道工序的施工。

A. 监理员　　B. 监理工程师　　C. 见证员　　D. 监督员

【答案】 B

【解析】根据《建设工程质量管理条例》第三十七条：工程监理单位应当选派具备相应资格的总监理工程师和监理工程师进驻施工现场。

未经监理工程师签字，建筑材料、建筑构配件和设备不得在工程上使用或者安装，施工单位不得进行下一道工序的施工。未经总监理工程师签字，建设单位不拨付工程款，不进行竣工验收。

258. 生产经营单位应当在有较大危险因素的生产经营场所、有关（　　）、（　　）上，设置明显的安全警示标志。

A. 墙壁、护栏　　B. 设施、设备　　C. 大门、护栏　　D. 墙壁、大门

【答案】B

【解析】根据《中华人民共和国安全生产法》第三十二条：生产经营单位应当在有较大危险因素的生产经营场所和有关设施、设备上，设置明显的安全警示标志。

259. 建筑施工企业在编制施工组织设计时，对专业性较强的工程项目，应当编制（　　），并采取安全技术措施。

A. 分部工程安全施工方案　　B. 分项工程安全施工方案

C. 专业工程施工方案　　D. 专项安全施工组织设计

【答案】D

【解析】根据《中华人民共和国建筑法》第三十八条：建筑施工企业在编制施工组织设计时，应当根据建筑工程的特点制定相应的安全技术措施；对专业性较强的工程项目，应当编制专项安全施工组织设计，并采取安全技术措施。

260. 依据《建设工程监理规范》规定，对总监理工程师代表应具有（　　）或具有中级及以上专业技术职称、3 年及以上工程实践经验并经监理业务培训的人员。

A. 非工程类注册执业资格　　B. 工程类职业资格

C. 工程类注册执业资格　　D. 非工程类职业资格

【答案】C

【解析】根据《建设工程监理规范》GB/T 50319—2013 第 2.0.7 条：总监理工程师代表是指经工程监理单位法定代表人同意，由总监理工程师书面授权，代表总监理工程师行使其部分职责和权力，具有工程类注册执业资格或具有中级及以上专业技术职称、3 年及以上工程实践经验并经监理业务培训的人员。

261. 依据《建设工程施工质量验收统一标准》规定，对于规模较大的单位工程，可将其（　　）的部分划分为一个子单位工程。

A. 独立施工建造　　B. 能形成独立使用功能

C. 独立的检验评定　　D. 独立的竣工验收

【答案】B

【解析】根据《建设工程施工质量验收统一标准》GB 50300—2013 第 4.0.2 条：单位工程应按下列原则划分：

1. 具备独立施工条件并能形成独立使用功能的建筑物或构筑物为一个单位工程。

2. 对于规模较大的单位工程，可将其能形成独立使用功能的部分划分为一个子单位工程。

262. 依据《建设工程安全生产管理条例》规定，建设工程安全作业环境及安全施工

措施所需费用，建设单位应当在编制（　　）时确定。

A. 工程估算　　B. 工程概算　　C. 工程预算　　D. 工程招标文件

【答案】 B

【解析】 根据《建设工程安全生产管理条例》第八条：建设单位在编制工程概算时，应当确定建设工程安全作业环境及安全施工措施所需费用。

263. 项目监理机构应根据法律法规、工程建设强制性标准，履行建设工程安全生产管理的监理职责，并应将安全生产管理的监理内容、方法和措施纳入到（　　）中。

A. 监理大纲　　B. 监理方案

C. 监理旁站计划　　D. 监理规划和监理实施细则

【答案】 D

【解析】 根据《建设工程监理规范》GB/T 50319—2013 第 5.5.1 条：项目监理机构应根据法律法规、工程建设强制性标准，履行建设工程安全生产管理的监理职责；并应将安全生产管理的监理工作内容、方法和措施纳入监理规划及监理实施细则。

264. 依据《建设工程安全生产管理条例》规定，在施工现场安装、拆卸施工起重机械和整体提升脚手架、模板等自升式架设设施，必须由（　　）承担。

A. 具有塔机拆装许可证的单位　　B. 质量技术监督部门核准的单位

C. 具有相应资质的单位　　D. 综合安全监督管理部门核准的单位

【答案】 C

【解析】 根据《建设工程安全生产管理条例》第十七条：在施工现场安装、拆卸施工起重机械和整体提升脚手架、模板等自升式架设设施，必须由具有相应资质的单位承担。

安装、拆卸施工起重机械和整体提升脚手架、模板等自升式架设设施，应当编制拆装方案、制定安全施工措施，并由专业技术人员现场监督。

施工起重机械和整体提升脚手架、模板等自升式架设设施安装完毕后，安装单位应当自检，出具自检合格证明，并向施工单位进行安全使用说明，办理验收手续并签字。

265. 依据《建设工程安全生产管理条例》规定，安装、拆卸施工起重机械和整体提升脚手架、模板等自升式架设设施，由（　　）现场监督。

A. 施工技术负责人　　B. 项目负责人

C. 专业技术人员　　D. 总监理工程师

【答案】 C

【解析】 根据《建设工程安全生产管理条例》第十七条：在施工现场安装、拆卸施工起重机械和整体提升脚手架、模板等自升式架设设施，必须由具有相应资质的单位承担。

安装、拆卸施工起重机械和整体提升脚手架、模板等自升式架设设施，应当编制拆装方案、制定安全施工措施，并由专业技术人员现场监督。

施工起重机械和整体提升脚手架、模板等自升式架设设施安装完毕后，安装单位应当自检，出具自检合格证明，并向施工单位进行安全使用说明，办理验收手续并签字。

266. 依据《建设工程安全生产管理条例》规定，施工起重机械和整体提升脚手架、模板等自升式架设设施安装完毕后，安装单位应当自检，出具自检合格证明，并向施工单位进行安全使用说明，办理（　　）手续并签字。

A. 自检　　B. 验收　　C. 安全交底　　D. 交接

【答案】B

【解析】根据《建设工程安全生产管理条例》第十七条：在施工现场安装、拆卸施工起重机械和整体提升脚手架、模板等自升式架设设施，必须由具有相应资质的单位承担。

安装、拆卸施工起重机械和整体提升脚手架、模板等自升式架设设施，应当编制拆装方案、制定安全施工措施，并由专业技术人员现场监督。

施工起重机械和整体提升脚手架、模板等自升式架设设施安装完毕后，安装单位应当自检，出具自检合格证明，并向施工单位进行安全使用说明，办理验收手续并签字。

267. 施工单位（　　）负责保证工程项目安全防护和文明施工费的有效使用。

A. 企业负责人　　B. 技术负责人

C. 企业安全管理机构负责人　　D. 项目负责人

【答案】D

【解析】根据《建设工程安全生产管理条例》第二十一条：施工单位主要负责人依法对本单位的安全生产工作全面负责。施工单位应当建立健全安全生产责任制度和安全生产教育培训制度，制定安全生产规章制度和操作规程，保证本单位安全生产条件所需资金的投入，对所承担的建设工程进行定期和专项安全检查，并做好安全检查记录。

施工单位的项目负责人应当由取得相应执业资格的人员担任，对建设工程项目的安全施工负责，落实安全生产责任制度、安全生产规章制度和操作规程，确保安全生产费用的有效使用，并根据工程的特点组织制定安全施工措施，消除安全事故隐患，及时、如实报告生产安全事故。

268. 依据《建设工程安全生产管理条例》规定，工程项目实行施工总承包的，（　　）。

A. 总承包单位对施工现场的安全生产负总责

B. 分包单位对施工现场的安全生产负主要责任

C. 总承包单位和分包单位共同对施工现场的安全生产负总责

D. 总承包单位和工程监理单位对分包工程的安全生产承担连带责任

【答案】A

【解析】根据《建设工程安全生产管理条例》第二十四条：建设工程实行施工总承包的，总承包单位对施工现场的安全生产负总责。

269. 依据《建设工程监理规范》规定，关于工程监理单位的地位和作用，下列叙述恰当的是（　　）。

A. 建设单位与施工单位之间涉及施工合同的联系活动，必须通过监理单位进行

B. 在监理工作范围内，建设单位与施工单位之间涉及施工合同的联系活动，应通过监理单位进行

C. 建设单位与施工单位之间与施工合同有关的全部联系活动，应通过监理单位进行

D. 建设单位与施工单位之间与施工合同有关的全部联系活动，必须通过监理单位进行

【答案】B

【解析】根据《建设工程监理规范》GB/T 50319—2013 第 1.0.5 在建设工程监理工作范围内，建设单位与施工单位之间涉及施工合同的联系活动，应通过工程监理单位进行。

270. 项目监理机构中必须配备的监理人员中必须具备注册监理工程师执业资格的是（　　）。

A. 总监理工程师　　B. 专业监理工程师

C. 总监理工程师代表　　　　　　　　D. 监理员

【答案】A

【解析】根据《建设工程监理规范》GB/T 50319—2013 第 2.0.6 条：总监理工程师是指由工程监理单位法定代表人书面任命，负责履行建设工程监理合同、主持项目监理机构工作的注册监理工程师。

271. 关于监理的现场巡视工作，下列叙述最恰当的是（　　）。

A. 巡视必须由监理员负责实施

B. 巡视是对施工现场进行的检查活动

C. 对正在实施旁站的部位，总监不需要巡视

D. 巡视必须是在规定的时间内进行

【答案】B

【解析】根据《建设工程监理规范》GB/T 50319—2013 第 2.0.14 条：巡视是指项目监理机构对施工现场进行的定期或不定期的检查活动。

272. 关于监理的平行检验工作，下列叙述最恰当的是（　　）。

A. 应在施工单位自检的同时，按有关规定、建设工程监理合同约定对同一检验项目进行的检测试验活动

B. 若项目监理机构不具备平行检验条件时，可委托该施工单位进行

C. 若项目监理机构不具备平行检验条件时，可要求由建设单位进行

D. 建设单位可随时决定平行检验时间和内容

【答案】A

【解析】根据《建设工程监理规范》GB/T 50319—2013 第 2.0.15 条：平行检验是指项目监理机构在施工单位自检的同时，按有关规定、建设工程监理合同约定对同一检验项目进行的检测试验活动。

273. 关于总监代表的说法，下列叙述最恰当的是（　　）。

A. 必须由监理单位法定代表人书面任命

B. 监理单位法定代表人同意、总监书面授权

C. 每个项目监理机构必须设一名总代

D. 必须持有国家注册监理工程师资格

【答案】B

【解析】根据《建设工程监理规范》GB/T 50319—2013 第 2.0.7 条：总监理工程师代表是指经工程监理单位法定代表人同意，由总监理工程师书面授权，代表总监理工程师行使其部分职责和权力，具有工程类注册执业资格或具有中级及以上专业技术职称、3 年及以上工程实践经验并经监理业务培训的人员。

274. 一名注册监理工程师可担任一项建设工程监理合同的总监理工程师。当需要同时担任多项建筑工程监理合同的总监理工程师时，应经建设单位书面同意，且最多不得超过（　　）项。

A. 1　　　　B. 2　　　　C. 3　　　　D. 4

【答案】C

【解析】根据《建设工程监理规范》GB/T 50319—2013 第 3.1.5 条：一名注册监理工

程师可担任一项建设工程监理合同的总监理工程师。当需要同时担任多项建筑工程监理合同的总监理工程师时，应经建设单位书面同意，且最多不得超过三项。

275. 依据《建设工程监理规范》规定，关于《监理规划》的编制与报送要求，下列说法正确的是（　　）。

A. 监理规划应在监理单位收到中标通知书后由总监理工程师组织编制

B. 监理规划必须在签订监理合同后即开始由总监理工程师组织编制

C. 监理规划应在总监理工程师审批同意后报送建设单位

D. 监理规划应在召开第一次工地会议前报送建设单位

【答案】 D

【解析】 根据《建设工程监理规范》GB/T 50319—2013 第 4.2.1 条：监理规划可在签订建设工程监理合同及收到工程设计文件后由总监理工程师组织编制，并应在召开第一次工地会议前报送建设单位。

276. 依据《建设工程安全生产管理条例》规定，建设单位在申请领取（　　）时，应当提供建设工程有关安全施工措施的资料。

A. 施工许可证　　B. 开工令　　C. 建设用地许可证　D. 验收许可证

【答案】 A

【解析】 根据《建设工程安全生产管理条例》第十条：建设单位在申请领取施工许可证时，应当提供建设工程有关安全施工措施的资料。

277. 依据《建设工程监理规范》规定，总监理工程师签发工程开工令的程序为（　　）。

A. 专业监理工程师审查→总监理工程师审批→报送建设单位签发

B. 专业监理工程师审查→总监理工程师审查并签发→报送建设单位备案

C. 专业监理工程师审查→报建设单位审批→总监理工程师签发

D. 专业监理工程师审查→总监签署审查意见→报建设单位审批→总监理工程师签发

【答案】 D

【解析】 根据《建设工程监理规范》GB/T 50319—2013 第 5.1.8 条：总监理工程师应组织专业监理工程师审查施工单位报送的开工报审表及相关资料；同时具备下列条件时，应由总监理工程师签署审查意见，并应报建设单位批准后，总监理工程师签发工程开工令。

278. 关于工程施工质量控制，规范中明确规定应及时签发监理通知要求施工单位整改，其情形不包括（　　）。

A. 项目监理机构发现施工存在质量问题且可能引发质量事故的

B. 施工单位采用不适当的施工工艺

C. 钢筋分项工程报验前，钢筋的间排距个别部位超过规范规定

D. 施工不当，造成工程质量不合格的

【答案】 C

【解析】 根据《建设工程监理规范》GB/T 50319—2013 第 5.2.15 条：项目监理机构发现施工存在质量问题的，或施工单位采用不适当的施工工艺，或施工不当，造成工程质量不合格的，应及时签发监理通知单，要求施工单位整改。整改完毕后，项目监理机构应根据施工单位报送的监理通知回复对整改情况进行复查，提出复查意见。

第二部分　填　空　题

1. 安全生产工作应当坚持<u>安全第一、预防为主、综合治理</u>。

【解析】根据《中华人民共和国安全生产法》第三条：安全生产工作应当以人为本，坚持安全发展，坚持安全第一、预防为主、综合治理的方针，强化和落实生产经营单位的主体责任，建立生产经营单位负责、职工参与、政府监管、行业自律和社会监督的机制。

2. 工程监理单位应当审查施工组织设计中的安全技术措施或者专项施工方案是否符合工程建设<u>强制性</u>标准。

【解析】根据《建设工程安全生产管理条例》第十四条：工程监理单位应当审查施工组织设计中的安全技术措施或者专项施工方案是否符合工程建设强制性标准。

3. 依据《建设工程安全生产管理条例》规定，工程监理单位应当按照法律、法规和工程建设强制性标准实施监理，并对建设工程安全生产承担<u>监理</u>责任。

【解析】根据《建设工程安全生产管理条例》第十四条：工程监理单位和监理工程师应当按照法律、法规和工程建设强制性标准实施监理，并对建设工程安全生产承担监理责任。

4. 依据《建设工程安全生产管理条例》规定，施工单位应当对达到一定规模的危险性较大的分部分项工程，如基坑支护与降水工程、模板工程、起重吊装工程、脚手架工程、拆除爆破工程等，编制专项施工方案，并附具安全验算结果，经<u>施工单位技术负责人</u>、<u>总监理工程师</u>签字后实施，由专职安全生产管理人员进行现场监督。

【解析】根据《建设工程安全生产管理条例》第二十六条：施工单位应当在施工组织设计中编制安全技术措施和施工现场临时用电方案，对达到一定规模的危险性较大的分部分项工程如：基坑支护与降水工程、模板工程、起重吊装工程、脚手架工程、拆除爆破工程等编制专项施工方案，并附具安全验算结果，经施工单位技术负责人、总监理工程师签字后实施，由专职安全生产管理人员进行现场监督。

5. 依据《建筑施工安全检查标准》规定，对文明施工保证项目的检查评定规定，市区主要路段的工地应设置高于<u>2.5m</u>的封闭围挡，一般路段的工地应设置高于<u>1.8m</u>的围挡。

【解析】根据《建筑施工安全检查标准》JGJ 59—2011 第 3.2.3 条：文明施工保证项目的检查评定应符合下列规定：1. 市区主要路段的工地应设置高度不小于 2.5m 的封闭围挡；2. 一般路段的工地应设置高度不小于 1.8m 的封闭围挡；3. 围挡应坚固、稳定、整洁、美观。

6. 根据建筑工程生产安全事故造成的人员伤亡或者直接经济损失，一般将事故的等级划分为<u>一般事故、较大事故、重大事故、特别重大事故</u>。

【解析】根据《生产安全事故报告和调查处理条例》第三条：根据生产安全事故（以下简称事故）造成的人员伤亡或者直接经济损失，事故一般分为以下等级：

特别重大事故，是指造成 30 人以上死亡，或者 100 人以上重伤（包括急性工业中毒，下同)，或者1亿元以上直接经济损失的事故；

重大事故，是指造成10人以上30人以下死亡，或者50人以上100人以下重伤，或者5000万元以上1亿元以下直接经济损失的事故；

较大事故，是指造成3人以上10人以下死亡，或者10人以上50人以下重伤，或者1000万元以上5000万元以下直接经济损失的事故；

一般事故，是指造成3人以下死亡，或者10人以下重伤，或者1000万元以下直接经济损失的事故。

国务院安全生产监督管理部门可以会同国务院有关部门，制定事故等级划分的补充性规定。本条所称的“以上”包括本数，所称的“以下”不包括本数。

7. 依据《生产安全事故报告和调查处理条例》规定，一次造成3人以上10人以下死亡，或者10人以上50人以下重伤，或者1000万元以上5000万元以下直接经济损失的事故，应认定为<u>较大事故</u>。

【解析】根据《生产安全事故报告和调查处理条例》第三条：较大事故是指造成3人以上10人以下死亡，或者10人以上50人以下重伤，或者1000万元以上5000万元以下直接经济损失的事故。

8. 工程监理单位在实施监理过程中，发现存在安全事故隐患的，应当要求施工单位整改；情节严重的，应当要求施工单位暂时停止施工，并及时报告<u>建设单位</u>。施工单位拒不整改或不停止施工的，<u>工程监理单位</u>应当及时向有关主管部门报告。

【解析】根据《建设工程安全生产管理条例》第十四条：工程监理单位在实施监理过程中，发现存在安全事故隐患的，应当要求施工单位整改；情况严重的，应当要求施工单位暂时停止施工，并及时报告建设单位。施工单位拒不整改或者不停止施工的，工程监理单位应当及时向有关主管部门报告。

9. 监理规划应由总监理工程师组织专业监理工程师编制，经总监理工程师签字后，由<u>监理单位技术负责人</u>审批。

【解析】根据《建设工程监理规范》GB/T 50319—2013第4.2.2条：监理规划编审应遵循下列程序：1. 总监理工程师组织专业监理工程师编制。2. 总监理工程师签字后由工程监理单位技术负责人审批。

10. 建筑施工现场临时用电工程专用的电源中性点直接接地的220/380V三项四线制低压电力系统，必须符合用电三项基本安全技术原则，即采用三级配电系统、采用TN-S接零保护系统、采用<u>二级漏电保护</u>系统。

【解析】根据《施工现场临时用电安全技术规范》JGJ 46—2005第1.0.3条：建筑施工现场临时用电工程专用的电源中性点直接接地的220/380V三相四线制低压电力系统必须符合下列规定：1. 采用三级配电系统；2. 采用TN-S接零保护系统；3. 采用二级漏电保护系统。

11. 依据《危险性较大的分部分项工程安全管理规定》规定，超过一定规模的危大工程应由<u>施工单位</u>组织召开专家论证会对专项施工方案进行论证。

【解析】根据《危险性较大的分部分项工程安全管理规定》第十二条：对于超过一定规模的危大工程，施工单位应当组织召开专家论证会对专项施工方案进行论证。实行施工总承包的，由施工总承包单位组织召开专家论证会。专家论证前专项施工方案应当通过施工单位审核和总监理工程师审查。

12. 建筑工程施工质量验收应划分为单位工程、分部工程、<u>分项工程</u>和<u>检验批</u>。

【解析】根据《建筑工程施工质量验收统一标准》GB 50300—2013 第 4.0.1 条：建筑工程施工质量验收应划分为单位工程、分部工程、分项工程、检验批。

13. 依据《建筑工程施工质量验收统一标准》规定，检验批可根据施工、质量控制和专业验收的需要，按变形缝、工程量、<u>楼层</u>、<u>施工段</u>进行划分。

【解析】根据《建筑工程施工质量验收统一标准》GB 50300—2013 第 4.0.5 条：检验批可根据施工、质量控制和专业验收的需要，按变形缝、工程量、楼层、施工段进行划分。

14. 依据《建筑工程施工质量验收统一标准》规定，检验批应由专业监理工程师组织施工单位<u>项目专业质量检查员</u>、<u>专业工长</u>等进行验收。

【解析】根据《建筑工程施工质量验收统一标准》GB 50300—2013 第 6.0.1 条：检验批应由专业监理工程师组织施工单位项目专业质量检查员、专业工长等进行验收。

15. 施工现场临时搭建的建筑物应当符合<u>安全使用要求</u>。施工现场使用的装配式活动房屋应当具有<u>产品合格证</u>。

【解析】根据《建设工程安全生产管理条例》第二十九条：施工单位应当将施工现场的办公、生活区与作业区分开设置，并保持安全距离；办公、生活区的选址应当符合安全性要求。职工的膳食、饮水、休息场所等应当符合卫生标准。施工单位不得在尚未竣工的建筑物内设置员工集体宿舍。施工现场临时搭建的建筑物应当符合安全使用要求。施工现场使用的装配式活动房屋应当具有产品合格证。

16. 依据《建筑工程施工质量验收统一标准》规定，分项工程应由专业监理工程师组织施工单位<u>项目专业技术负责人</u>等进行验收。

【解析】根据《建筑工程施工质量验收统一标准》GB 50300—2013 第 6.0.2 条：分项工程应由专业监理工程师组织施工单位项目专业技术负责人等进行验收。

17. 依据《建筑施工高处作业安全技术规范》规定，在坠落高度基准面大于等于<u>2</u>m时进行临边作业的，应在临空一侧设置防护栏杆，并应采用密目式安全立网或工具式栏板封闭，防止发生坠落事故。

【解析】根据《建筑施工高处作业安全技术规范》JGJ 80—2016 第 4.1.1 条：坠落高度基准面 2m 及以上进行临边作业时，应在临空一侧设置防护栏杆，并应采用密目式安全立网或工具式栏板封闭。

18. 依据《施工现场临时用电安全技术规范》规定，开关箱周围不得堆放任何妨碍操作、维修的物品，开关箱周围不准堆放杂物，与其控制的固定式电气设备距离不超过<u>3m</u>，以便发生故障及时切断电源。

【解析】根据《施工现场临时用电安全技术规范》JGJ 46—2005 第 8.1.2 条：总配电箱以下可设若干分配电箱；分配电箱以下可设若干开关箱。总配电箱应设在靠近电源的区域，分配电箱应设在用电设备或负荷相对集中的区域，分配电箱与开关箱的距离不得超过 30m，开关箱与其控制的固定式用电设备的水平距离不宜超过 3m。

第 8.2.6 条：配电箱、开关箱周围应有足够 2 人同时工作的空间和通道，不得堆放任何妨碍操作、维修的物品，不得有灌木、杂草。

19. 监理单位发现施工单位未按照专项施工方案施工的，应当要求其进行整改；情节严重的，应当要求其暂停施工，并及时报告<u>建设单位</u>。

【解析】根据《危险性较大的分部分项工程安全管理规定》第十九条：监理单位发现施工单位未按照专项施工方案施工的，应当要求其进行整改；情节严重的，应当要求其暂停施工，并及时报告建设单位。施工单位拒不整改或者不停止施工的，监理单位应当及时报告建设单位和工程所在地住房城乡建设主管部门。

20. 依据《建设工程质量管理条例》规定，工程监理单位应当依照法律、法规以及有关技术标准、设计文件和建设工程承包合同，代表<u>建设单位</u>对施工质量实施监理，并对施工质量承担监理责任。

【解析】根据《建设工程质量管理条例》第三十六条：工程监理单位应当依照法律、法规以及有关技术标准、设计文件和建设工程承包合同，代表建设单位对施工质量实施监理，并对施工质量承担监理责任。

21. 生产经营单位与从业人员订立协议，免除或者减轻其对从业人员因生产事故伤亡依法应承担的责任的，该协议<u>无效</u>。

【解析】根据《中华人民共和国安全生产法》第一百零三条：生产经营单位与从业人员订立协议，免除或者减轻其对从业人员因生产安全事故伤亡依法应承担的责任的，该协议无效；对生产经营单位的主要负责人、个人经营的投资人处二万元以上十万元以下的罚款。

22. 依据《建设工程安全生产管理条例》规定，对达到一定规模的危险性较大的分部分项工程中，涉及深基坑、地下暗挖工程、高大模板工程的专项施工方案，<u>施工单位</u>应当组织专家进行论证、审查。

【解析】根据《建设工程安全生产管理条例》第二十六条：施工单位应当在施工组织设计中编制安全技术措施和施工现场临时用电方案，对下列达到一定规模的危险性较大的分部分项工程编制专项施工方案，并附具安全验算结果，经施工单位技术负责人、总监理工程师签字后实施，由专职安全生产管理人员进行现场监督：（一）基坑支护与降水工程；（二）土方开挖工程；（三）模板工程；（四）起重吊装工程；（五）脚手架工程；（六）拆除、爆破工程；（七）国务院建设行政主管部门或者其他有关部门规定的其他危险性较大的工程。对前款所列工程中涉及深基坑、地下暗挖工程、高大模板工程的专项施工方案，施工单位还应当组织专家进行论证、审查。

23. 施工单位不得在<u>尚未竣工的建筑物内</u>设置员工集体宿舍。

【解析】根据《建设工程安全生产管理条例》第二十九条：施工单位应当将施工现场的办公、生活区与作业区分开设置，并保持安全距离；办公、生活区的选址应当符合安全性要求。职工的膳食、饮水、休息场所等应当符合卫生标准。施工单位不得在尚未竣工的建筑物内设置员工集体宿舍。施工现场临时搭建的建筑物应当符合安全使用要求。施工现场使用的装配式活动房屋应当具有产品合格证。

24. 依据《建筑法》规定，建筑工程总承包单位按照总承包合同的约定对<u>建设单位</u>负责；分包单位按照分包合同的约定对总承包单位负责。总承包单位和分包单位就分包工程对建设单位承担<u>连带责任</u>。

【解析】根据《中华人民共和国建筑法》第二十九条：建筑工程总承包单位可以将承

包工程中的部分工程发包给具有相应资质条件的分包单位；但是，除总承包合同中约定的分包外，必须经建设单位认可。施工总承包的，建筑工程主体结构的施工必须由总承包单位自行完成。建筑工程总承包单位按照总承包合同的约定对建设单位负责；分包单位按照分包合同的约定对总承包单位负责。总承包单位和分包单位就分包工程对建设单位承担连带责任。禁止总承包单位将工程分包给不具备相应资质条件的单位。禁止分包单位将其承包的工程再分包。

25. 依据《建设工程监理规范》规定，监理机构可采用 旁站 、 巡视 、 平行检验 等方式对建设工程实施监理。

【解析】 根据《建设工程监理规范》GB/T 50319—2013 第 5.1.1 条：项目监理机构应根据建设工程监理合同约定，遵循动态控制原理，坚持预防为主的原则，制定和实施相应的监理措施，采用旁站、巡视和平行检验等方式对建设工程实施监理。

26. 承包建筑工程的单位应当持有依法取得的 资质证书 ，并在其资质等级 许可 的业务范围内承揽工程。

【解析】 根据《中华人民共和国建筑法》第二十六条：承包建筑工程的单位应当持有依法取得的资质证书，并在其资质等级许可的业务范围内承揽工程。

27. 严格事故直报制度，对瞒报、谎报、漏报、迟报事故的 单位 和 个人 依法依规追责。对被追究刑事责任的生产经营者依法实施相应的职业禁入，对事故发生负有重大责任的社会服务机构和人员依法严肃追究法律责任，并依法实施相应的行业禁入。

【解析】 根据《中共中央　国务院关于推进安全生产领域改革发展的意见》第八条：严格事故直报制度，对瞒报、谎报、漏报、迟报事故的单位和个人依法依规追责。对被追究刑事责任的生产经营者依法实施相应的职业禁入，对事故发生负有重大责任的社会服务机构和人员依法严肃追究法律责任，并依法实施相应的行业禁入。

28. 依据《危险性较大的分部分项工程安全管理规定》规定，危大工程发生险情或者事故时， 施工单位 应当立即采取应急处置措施，并报告工程所在地住房城乡建设主管部门。建设、勘察、设计、监理等单位应当配合施工单位开展应急抢险工作。

【解析】 根据《危险性较大的分部分项工程安全管理规定》第二十二条：危大工程发生险情或者事故时，施工单位应当立即采取应急处置措施，并报告工程所在地住房城乡建设主管部门。建设、勘察、设计、监理等单位应当配合施工单位开展应急抢险工作。

29. 项目监理机构在组织工程竣工预验收时，若发现问题，应及时要求施工单位整改，整改合格的由 总监理工程师 签认单位工程竣工报审表，项目监理机构应编写 工程质量评估报告 ，并应经总监理工程师和工程监理单位技术负责人审核签字后报建设单位。

【解析】 根据《建设工程监理规范》GB/T 50319—2013 第 5.2.18 条：项目监理机构应审查施工单位提交的单位工程竣工验收报审表及竣工资料，组织工程竣工预验收。存在问题的，应要求施工单位及时整改；合格的，总监理工程师应签认单位工程竣工验收报审表。

5.2.19 条规定：工程竣工预验收合格后，项目监理机构应编写工程质量评估报告，并应经总监理工程师和工程监理单位技术负责人审核签字后报建设单位。

30. 健全安全宣传教育体系，需要严格落实企业安全教育培训制度，切实做到 先培训 、 后上岗 。推进安全文化建设，加强警示教育，强化全民安全意识和法治意识。

【解析】根据《中共中央　国务院关于推进安全生产领域改革发展的意见》第三十条：健全安全宣传教育体系。将安全生产监督管理纳入各级党政领导干部培训内容。把安全知识普及纳入国民教育，建立完善中小学安全教育和高危行业职业安全教育体系。把安全生产纳入农民工技能培训内容。严格落实企业安全教育培训制度，切实做到先培训、后上岗。推进安全文化建设，加强警示教育，强化全民安全意识和法治意识。

31. 依据《建筑法》规定，建筑施工企业和作业人员在施工生产过程中，应当遵守有关安全生产的法律、法规和建筑行业安全规章、规程，不得<u>违章指挥或者违章作业</u>。

【解析】根据《中华人民共和国建筑法》第四十七条：建筑施工企业和作业人员在施工过程中，应当遵守有关安全生产的法律、法规和建筑行业安全规章、规程，不得违章指挥或者违章作业。作业人员有权对影响人身健康的作业程序和作业条件提出改进意见，有权获得安全生产所需的防护用品。作业人员对危及生命安全和人身健康的行为有权提出批评、检举和控告。

32. 生产经营单位必须遵守《安全生产法》和其他有关安全生产的法律、法规，加强安全生产管理，建立、健全<u>安全生产责任</u>制度，完善安全生产条件，确保安全生产。

【解析】根据《中华人民共和国安全生产法》第四条：生产经营单位必须遵守本法和其他有关安全生产的法律、法规，加强安全生产管理，建立、健全安全生产责任制度，完善安全生产条件，确保安全生产。

33. 建筑工程安全生产管理必须坚持安全第一、预防为主的方针，建立健全安全全生产的责任制度和<u>群防群治</u>制度。

【解析】根据《中华人民共和国建筑法》第三十六条：建筑工程安全生产管理必须坚持安全第一、预防为主的方针，建立健全安全生产的责任制度和群防群治制度。

34. 施工起重机械和整体提升脚手架、模板等自升式架设设施安装完毕后，安装单位应当自检，出具<u>自检合格证明</u>，并向施工单位进行安全使用说明，办理验收手续并签字。

【解析】根据《建设工程安全生产管理条例》第十七条：在施工现场安装、拆卸施工起重机械和整体提升脚手架、模板等自升式架设设施，必须由具有相应资质的单位承担。安装、拆卸施工起重机械和整体提升脚手架、模板等自升式架设设施，应当编制拆装方案、制定安全施工措施，并由专业技术人员现场监督。施工起重机械和整体提升脚手架、模板等自升式架设设施安装完毕后，安装单位应当自检，出具自检合格证明，并向施工单位进行安全使用说明，办理验收手续并签字。

35. 建筑业“五大伤害”通常是指<u>高处坠落</u>、<u>物体打击</u>、<u>触电</u>、<u>机械伤害</u>、<u>坍塌</u>。

【解析】根据有关资料统计，每年建筑施工在这五方面的事故是建筑业最常发生的事故，占总事故的85％以上，其中高处坠落事故占35％左右，触电事故占20％左右，物体打击占15％左右，机械伤害占10％左右，坍塌事故占5％左右。

36. 依据《建筑法》规定，为保证施工安全，建筑施工企业应当在<u>施工现场</u>采取维护安全、防范危险、预防火灾等措施。

【解析】根据《中华人民共和国建筑法》第三十九条：建筑施工企业应当在施工现场采取维护安全、防范危险、预防火灾等措施；有条件的，应当对施工现场实行封闭管理。

施工现场对毗邻的建筑物、构筑物和特殊作业环境可能造成损害的，建筑施工企业应当采取安全防护措施。

37. 建筑施工企业应当遵守有关环境和安全生产的法律、法规的规定，采取<u>控制和处理</u>施工现场的各种粉尘、废气、废水、固体废物及噪声、振动对环境的污染和危害的措施。

【解析】根据《中华人民共和国建筑法》第四十一条：建筑施工企业应当遵守有关环境保护和安全生产的法律、法规的规定，采取控制和处理施工现场的各种粉尘、废气、废水、固体废物以及噪声、振动对环境的污染和危害的措施。

38. 施工单位应向作业人员<u>书面</u>告知危险岗位的操作规程和违章操作的危害。

【解析】根据《建设工程安全生产管理条例》第三十二条：施工单位应当向作业人员提供安全防护用具和安全防护服装，并书面告知危险岗位的操作规程和违章操作的危害。作业人员有权对施工现场的作业条件、作业程序和作业方式中存在的安全问题提出批评、检举和控告，有权拒绝违章指挥和强令冒险作业。在施工中发生危及人身安全的紧急情况时，作业人员有权立即停止作业或者在采取必要的应急措施后撤离危险区域。

39. 实行施工总承包的建设工程，施工现场的安全生产，由<u>总承包单位</u>负总责。

【解析】根据《建设工程安全生产管理条例》第二十四条：建设工程实行施工总承包的，由总承包单位对施工现场的安全生产负总责。

40. 依据《建设工程项目管理规范》规定，项目经理部应<u>建立安全管理体系</u>和<u>安全生产责任制</u>。安全员应持证上岗，保证项目安全目标的实现。

【解析】根据《建设工程项目管理规范》第9.1.1条：项目安全控制必须坚持“安全第一，预防为主”的方针。项目经理部应建立安全管理体系和安全生产责任制。安全员应持证上岗，保证项目安全目标的实现，项目经理是项目安全生产的总负责人。项目经理部应根据项目特点，制定安全施工组织设计或安全技术措施。

41. 建筑施工企业必须对新入场工人进行<u>公司</u>、<u>项目部</u>、<u>班组</u>三级安全生产基本教育。

【解析】根据《建筑施工工人安全教育规范》第2.0.4条：三级安全教育建筑施工企业对新入场工人进行的安全生产基本教育，包括公司级安全教育、项目级安全教育和班组级安全教育。

42. 建筑施工中的“三宝”指的是：<u>安全帽</u>、<u>安全带</u>、<u>安全网</u>。

【解析】根据《建筑施工安全检查标准》JGJ 59—2011第3.13条：“三宝、四口”及临边防护检查评定项目包括：安全帽、安全网、安全带、临边防护、洞口防护、通道口防护、攀登作业、悬空作业、移动式操作平台、物料平台、悬挑式钢平台。

43. 依据《生产安全事故报告和调查处理条例》规定，施工现场发生安全事故，造成死亡2人，重伤14人，直接经济损失20万的安全事故，属于<u>较大</u>安全事故。

【解析】根据《生产安全事故报告和调查处理条例》第三条：较大事故是指造成3人以上10人以下死亡，或者10人以上50人以下重伤，或者1000万元以上5000万元以下直接经济损失的事故。

44. 工程监理人员发现工程设计不符合建筑工程质量标准或者合同约定的质量要求的，应当报告<u>建设单位</u>要求设计单位改正。

【解析】根据《中华人民共和国建筑法》第三十二条：工程监理人员发现工程设计不符合建筑工程质量标准或者合同约定的质量要求的，应当报告建设单位要求设计单位改正。

45. 依据《建筑法》规定，建筑施工企业<u>必须</u>为从事危险作业的职工办理意外伤害保险，支付保险费。

【解析】根据《中华人民共和国建筑法》第四十八条：建筑施工企业必须为从事危险作业的职工办理意外伤害保险，支付保险费。

46. 依据《建筑法》规定，建设单位应当自领取施工许可证之日起<u>三个月</u>内开工。因故不能按期开工的，应当向发证机关申请延期。

【解析】根据《中华人民共和国建筑法》第九条：建设单位应当自领取施工许可证之日起三个月内开工。因故不能按期开工的，应当向发证机关申请延期；延期以两次为限，每次不超过三个月。既不开工又不申请延期或者超过延期时限的，施工许可证自行废止。

47. 在建的建筑工程因故中止施工的，建设单位应当自中止施工之日起<u>一个月</u>内，向发证机关报告，并按照规定做好建筑工程的维护管理工作。

【解析】根据《中华人民共和国建筑法》第十条：在建的建筑工程因故中止施工的，建设单位应当自中止施工之日起一个月内，向发证机关报告，并按照规定做好建筑工程的维护管理工作。建筑工程恢复施工时，应当向发证机关报告；中止施工满一年的工程恢复施工前，建设单位应当报发证机关核验施工许可证。

48. 按照国务院有关规定批准开工报告的建筑工程，因故不能按期开工超过<u>六个月</u>的，应当重新办理开工报告的批准手续。

【解析】根据《中华人民共和国建筑法》第十一条：按照国务院有关规定批准开工报告的建筑工程，因故不能按期开工或者中止施工的，应当及时向批准机关报告情况。因故不能按期开工超过六个月的，应当重新办理开工报告的批准手续。

49. 建筑工程实行施工总承包的，建筑工程<u>主体结构</u>的施工必须由总承包单位自行完成。

【解析】根据《中华人民共和国建筑法》第二十九条：建筑工程总承包单位可以将承包工程中的部分工程发包给具有相应资质条件的分包单位；但是，除总承包合同中约定的分包外，必须经建设单位认可。施工总承包的，建筑工程主体结构的施工必须由总承包单位自行完成。

50. 依据《建筑法》规定，<u>国务院</u>可以规定实行强制监理的建筑工程的范围。

【解析】根据《中华人民共和国建筑法》第三十条：国家推行建筑工程监理制度。国务院可以规定实行强制监理的建筑工程的范围。

51. 生产经营单位的<u>特种作业</u>人员必须按照国家有关规定经专门的安全作业培训，取得相应资格，方可上岗作业。

【解析】根据《中华人民共和国安全生产法》第二十七条：生产经营单位的特种作业人员必须按照国家有关规定经专门的安全作业培训，取得相应资格，方可上岗作业。特种作业人员的范围由国务院负责安全生产监督管理部门会同国务院有关部门确定。

52. 国家<u>鼓励</u>生产经营单位投保安全生产责任保险。

【解析】根据《中华人民共和国安全生产法》第四十八条：生产经营单位必须依法参

加工伤保险，为从业人员缴纳保险费。国家鼓励生产经营单位投保安全生产责任保险。

53. 施工单位 在施工过程中发现设计文件和图纸有差错的，应当及时提出意见和建议。

【解析】根据《建设工程质量管理条例》第二十八条：施工单位必须按照工程设计图纸和施工技术标准施工，不得擅自修改工程设计，不得偷工减料。施工单位在施工过程中发现设计文件和图纸有差错的，应当及时提出意见和建议。

54. 依据《建设工程质量管理条例》规定，建设工程的保修期自 竣工验收合格 之日起计算。

【解析】根据《建设工程质量管理条例》第四十条：在正常使用条件下，建设工程的最低保修期限为：（一）基础设施工程、房屋建筑的地基基础工程和主体结构工程，为设计文件规定的该工程的合理使用年限；（二）屋面防水工程、有防水要求的卫生间、房间和外墙面的防渗漏，为5年；（三）供热与供冷系统，为2个采暖期、供冷期；（四）电气管线、给排水管道、设备安装和装修工程，为2年。其他项目的保修期限由发包方与承包方约定。建设工程的保修期，自竣工验收合格之日起计算。

55. 依据《建设工程质量管理条例》规定，未经 总监理工程师 签字，建设单位不拨付工程款，不进行竣工验收。

【解析】根据《建设工程质量管理条例》第三十七条：工程监理单位应当选派具备相应资格的总监理工程师和监理工程师进驻施工现场。未经监理工程师签字，建筑材料、建筑构配件和设备不得在工程上使用或者安装，施工单位不得进行下一道工序的施工。未经总监理工程师签字，建设单位不拨付工程款，不进行竣工验收。

56. 超过一定规模的危大工程，应当组织召开专家论证会对专项施工方案进行论证，专家论证组成员应当由不少于 5 名符合专业要求的专家组成。

【解析】根据《危险性较大的分部分项工程安全管理规定》第十二条：对于超过一定规模的危大工程，施工单位应当组织召开专家论证会对专项施工方案进行论证。实行施工总承包的，由施工总承包单位组织召开专家论证会。专家论证前专项施工方案应当通过施工单位审核和总监理工程师审查。专家应当从地方人民政府住房城乡建设主管部门建立的专家库中选取，符合专业要求且人数不得少于5名。与本工程有利害关系的人员不得以专家身份参加专家论证会。

57. 依据《建筑工程施工质量验收统一标准》规定，未实行监理的建筑工程， 建设单位 相关人员应履行《建筑工程施工质量验收统一标准》中涉及的监理职责。

【解析】根据《建筑工程施工质量验收统一标准》GB 50300—2013 第3.0.2条：未实行监理的建筑工程，建设单位相关人员应履行本标准涉及的监理职责。

58. 通过返修或加固处理仍不能满足安全使用要求的分部工程及单位工程 严禁验收 。

【解析】根据《建筑工程施工质量验收统一标准》GB 50300—2013 第5.0.8条：通过返修或加固处理仍不能满足安全使用要求的分部工程及单位工程，严禁验收。

59. 单位工程质量验收合格后， 建设单位 应在规定时间内将工程竣工验收报告和有关文件，报建设行政管理部门或其他有关部门备案。

【解析】根据《建设工程质量管理条例》第四十九条：建设单位应当自建设工程竣工验收合格之日起15日内，将建设工程竣工验收报告和规划、公安消防、环保等部门出具的认可文件或者准许使用文件报建设行政主管部门或者其他有关部门备案。建设行政主管部门或者其他有关部门发现建设单位在竣工验收过程中有违反国家有关建设工程质量管理规定行为的，责令停止使用，重新组织竣工验收。

60. 依据《建筑工程施工质量验收统一标准》规定，<u>检验批</u>是工程验收的最小单位。

【解析】根据《建筑工程施工质量验收统一标准》GB 50300—2013 条文说明第 5.0.1 条：检验批是工程验收的最小单位，是分项工程乃至整个建筑工程质量验收的基础。检验批验收包括资料检查、主控项目和一般项目检验。

61. 健全落实安全生产责任制，健全责任考核机制，建立安全生产绩效与履职评定、职务晋升、奖励惩处挂钩制度，严格落实安全生产<u>“一票否决”</u>制度。

【解析】根据《中共中央 国务院关于推进安全生产领域改革发展的意见》第二条：健全落实安全生产责任制中第七项。

健全责任考核机制。建立与全国建成小康社会相适应和体现安全发展水平的考核评价体系。完善考核制度，统筹整合、科学设定安全生产考核指标，加大安全生产在社会治安综合治理、精神文明建设等考核中的权重。各级政府要对同级安全生产委员会成员单位和下级政府实施严格的安全生产工作责任考核，实行过程考核与结果考核相结合。各地区各单位要建立安全生产绩效与履职评定、职务晋升、奖励惩处挂钩制度，严格落实安全生产“一票否决”制度。

62. 工程竣工预验收合格后，项目监理机构应编写<u>工程质量评估报告</u>，并经<u>总监理工程师</u>和<u>工程监理单位技术负责人</u>审核签认后报建设单位。

【解析】根据《建设工程监理规范》GB/T 50319—2013 第 5.2.19 条：工程竣工预验收合格后，项目监理机构应编写工程质量评估报告，并经总监理工程师和工程监理单位技术负责人审核签认后报建设单位。

63. 依据《危险性较大的分部分项工程安全管理规定》规定，对于超过一定规模的危险性较大的分部分项工程，<u>施工单位</u>应当组织专家对专项方案进行论证。

【解析】根据《危险性较大的分部分项工程安全管理规定》第十二条：对于超过一定规模的危大工程，施工单位应当组织召开专家论证会对专项施工方案进行论证。实行施工总承包的，由施工总承包单位组织召开专家论证会。专家论证前专项施工方案应当通过施工单位审核和总监理工程师审查。专家应当从地方人民政府住房城乡建设主管部门建立的专家库中选取，符合专业要求且人数不得少于 5 名。与本工程有利害关系的人员不得以专家身份参加专家论证会。

64. 依据《建筑工程施工质量验收统一标准》规定，单位工程质量竣工验收记录中的验收记录由<u>施工单位</u>填写，综合验收结论经参加验收各方共同商定，由<u>建设单位</u>填写。

【解析】根据《建筑工程施工质量验收统一标准》GB 50300—2013 附录 H.0.2 条：单位工程质量竣工验收记录中的验收记录由施工单位填写，综合验收结论经参加验收各方共同商定，由建设单位填写。

65. 监理单位发现施工单位未按照专项施工方案施工的，应当要求其<u>进行整改</u>；情节严重的，应当要求其<u>暂停施工</u>，并及时报告建设单位。施工单位拒不整改或者不停止施工的，监理单位应当及时报告建设单位和工程所在地住房城乡建设主管部门。

【解析】根据《危险性较大的分部分项工程安全管理规定》第十九条：监理单位发现施工单位未按照专项施工方案施工的，应当要求其进行整改；情节严重的，应当要求其暂停施工，并及时报告建设单位。施工单位拒不整改或者不停止施工的，监理单位应当及时报告建设单位和工程所在地住房城乡建设主管部门。

66. 监理日志是项目监理机构每日对<u>建设工程监理工作</u>及<u>施工进展情况</u>所做的记录。

【解析】根据《建设工程监理规范》GB/T 50319—2013 第 2.0.21 条：监理日志是项目监理机构每日对建设工程监理工作及施工进展情况所做的记录。

67. 当专业验收规范对工程中的验收项目未做出相应规定时，应由建设单位组织<u>监理</u>、<u>设计</u>、<u>施工</u>等相关单位制定专项验收要求。涉及安全、节能、环境保护等项目的专项验收要求应由建设单位组织专家论证。

【解析】根据《建筑工程施工质量验收统一标准》GB 50300—2013 第 3.0.5 条：当专业验收规范对工程中的验收项目未做出相应规定时，应由建设单位组织监理、设计、施工等相关单位制定专项验收要求。涉及安全、节能、环境保护等项目的专项验收要求应由建设单位组织专家论证。

68. 依据《建筑工程施工质量验收统一标准》规定，工程的观感质量应由<u>验收人员</u>现场检查，并应共同确认。

【解析】根据《建筑工程施工质量验收统一标准》GB 50300—2013 第 3.0.6 条第 7 项：工程的观感质量应由验收人员现场检查，并应共同确认。

69. 依据《危险性较大的分部分项工程安全管理规定》规定，施工高度<u>50m</u>及以上的建筑幕墙安装工程专项施工方案，需进行专家论证。

【解析】根据住房城乡建设部办公厅关于实施《危险性较大的分部分项工程安全管理规定》有关问题的通知中附件二超过一定规模的危险性较大的分部分项工程范围中第七项其它内容包括：

（一）施工高度 50m 及以上的建筑幕墙安装工程；

（二）跨度 36m 及以上的钢结构安装工程，或跨度 60m 及以上的网架和索膜结构安装工程；

（三）开挖深度 16m 及以上的人工挖孔桩工程；

（四）水下作业工程；

（五）重量 1000kN 及以上的大型结构整体顶升、平移、转体等施工工艺；

（六）采用新技术、新工艺、新材料、新设备可能影响工程施工安全，尚无国家、行业及地方技术标准的分部分项工程。

70. 推进安全生产领域改革发展，应遵循<u>坚持安全发展</u>、<u>坚持改革创新</u>、<u>坚持依法监管</u>、<u>坚持源头防范</u>、<u>坚持系统治理</u>这五项基本原则。

【解析】根据《中共中央　国务院关于推进安全生产领域改革发展的意见》：（二）基本原则

——坚持安全发展。贯彻以人民为中心的发展思想，始终把人的生命安全放在首位，正确处理安全与发展的关系，大力实施安全发展战略，为经济社会发展提供强有力的安全保障。

——坚持改革创新。不断推进安全生产理论创新、制度创新、体制机制创新、科技创新和文化创新，增强企业内生动力，激发全社会创新活力，破解安全生产难题，推动安全生产与经济社会协调发展。

——坚持依法监管。大力弘扬社会主义法治精神，运用法治思维和法治方式，深化安全生产监管执法体制改革，完善安全生产法律法规和标准体系，严格规范公正文明执法，增强监管执法效能，提高安全生产法治化水平。

——坚持源头防范。严格安全生产市场准入，经济社会发展要以安全为前提，把安全生产贯穿城乡规划布局、设计、建设、管理和企业生产经营活动全过程。构建风险分级管控和隐患排查治理双重预防工作机制，严防风险演变、隐患升级导致生产安全事故发生。

——坚持系统治理。严密层级治理和行业治理、政府治理、社会治理相结合的安全生产治理体系，组织动员各方面力量实施社会共治。综合运用法律、行政、经济、市场等手段，落实人防、技防、物防措施，提升全社会安全生产治理能力。

71. 项目监理机构应对施工单位报验的隐蔽工程、检验批、分项工程和分部工程进行验收，对<u>验收合格</u>的应给予签认；对<u>验收不合格</u>的应拒绝签认，同时应要求施工单位<u>在指定的时间内整改并重新报验</u>。

【解析】根据《建设工程监理规范》GB/T 50319—2013 第 5.2.14 条：项目监理机构应对施工单位报验的隐蔽工程、检验批、分项工程和分部工程进行验收，对验收合格的应给予签认；对验收不合格的应拒绝签认，同时应要求施工单位在指定的时间内整改并重新报验。

72. 依据《建设工程监理规范》规范，对已经同意覆盖的工程隐蔽部位质量有疑问的，或发现施工单位私自覆盖工程隐蔽部位的，项目监理机构应要求施工单位对该隐蔽部位进行<u>钻孔探测</u>、<u>剥离</u>或其他方法进行重新检验。

【解析】根据《建设工程监理规范》GB/T 50319—2013 第 5.2.14 条：对已经同意覆盖的工程隐蔽部位质量有疑问的，或发现施工单位私自覆盖工程隐蔽部位的，项目监理机构应要求施工单位对该隐蔽部位进行钻孔探测、剥离或其他方法进行重新检验。

73.《中共中央　国务院关于推进安全生产领域改革发展的意见》提出严格责任追究制度，需要严格事故直报制度，对<u>瞒报</u>、<u>谎报</u>、<u>漏报</u>、<u>迟报</u>事故的单位和个人依法依规追责。

【解析】《中共中央　国务院关于推进安全生产领域改革发展的意见》第八条：严格事故直报制度，对瞒报、谎报、漏报、迟报事故的单位和个人依法依规追责。对被追究刑事责任的生产经营者依法实施相应的职业禁入，对事故发生负有重大责任的社会服务机构和人员依法严肃追究法律责任，并依法实施相应的行业禁入。

74. 工程监理单位是指依法成立并取得建设主管部门颁发的工程监理<u>企业资质等级证书</u>，从事建设工程监理及相关服务的服务机构。

【解析】根据《建设工程监理规范》GB/T 50319—2013 第 2.0.1 条：工程监理单位是指依法成立并取得建设主管部门颁发的工程监理企业资质等级证书，从事建设工程监理及相关服务的服务机构。

75. 依据《建筑工程施工质量验收统一标准》规定，工程质量控制资料应齐全完整。

当部分资料缺失时，应委托有资质的检测机构按有关标准进行相应的 实体检验 或 抽样试验 。

【解析】 根据《建筑工程施工质量验收统一标准》GB 50300—2013 第 5.0.7 条：工程质量控制资料应齐全完整。当部分资料缺失时，应委托有资质的检测机构按有关标准进行相应的实体检验或抽样试验。

76. 对施工总荷载大于 15kN/m²，或集中线荷载大于 20kN/m 的混凝土模板支撑工程，建筑施工企业应当组织专家进行论证审查。

【解析】 根据《危险性较大的分部分项工程安全管理规定》第十二条　对于超过一定规模的危大工程，施工单位应当组织召开专家论证会对专项施工方案进行论证。实行施工总承包的，由施工总承包单位组织召开专家论证会。专家论证前专项施工方案应当通过施工单位审核和总监理工程师审查。

附件二超过一定规模的危险性较大的分部分项工程范围：

二、模板工程及支撑体系

（一）各类工具式模板工程：包括滑模、爬模、飞模、隧道模等工程。

（二）混凝土模板支撑工程：搭设高度 8m 及以上，或搭设跨度 18m 及以上，或施工总荷载（设计值）15kN/m² 及以上，或集中线荷载（设计值）20kN/m 及以上。

（三）承重支撑体系：用于钢结构安装等满堂支撑体系，承受单点集中荷载 7kN 及以上。

77. 依据《安全生产法》规定，生产经营单位应当对从业人员进行 安全教育 和 培训 ，未合格的从业人员不得上岗作业。

【解析】 根据《中华人民共和国安全生产法》第二十五条：生产经营单位应当对从业人员进行安全生产教育和培训，保证从业人员具备必要的安全生产知识，熟悉有关的安全生产规章制度和安全操作规程，掌握本岗位的安全操作技能，了解事故应急处理措施，知悉自身在安全生产方面的权利和义务。未经安全生产教育和培训合格的从业人员，不得上岗作业。

78. 特种作业人员须按照国家有关规定，经专门的 安全作业培训 ，取得相应资格，方可上岗作业。

【解析】 根据《中华人民共和国安全生产法》第二十七条：生产经营单位的特种作业人员必须按照国家有关规定经专门的安全作业培训，取得相应资格，方可上岗作业。

79. 垂直运输机械作业人员、安装拆卸工、爆破作业人员、起重信号工、登高架设作业人员等特种作业人员，必须按照国家有关规定经过 专门的安全作业培训 ，并取得特种作业操作资格证书后，方可上岗作业。

【解析】 根据《建设工程安全生产管理条例》第二十五条：垂直运输机械作业人员、安装拆卸工、爆破作业人员、起重信号工、登高架设作业人员等特种作业人员，必须按照国家有关规定经过专门的安全作业培训，并取得特种作业操作资格证书后，方可上岗作业。

80. 依据《建设工程安全生产管理条例》规定，施工单位在采用新技术、新工艺、新设备、新材料时，应当对 作业人员 进行相应的安全生产教育培训。

【解析】 根据《建设工程安全生产管理条例》第三十七条：作业人员进入新的岗位或者新的施工现场前，应当接受安全生产教育培训。未经教育培训或者教育培训考核不合格的人员，不得上岗作业。施工单位在采用新技术、新工艺、新设备、新材料时，应当对作业人员进行相应的安全生产教育培训。

81. 依据《建设工程安全生产管理条例》规定，施工单位应当根据不同施工阶段和 周围环境 、 季节 、 气候 的变化，在施工现场采取相应的安全施工措施。

【解析】根据《建设工程安全生产管理条例》第二十八条：施工单位应当根据不同施工阶段和周围环境及季节、气候的变化，在施工现场采取相应的安全施工措施。施工现场暂时停止施工的，施工单位应当做好现场防护，所需费用由责任方承担，或者按照合同约定执行。

82. 《建筑施工安全检查标准》JGJ 59—2011 中所指的“四口”防护是指在 通道口 、 预留洞口 、 楼梯口 、 电梯井口 的防护。

【解析】根据《建筑施工安全检查标准》JGJ 59—2011 第 3.13.3 条规定中第五项 洞口防护：1）在建工程的预留洞口、楼梯口、电梯井口等孔洞应采取防护措施；2）防护措施、设施应符合规范要求；3）防护设施宜定型化、工具式；4）电梯井内每隔二层且不大于 10m 应设置安全平网防护。

第六项 通道口防护：1）通道口防护应严密、牢固；2）防护棚两侧应采取封闭措施；3）防护棚宽度应大于通道口宽度，长度应符合规范要求；4）当建筑物高度超过 24m 时，通道口防护顶棚应采用双层防护；5）防护棚的材质应符合规范要求。

83. 推进安全生产领域改革发展，需要贯彻以人民为中心的发展思想，始终把 人的生命安全 放在首位，正确处理安全与发展的关系，大力实施安全发展战略，为经济社会发展提供强有力的安全保障。

【解析】根据《中共中央 国务院关于推进安全生产领域改革发展的意见》第二条：贯彻以人民为中心的发展思想，始终把人的生命安全放在首位，正确处理安全与发展的关系，大力实施安全发展战略，为经济社会发展提供强有力的安全保障。

84. 依据《建设工程质量管理条例》规定，在正常使用条件下，建设工程的最低保修期限为：供热与供冷系统为 2 个采暖期、供冷期 。

【解析】根据《建设工程质量管理条例》第四十条：在正常使用条件下，建设工程的最低保修期限为：（三）供热与供冷系统，为 2 个采暖期、供冷期。

85. 依据《中华人民共和国建设工程安全生产管理条例》规定，依法批准开工报告的建设工程，建设单位应当自开工报告批准之日起 15 日内，将保证安全施工的措施报送建设工程所在地的县级以上地方人民政府建设行政主管部门或者其他有关部门备案。

【解析】根据《建设工程安全生产管理条例》第十条：建设单位在申请领取施工许可证时，应当提供建设工程有关安全施工措施的资料。依法批准开工报告的建设工程，建设单位应当自开工报告批准之日起 15 日内，将保证安全施工的措施报送建设工程所在地的县级以上地方人民政府建设行政主管部门或者其他有关部门备案。

86. 依据《建筑工程施工质量验收统一标准》规定，要求施工单位技术、质量部门负责人参加的验收的分部工程有：地基与基础分部、主体结构分部、 节能 分部。

【解析】根据《建筑工程施工质量验收统一标准》GB 50300—2013 第 6.0.3 条：分部工程应由总监理工程师组织施工单位项目负责人和项目技术负责人等进行验收。勘察、设计单位项目负责人和施工单位技术、质量部门负责人应参加地基与基础分部工程的验收。设计单位项目负责人和施工单位技术、质量部门负责人应参加主体结构、节能分部工程的验收。

87. 依据《建设工程监理规范》规定，总监理工程师应在开工日期 7 天前向施工单位发出工程开工令。

【解析】 根据《建设工程监理规范》GB/T 50319—2013 条文说明第 5.1.8：总监理工程师应在开工日期 7 天前向施工单位发出工程开工令。工期自总监理工程师发出的工程开工令中载明的开工日期起计算。施工单位应在开工日期后尽快施工。

88. 依据住房城乡建设部办公厅关于实施《危险性较大的分部分项工程安全管理规定》有关问题的通知要求，超过一定规模的危险性较大的分部分项工程专项方案应当由施工单位组织召开专家论证会，专家应当具备从事专业工作 15 年以上或具有丰富的专业经验，且具有 高级专业技术 职称。

【解析】 根据住房城乡建设部办公厅关于实施《危险性较大的分部分项工程安全管理规定》有关问题的通知第八条关于专家条件：设区的市级以上地方人民政府住房城乡建设主管部门建立的专家库专家应当具备以下基本条件：（一）诚实守信、作风正派、学术严谨；（二）从事专业工作 15 年以上或具有丰富的专业经验；（三）具有高级专业技术职称。

89. 依据《安全生产法》规定，生产经营单位的主要负责人未履行本法规定的安全生产管理职责，导致发生较大事故的，处上一年年收入 40 %的罚款。

【解析】 根据《中华人民共和国安全生产法》第九十二条：生产经营单位的主要负责人未履行本法规定的安全生产管理职责，导致发生生产安全事故的，由安全生产监督管理部门依照下列规定处以罚款：（二）发生较大事故的，处上一年年收入百分之四十的罚款。

90. 依据《安全生产法》规定，生产经营单位的主要负责人未履行本法规定的安全生产管理职责的，导致发生生产安全事故的，给予撤职处分；构成犯罪的，依照刑法有关规定追究刑事责任。自刑罚执行完毕或者受处分之日起， 五年 内不得担任任何生产经营单位的主要负责人；对重大、特别重大生产安全事故负有责任的，终身不得担任本行业生产经营单位的主要负责人。

【解析】 根据《中华人民共和国安全生产法》第九十一条：生产经营单位的主要负责人未履行本法规定的安全生产管理职责的，责令限期改正；逾期未改正的，处二万元以上五万元以下的罚款，责令生产经营单位停产停业整顿。生产经营单位的主要负责人有前款违法行为，导致发生生产安全事故的，给予撤职处分；构成犯罪的，依照刑法有关规定追究刑事责任。生产经营单位的主要负责人依照前款规定受刑事处罚或者撤职处分的，自刑罚执行完毕或者受处分之日起，五年内不得担任任何生产经营单位的主要负责人；对重大、特别重大生产安全事故负有责任的，终身不得担任本行业生产经营单位的主要负责人。

91. 依据《安全生产法》规定，生产经营单位的主要负责人在本单位发生生产安全事故时，不立即组织抢救或者在事故调查处理期间擅离职守或者逃匿的，给予降级、撤职的处分，并由安全生产监督管理部门处上一年年收入 百分之六十至百分之一百 的罚款。

【解析】 根据《中华人民共和国安全生产法》第一百零六条：生产经营单位的主要负责人在本单位发生生产安全事故时，不立即组织抢救或者在事故调查处理期间擅离职守或者逃匿的，给予降级、撤职的处分，并由安全生产监督管理部门处上一年年收入百分之六十至百分之一百的罚款；对逃匿的处十五日以下拘留；构成犯罪的，依照刑法有关规定追究刑事责任。生产经营单位的主要负责人对生产安全事故隐瞒不报、谎报或者迟报的，依照前款规定处罚。

92. 依据《生产安全事故报告和调查处理条例》规定，根据生产安全事故造成的人员伤亡或者直接经济损失，事故一般分为四个等级，其中重大事故，是指造成<u>10</u>人以上<u>30</u>人以下死亡，或者<u>50</u>人以上<u>100</u>人以下重伤，或者<u>5000 万</u>元以上<u>1 亿</u>元以下直接经济损失的事故。

【解析】根据《生产安全事故报告和调查处理条例》第三条：重大事故是指造成 10 人以上 30 人以下死亡，或者 50 人以上 100 人以下重伤，或者 5000 万元以上 1 亿元以下直接经济损失的事故。

93. 依据《生产安全事故报告和调查处理条例》规定，生产安全事故发生后，事故现场有关人员应当立即向本单位负责人报告；单位负责人接到报告后，应当于<u>1</u>小时内向事故发生地县级以上人民政府安全生产监督管理部门和负有安全生产监督管理职责的有关部门报告。

【解析】根据《生产安全事故报告和调查处理条例》第九条：事故发生后，事故现场有关人员应当立即向本单位负责人报告；单位负责人接到报告后，应当于 1 小时内向事故发生地县级以上人民政府安全生产监督管理部门和负有安全生产监督管理职责的有关部门报告。

94. 依据《生产安全事故报告和调查处理条例》规定，生产安全事故报告后出现新情况的，应当及时补报。自事故发生之日起<u>30</u>日内，事故造成的伤亡人数发生变化的，应当及时补报。

【解析】根据《生产安全事故报告和调查处理条例》第十三条：事故报告后出现新情况的，应当及时补报。自事故发生之日起 30 日内，事故造成的伤亡人数发生变化的，应当及时补报。道路交通事故、火灾事故自发生之日起 7 日内，事故造成的伤亡人数发生变化的，应当及时补报。

95. 依据《生产安全事故报告和调查处理条例》规定，事故调查组应当自事故发生之日起 60 日内提交事故调查报告；特殊情况下，经负责事故调查的人民政府批准，提交事故调查报告的期限可以适当延长，但延长的期限最长不超过<u>60</u>日。

【解析】根据《生产安全事故报告和调查处理条例》第二十九条：事故调查组应当自事故发生之日起 60 日内提交事故调查报告；特殊情况下，经负责事故调查的人民政府批准，提交事故调查报告的期限可以适当延长，但延长的期限最长不超过 60 日。

96. 依据《建设工程安全生产管理条例》规定，注册执业人员未执行法律、法规和工程建设强制性标准的，责令停止执业<u>3 个月以上 1 年以下</u>；情节严重的，吊销执业资格证书，5 年内不予注册；造成重大安全事故的，终身不予注册；构成犯罪的，依照刑法有关规定追究刑事责任。

【解析】《建设工程安全生产管理条例》第五十八条：注册执业人员未执行法律、法规和工程建设强制性标准的，责令停止执业 3 个月以上 1 年以下；情节严重的，吊销执业资格证书，5 年内不予注册；造成重大安全事故的，终身不予注册；构成犯罪的，依照刑法有关规定追究刑事责任。

97. 依据《中共中央　国务院关于推进安全生产领域改革发展的意见》规定：建立健

全重大隐患治理情况向负有安全生产监督管理职责的部门和企业职代会 “双报告” 制度。

【解析】《中共中央　国务院关于推进安全生产领域改革发展的意见》第二十一条：强化企业预防措施。企业要定期开展风险评估和危害辨识。针对高危工艺、设备、物品、场所和岗位，建立分级管控制度，制定落实安全操作规程。树立隐患就是事故的观念，建立健全隐患排查治理制度、重大隐患治理情况向负有安全生产监督管理职责的部门和企业职代会“双报告”制度，实行自查自改自报闭环管理。严格执行安全生产和职业健康“三同时”制度。

98. 依据《建筑施工特种作业人员管理规定》规定，建筑施工特种作业人员资格证书有效期为 两 年。

【解析】根据《建筑施工特种作业人员管理规定》（建质〔2008〕75 号）第二十二条：资格证书有效期为两年。有效期满需要延期的，建筑施工特种作业人员应当于期满前 3 个月内向原考核发证机关申请办理延期复核手续。延期复核合格的，资格证书有效期延期 2 年。

99. 依据《建筑法》规定，工程监理单位不按照委托监理合同约定履行监理义务，对应当监督检查的项目 不检查 或 不按规定检查 ，给建设单位造成损失的，应当承担相应的赔偿责任。

【解析】根据《中华人民共和国建筑法》第三十五条：工程监理单位不按照委托监理合同的约定履行监理义务，对应当监督检查的项目不检查或者不按照规定检查，给建设单位造成损失的，应当承担相应的赔偿责任。

100. 依据《建设工程质量管理条例》规定，建设工程发生质量事故，有关单位应当在 24 小时内向当地建设行政主管部门和其他有关部门报告。

【解析】根据《建设工程质量管理条例》第五十二条：建设工程发生质量事故，有关单位应当在 24 小时内向当地建设行政主管部门和其他有关部门报告。对重大质量事故，事故发生地的建设行政主管部门和其他有关部门应当按照事故类别和等级向当地人民政府和上级建设行政主管部门和其他有关部门报告。特别重大质量事故的调查程序按照国务院有关规定办理。

101. 依据《安全生产许可证条例》规定，安全生产许可证的有效期为 3 年。

【解析】根据《安全生产许可证条例》第九条：安全生产许可证的有效期为 3 年。安全生产许可证有效期满需要延期的，企业应当于期满前 3 个月向原安全生产许可证颁发管理机关办理延期手续。企业在安全生产许可证有效期内，严格遵守有关安全生产的法律法规，未发生死亡事故的，安全生产许可证有效期届满时，经原安全生产许可证颁发管理机关同意，不再审查，安全生产许可证有效期延期 3 年。

102. 依据《生产安全事故报告和调查处理条例》规定，安全事故发生单位负责人接到事故报告后，应当 立即 启动相应应急救援预案或者采取有效措施。

【解析】根据《生产安全事故报告和调查处理条例》第十四条：事故发生单位负责人接到事故报告后，应当立即启动事故相应应急预案，或者采取有效措施，组织抢救，防止事故扩大，减少人员伤亡和财产损失。

103. 依据《生产安全事故报告和调查处理条例》规定，事故调查组有权向有关单位和个人了解事故有关情况，并要求提供相关文件，有关单位和个人 不得拒绝 。

【解析】根据《生产安全事故报告和调查处理条例》第二十六条：事故调查组有权向有关单位和个人了解与事故有关的情况，并要求其提供相关文件、资料，有关单位和个人不得拒绝。事故发生单位的负责人和有关人员在事故调查期间不得擅离职守，并应当随时接受事故调查组的询问，如实提供有关情况。事故调查中发现涉嫌犯罪的，事故调查组应当及时将有关材料或者其复印件移交司法机关处理。

104. 依据《建设工程高大模板支撑系统施工安全监督管理导则》规定，高大模板支撑系统专项施工方案，应先由施工单位<u>技术部门</u>组织相关部门的技术人员进行审核，经<u>施工单位技术负责人</u>签字后，再组织专家论证。

【解析】根据《建设工程高大模板支撑系统施工安全监督管理导则》第2.2.1条：高大模板支撑系统专项施工方案，应先由施工单位技术部门组织本单位施工技术、安全、质量等部门的专业技术人员进行审核，经施工单位技术负责人签字后，再按照相关规定组织专家论证。

105. 依据《建设工程高大模板支撑系统施工安全监督管理导则》规定，高大模板支撑系统搭设完成后，由<u>项目负责人</u>组织验收，验收合格，经施工单位<u>项目技术负责人</u>及<u>项目总监理工程师</u>签字后，方可进入后续的施工。

【解析】根据《建设工程高大模板支撑系统施工安全监督管理导则》第3.3条：高大模板支撑系统应在搭设完成后，由项目负责人组织验收，验收人员应包括施工单位和项目两级技术人员、项目安全、质量、施工人员，监理单位的总监和专业监理工程师。验收合格，经施工单位项目技术负责人及项目总监理工程师签字后，方可进入后续工序的施工。

106. 依据《关于落实建设工程安全生产监理责任的若干意见》规定，项目监理规划应包括安全监理内容，明确安全监理的范围、内容、<u>工作程序</u>和制度措施，以及人员配备计划和职责等。

【解析】根据《关于落实建设工程安全生产监理责任的若干意见》（建市〔2006〕248号）建设工程安全监理的主要工作内容是监理单位应当按照法律、法规和工程建设强制性标准及监理委托合同实施监理，对所监理工程的施工安全生产进行监督检查，施工准备阶段安全监理的主要工作内容：监理单位应根据《建筑工程安全生产管理条例》的规定，按照工程建设强制性标准、《建设工程监理规范》GB 50319—2013和相关行业监理规范的要求，编制包括安全监理内容的项目监理规划，明确安全监理的范围、内容、工作程序和制度措施，以及人员配备计划和职责等。

107. 依据《关于落实建设工程安全生产监理责任的若干意见》规定，在施工阶段，监理单位应监督施工单位按照施工组织设计中的安全技术措施和专项施工方案组织施工，发现违规作业应<u>及时制止</u>。

【解析】根据《关于落实建设工程安全生产监理责任的若干意见》建市［2006］248

（二）施工阶段安全监理的主要工作内容

1. 监督施工单位按照施工组织设计中的安全技术措施和专项施工方案组织施工，及时制止违规施工作业。

2. 定期巡视检查施工过程中的危险性较大工程作业情况。

3. 核查施工现场施工起重机械、整体提升脚手架、模板等自升式架设设施和安全设施的验收手续。

4. 检查施工现场各种安全标志和安全防护措施是否符合强制性标准要求，并检查安全生产费用的使用情况。

5. 督促施工单位进行安全自查工作，并对施工单位自查情况进行抽查，参加建设单位组织的安全生产专项检查。

108. 依据《关于落实建设工程安全生产监理责任的若干意见》规定，监理单位的总监理工程师和安全监理人员需经 安全生产教育培训 后方可上岗。

【解析】根据《关于落实建设工程安全生产监理责任的若干意见》建市〔2006〕248号中落实安全生产监理责任的主要工作第（三）条：建立监理人员安全生产教育培训制度。监理单位的总监理工程师和安全监理人员需经安全生产教育培训后方可上岗，其教育培训情况记入个人继续教育档案。

109. 依据《建设工程安全生产管理条例》规定，施工单位应当对管理人员和作业人员每年至少进行 1次 安全生产教育培训，其教育培训情况记入个人工作档案。

【解析】根据《建设工程安全生产管理条例》第三十六条：施工单位的主要负责人、项目负责人、专职安全生产管理人员应当经建设行政主管部门或者其他有关部门考核合格后方可任职。施工单位应当对管理人员和作业人员每年至少进行一次安全生产教育培训，其教育培训情况记入个人工作档案。安全生产教育培训考核不合格的人员，不得上岗。

110. 依据《生产安全事故报告和调查处理条例》规定，达到特别重大事故的标准： 死亡30人以上 、 重伤100人以上 、 直接经济损失一亿元以上 。

【解析】根据《生产安全事故报告和调查处理条例》第三条：特别重大事故是指造成30人以上死亡，或者100人以上重伤（包括急性工业中毒，下同），或者1亿元以上直接经济损失的事故。

111. 依据《建设工程质量管理条例》规定，建设单位应当自建设工程竣工验收合格之日起 15 日内，将建设工程竣工验收报告和规划、公安消防、环保等部门出具的认可文件或者准许使用文件报建设行政主管部门或者其他有关部门备案。

【解析】根据《建设工程质量管理条例》第四十九：建设单位应当自建设工程竣工验收合格之日起15日内，将建设工程竣工验收报告和规划、公安消防、环保等部门出具的认可文件或者准许使用文件报建设行政主管部门或者其他有关部门备案。建设行政主管部门或者其他有关部门发现建设单位在竣工验收过程中有违反国家有关建设工程质量管理规定行为的，责令停止使用，重新组织竣工验收。

112. 依据《建筑工程施工质量验收统一标准》规定，分部工程应由 总监理工程师 组织施工单位项目负责人和技术、质量负责人等进行验收。

【解析】根据《建筑工程施工质量验收统一标准》GB 50300—2013第6.0.3条：分部工程应由总监理工程师组织施工单位项目负责人和项目技术负责人等进行验收。勘察、设计单位项目负责人和施工单位技术、质量部门负责人应参加地基与基础分部工程的验收。设计单位项目负责人和施工单位技术、质量部门负责人应参加主体结构、节能分部工程的验收。

113. 依据《安全生产法》规定，从业人员有权对本单位安全生产工作中存在的问题提出批评、 检举 、控告，有权拒绝违章指挥和强令冒险作业。

【解析】根据《中华人民共和国安全生产法》第五十一条：从业人员有权对本单位安

全生产工作中存在的问题提出批评、检举、控告；有权拒绝违章指挥和强令冒险作业。生产经营单位不得因从业人员对本单位安全生产工作提出批评、检举、控告或者拒绝违章指挥、强令冒险作业而降低其工资、福利等待遇或者解除与其订立的劳动合同。

114. 依据《安全生产法》规定，生产经营单位应当制定本单位生产安全事故应急救援预案，与所在地县级以上地方人民政府组织制定的生产安全事故应急救援预案相衔接，并定期组织演练。

【解析】根据《中华人民共和国安全生产法》第七十八条：生产经营单位应当制定本单位生产安全事故应急救援预案，与所在地县级以上地方人民政府组织制定的生产安全事故应急救援预案相衔接，并定期组织演练。

115. 依据《危险性较大的分部分项工程安全管理规定》规定，专项方案实施前，编制人员或项目技术负责人应当向施工现场管理人员进行方案交底。

【解析】根据《危险性较大的分部分项工程安全管理规定》第十五条：专项施工方案实施前，编制人员或者项目技术负责人应当向施工现场管理人员进行方案交底。施工现场管理人员应当向作业人员进行安全技术交底，并由双方和项目专职安全生产管理人员共同签字确认。

116. 依据《建设工程监理规范》规定，建设工程监理是指工程监理单位受建设单位委托，根据法律法规、工程建设标准、勘察设计文件及合同，在施工阶段对建设工程质量、进度、造价进行控制，对合同、信息进行管理，对工程建设相关方的关系进行协调，并履行建设工程安全生产管理法定职责的服务活动。

【解析】根据《建设工程监理规范》GB/T 50319—2013 第 2.0.2 条：建设工程监理是指工程监理单位受建设单位委托，根据法律法规、工程建设标准、勘察设计文件及合同，在施工阶段对建设工程质量、进度、造价进行控制，对合同、信息进行管理，对工程建设相关方的关系进行协调，并履行建设工程安全生产管理法定职责的服务活动。

117. 依据《中共中央　国务院关于推进安全生产领域改革发展的意见》规定，企业要定期开展风险评估和危害辨识。针对高危工艺、设备、物品、场所和岗位，建立分级管控制度，制定落实安全操作规程。

【解析】根据《中共中央　国务院关于推进安全生产领域改革发展的意见》第二十一条：企业要定期开展风险评估和危害辨识。针对高危工艺、设备、物品、场所和岗位，建立分级管控制度，制定落实安全操作规程。树立隐患就是事故的观念，建立健全隐患排查治理制度、重大隐患治理情况向负有安全生产监督管理职责的部门和企业职代会“双报告”制度，实行自查自改自报闭环管理。严格执行安全生产和职业健康“三同时”制度。大力推进企业安全生产标准化建设，实现安全管理、操作行为、设备设施和作业环境的标准化。开展经常性的应急演练和人员避险自救培训，着力提升现场应急处置能力。

118. 依据《建筑工程施工质量验收统一标准》规定，建筑工程采用的主要材料、半成品、成品、建筑构配件、器具和设备应进行进场检验。

【解析】根据《建筑工程施工质量验收统一标准》GB 50300—2013 第 3.0.3 条：建筑工程采用的主要材料、半成品、成品、建筑构配件、器具和设备应进行进场检验。凡涉及安全、节能、环境保护和主要使用功能的重要材料、产品，应按各专业工程施工规范、验收规范和设计文件等规定进行复验，并应经监理工程师检查认可。

119. 依据《建筑工程施工质量验收统一标准》规定，工程质量控制资料应齐全完整，当部分资料缺失时，应委托 有资质的检测机构 按有关标准进行相应的实体检验或抽样试验。

【解析】根据《建筑工程施工质量验收统一标准》GB 50300—2013 第 5.0.7 条：工程质量控制资料应齐全完整，当部分资料缺失时，应委托有资质的检测机构按有关标准进行相应的实体检验或抽样试验。

120. 依据《建筑工程施工质量验收统一标准》规定，分项工程应由 专业监理工程师 组织施工单位项目专业技术负责人等进行验收。

【解析】根据《建筑工程施工质量验收统一标准》GB 50300—2013 第 6.0.2 条：分项工程应由专业监理工程师组织施工单位项目专业技术负责人等进行验收。

121. 依据《建筑工程施工质量验收统一标准》规定，建筑工程施工质量验收不合格的，返修或加固处理后仍不能满足安全和使用功能要求的，项目监理机构 严禁验收 。

【解析】根据《建筑工程施工质量验收统一标准》GB 50300—2013 第 5.0.8 条：经返修或加固处理仍不能满足安全或重要使用要求的分部工程及单位工程，严禁验收。

122. 依据《建设工程安全生产管理条例》规定，工程监理单位和监理工程师应当按照法律、法规和工程建设强制性标准实施监理，并对建设工程安全生产承担 监理责任 。

【解析】根据《建设工程安全生产管理条例》第十四条：工程监理单位和监理工程师应当按照法律、法规和工程建设强制性标准实施监理，并对建设工程安全生产承担监理责任。

123. 依据住房城乡建设部办公厅关于实施《危险性较大的分部分项工程安全管理规定》有关问题的通知要求，专家论证会参会人员包括：总承包单位和分包单位技术负责人或授权委派的专业技术人员、项目负责人、 项目技术负责人 、专项施工方案编制人员、项目专职安全生产管理人员及相关人员。

【解析】根据住房城乡建设部办公厅关于实施《危险性较大的分部分项工程安全管理规定》有关问题的通知第三条关于专家论证会参会人员第（四）项：总承包单位和分包单位技术负责人或授权委派的专业技术人员、项目负责人、项目技术负责人、专项施工方案编制人员、项目专职安全生产管理人员及相关人员。

124. 依据住房城乡建设部办公厅关于实施《危险性较大的分部分项工程安全管理规定》有关问题的通知要求，专项方案编制的内容应包括：工程概况、编制依据、施工计划、施工工艺技术、 施工安全保证措施 、施工管理及作业人员配备和分工、验收要求、应急处置措施、计算书及相关施工图纸。

【解析】根据住房城乡建设部办公厅关于实施《危险性较大的分部分项工程安全管理规定》有关问题的通知第二条关于专项施工方案内容：（1）工程概况；（2）编制依据；（3）施工计划；（4）施工工艺技术；（5）施工安全保证措施；（6）施工管理及作业人员配备和分工；（7）验收要求；（8）应急处置措施；（9）计算书及相关图纸。

125. 依据《建设工程安全生产管理条例》规定，施工单位挪用列入建设工程概算的安全生产作业环境及安全施工措施所需费用的，责令限期改正，处挪用费用 20% 以上 50% 以下的罚款；造成损失的，依法承担赔偿责任。

【解析】根据《建设工程安全生产管理条例》第六十三条：违反本条例的规定，施工单位挪用列入建设工程概算的安全生产作业环境及安全施工措施所需费用的，责令限期改正，处挪用费用20%以上50%以下的罚款；造成损失的，依法承担赔偿责任。

126.《建设工程安全生产管理条例》__自2004年2月1日__起施行。

【解析】根据《建设工程安全生产管理条例》第七十一条：本条例自2004年2月1日起施行。

127. 依据《危险性较大的分部分项工程安全管理规定》规定，__施工单位、监理单位__应当建立危大工程安全管理档案。

【解析】根据《危险性较大的分部分项工程安全管理规定》第二十四条：施工、监理单位应当建立危大工程安全管理档案。施工单位应当将专项施工方案及审核、专家论证、交底、现场检查、验收及整改等相关资料纳入档案管理。监理单位应当将监理实施细则、专项施工方案审查、专项巡视检查、验收及整改等相关资料纳入档案管理。

128. 依据《建设工程监理规范》规定，__总监理工程师__应定期审阅监理日志，全面了解监理工作情况。

【解析】根据《建设工程监理规范》GB/T 50319—2013条文说明第7.2.2条：总监理工程师应定期审阅监理日志，全面了解监理工作情况。

129. 依据《安全生产法》规定，__国务院和县级以上地方各级人民政府__应当根据国民经济和社会发展规划制定安全生产规划，并组织实施。

【解析】根据《中华人民共和国安全生产法》第八条：国务院和县级以上地方各级人民政府应当根据国民经济和社会发展规划制定安全生产规划，并组织实施。安全生产规划应当与城乡规划相衔接。

130. 依据《建设工程安全生产管理条例》规定，检验检测机构对检测合格的施工起重机械和整体提升脚手架、模板等自升式架设设施应当出具__安全合格证明文件，并对检测结果负责__。

【解析】根据《建设工程安全生产管理条例》第十九条：检验检测机构对检测合格的施工起重机械和整体提升脚手架、模板等自升式架设设施，应当出具安全合格证明文件，并对检测结果负责。

131. 依据《建设工程质量管理条例》规定，正常使用条件下，设备安装工程的最低保修期限为__2__年。

【解析】根据《建设工程质量管理条例》第四十条：在正常使用条件下，建设工程的最低保修期限为：（四）电气管线、给排水管道、设备安装和装修工程，为2年。

132. 依据《建设工程安全生产管理条例》规定，施工单位对列入__建设工程概算__的安全作业环境及安全施工措施费用，不得挪作他用。

【解析】根据《建设工程安全生产管理条例》第二十二条：施工单位对列入建设工程概算的安全作业环境及安全施工措施所需费用，应当用于施工安全防护用具及设施的采购和更新、安全施工措施的落实、安全生产条件的改善，不得挪作他用。

133. 依据《建设工程监理规范》规定，总监理工程师应组织专业监理工程师审查施工单位报送的__工程开工报审表__及相关资料，报建设单位批准后签发工程开工令。

【解析】根据《建设工程监理规范》GB/T 50319—2013第5.1.8条：总监理工程师应组织专业监理工程师审查施工单位报送的工程开工报审表及相关资料；同时具备下列条件

时，应由总监理工程师签署审核意见，并应报建设单位批准后，总监理工程师签发工程开工令。

134. 依据《安全生产法》规定，国家实行<u>生产安全事故责任追究制度</u>，依照本法和有关法律、法规的规定，追究生产安全事故责任人员的法律责任。

【解析】根据《中华人民共和国安全生产法》第十四条：国家实行生产安全事故责任追究制度，依照本法和有关法律、法规的规定，追究生产安全事故责任人员的法律责任。

135. 依据《安全生产法》规定，生产经营单位发生生产安全事故后，事故现场有关人员应当立即报告<u>本单位负责人</u>。

【解析】根据《中华人民共和国安全生产法》第八十条：生产经营单位发生生产安全事故后，事故现场有关人员应当立即报告本单位负责人。单位负责人接到事故报告后，应当迅速采取有效措施，组织抢救，防止事故扩大，减少人员伤亡和财产损失，并按照国家有关规定立即如实报告当地负有安全生产监督管理职责的部门，不得隐瞒不报、谎报或者迟报，不得故意破坏事故现场、毁灭有关证据。

136. 依据《建筑法》规定，大型建筑工程或者结构复杂的建筑工程，可以由两个以上的承包单位联合共同承包。共同承包的各方对承包合同的履行承担<u>连带责任</u>。

【解析】根据《中华人民共和国建筑法》第二十七条：大型建筑工程或者结构复杂的建筑工程，可以由两个以上的承包单位联合共同承包。共同承包的各方对承包合同的履行承担连带责任。两个以上不同资质等级的单位实行联合共同承包的，应当按照资质等级低的单位的业务许可范围承揽工程。

137. 依据《建设工程监理规范》规定，工程质量评估报告应由<u>总监理工程师</u>组织专业监理工程师编写。

【解析】根据《建设工程监理规范》GB/T 50319—2013 第 3.2.1 条：总监理工程师应履行的第 13 项职责：审查施工单位的竣工申请，组织工程竣工预验收，组织编写工程质量评估报告，参与工程竣工验收。

138. 依据《建筑工程质量管理条例》规定，设计文件中选用的材料、构配件和设备，应当注明<u>规格</u>、<u>型号</u>、<u>性能</u>等技术指标。

【解析】根据《建设工程质量管理条例》第二十二条：设计单位在设计文件中选用的建筑材料、建筑构配件和设备，应当注明规格、型号、性能等技术指标，其质量要求必须符合国家规定的标准。除有特殊要求的建筑材料、专用设备、工艺生产线等外，设计单位不得指定生产厂、供应商。

139. 依据《建设工程监理规范》规定，工程施工采用新技术、新工艺时，应由<u>施工单位</u>组织必要的专题论证。

【解析】根据《建设工程监理规范》GB/T 50319—2013 第 5.2.4 条：专业监理工程师应审查施工单位报送的新材料、新工艺、新技术、新设备的质量认证材料和相关验收标准的适用性，必要时，应要求施工单位组织专题论证，审查合格后报总监理工程师签认。

140. 依据《建设工程监理规范》规定，施工单位编制的施工组织设计应经施工单位<u>技术负责人</u>审核签认后，方可报送项目监理机构审查。

【解析】根据《建设工程监理规范》GB/T 50319—2013 条文说明第 5.1.6 条第 1 项：施工单位编制的施工组织设计经施工单位技术负责人审核签认后，与施工组织设计报审表一并报送项目监理。

141. 依据《建设工程监理规范》规定，项目监理机构收到施工单位报送的施工控制测量成果报检表后，应由 专业监理工程师 签署审查意见。

【解析】根据《建设工程监理规范》GB/T 50319—2013 条文说明第 5.2.5 条：专业监理工程师应审核施工单位的测量依据、测量人员资格和测量成果是否符合规范及标准要求，符合要求的，由专业监理工程师予以签认。

142. 依据《安全生产法》规定，从业人员在安全生产方面的义务包括："从业人员在作业过程中，应当严格遵守本单位的安全生产规章制度和操作规程，服从管理，正确佩戴和使用 劳动防护用品 "。

【解析】根据《中华人民共和国安全生产法》第五十四条：从业人员在作业过程中，应当严格遵守本单位的安全生产规章制度和操作规程，服从管理，正确佩戴和使用劳动防护用品。

143. 依据《安全生产法》规定，生产经营单位应当在较大危险因素的生产经营场所和有关设施、设备上，设置明显的 安全警示标志 。

【解析】根据《中华人民共和国安全生产法》第三十二条：生产经营单位应当在有较大危险因素的生产经营场所和有关设施、设备上，设置明显的安全警示标志。

144. 依据《建设工程安全生产管理条例》规定，施工单位应当为施工现场从事危险作业的人员办理 意外伤害保险 。

【解析】根据《建设工程安全生产管理条例》第三十八条：施工单位应当为施工现场从事危险作业的人员办理意外伤害保险。意外伤害保险费由施工单位支付。实行施工总承包的，由总承包单位支付意外伤害保险费。意外伤害保险期限自建设工程开工之日起至竣工验收合格止。

145. 依据《建设工程监理规范》规定，工程开工前，监理人员应参加由 建设单位 主持召开的第一次工地会议。

【解析】根据《建设工程监理规范》GB/T 50319—2013 条文说明第 5.1.3 条：工程开工前，监理人员应参加由建设单位主持召开的第一次工地会议，会议纪要应由项目监理机构负责整理，与会各方代表应会签。

146. 依据《建设工程监理规范》规定，专项施工方案审查应包括的基本内容编审程序应符合相关规定、安全技术措施应符合工程建设 强制性标准 。

【解析】根据《建设工程监理规范》GB/T 50319—2013 第 5.5.3 条：专项施工方案审查应包括下列基本内容：1. 编审程序应符合相关规定。2. 安全技术措施应符合工程建设强制性标准。

147. 依据《建设工程监理规范》规定，总监理工程师签发工程暂停令应事先征得 建设单位 同意，在紧急情况下未能事先报告时，应在事后及时向建设单位作出 书面报告 。

【解析】根据《建设工程监理规范》GB/T 50319—2013 第 6.2.3 条：总监理工程师签发工程暂停令应事先征得建设单位同意，在紧急情况下未能事先报告时，应在事后及时向建设单位作出书面报告。

148. 依据《建筑法》规定，建筑工程开工前， 建设单位 应当按照国家有关规定向工程所在地县级以上人民政府建设行政主管部门申请领取施工许可证；但是，国务院 建

设行政主管 部门确定的限额以下的小型工程除外。

【解析】根据《中华人民共和国建筑法》第七条：建筑工程开工前，建设单位应当按照国家有关规定向工程所在地县级以上人民政府建设行政主管部门申请领取施工许可证；但是，国务院建设行政主管部门确定的限额以下的小型工程除外。按照国务院规定的权限和程序批准开工报告的建筑工程，不再领取施工许可证。

149. 依据《建筑法》规定，建设工程开工前，建设单位应当按照国家有关规定向工程所在地县级以上人民政府建设行政主管部门申请领取 施工许可证 。

【解析】根据《中华人民共和国建筑法》第七条：建筑工程开工前，建设单位应当按照国家有关规定向工程所在地县级以上人民政府建设行政主管部门申请领取施工许可证；但是，国务院建设行政主管部门确定的限额以下的小型工程除外。按照国务院规定的权限和程序批准开工报告的建筑工程，不再领取施工许可证。

150. 依据《危险性较大的分部分项工程安全管理规定》规定，为加强对房屋建筑和市政基础设施工程中危险性较大的分部分项工程安全管理，有效防范生产安全事故，依据 中华人民共和国建筑法 、 中华人民共和国安全生产法 、 建设工程安全生产管理条例 等法律法规，制定本规定。

【解析】根据《危险性较大的分部分项工程安全管理规定》第一条：为加强对房屋建筑和市政基础设施工程中危险性较大的分部分项工程安全管理，有效防范生产安全事故，依据《中华人民共和国建筑法》《中华人民共和国安全生产法》《建设工程安全生产管理条例》等法律法规，制定本规定。

151. 依据《建设工程监理规范》规定，项目监理机构批准工程延期应同时满足下列条件：施工单位在 施工合同约定的期限 内提出工程延期、因非施工单位原因造成施工进度滞后，施工进度滞后影响到施工合同约定的工期。

【解析】根据《建设工程监理规范》GB/T 50319—2013 第 6.5.4 条：项目监理机构批准工程延期应同时满足下列条件：1. 施工单位在施工合同约定的期限内提出工程延期。2. 因非施工单位原因造成施工进度滞后。3. 施工进度滞后影响到施工合同约定的工期。

152. 依据《建设工程安全生产管理条例》规定，工程监理单位和监理工程师应当按照法律、法规和 工程建设强制性标准 实施监理，并对建设工程安全生产承担监理责任。

【解析】根据《建设工程安全生产管理条例》第十四条：工程监理单位和监理工程师应当按照法律、法规和工程建设强制性标准实施监理，并对建设工程安全生产承担监理责任。

153. 依据《安全生产法》规定，生产经营单位的主要负责人应组织制定并实施本单位的生产安全事故 应急救援 预案。

【解析】根据《中华人民共和国安全生产法》第十八条：生产经营单位的主要负责人对本单位安全生产工作负有下列职责：（一）建立、健全本单位安全生产责任制；（二）组织制定本单位安全生产规章制度和操作规程；（三）组织制定并实施本单位安全生产教育和培训计划；（四）保证本单位安全生产投入的有效实施；（五）督促、检查本单位的安全生产工作，及时消除生产安全事故隐患；（六）组织制定并实施本单位的生产安全事故应急救援预案；（七）及时、如实报告生产安全事故。

154. 依据《建设工程监理规范》规定，对专业性较强、危险性较大的分部分项工程，项目监理机构应编制 监理实施细则 。

【解析】根据《建设工程监理规范》GB/T 50319—2013 第 4.3.1 条：对专业性较强、危险性较大的分部分项工程，项目监理机构应编制监理实施细则。

155. 依据《建设工程安全生产管理条例》规定，建设工程施工之前，施工单位负责项目管理的技术人员应当对安全施工的技术要求向施工作业人员、班组、作业人员作出详细说明，并由 双方签字 确认。

【解析】根据《建设工程安全生产管理条例》第二十七条：建设工程施工前，施工单位负责项目管理的技术人员应当对有关安全施工的技术要求向施工作业班组、作业人员作出详细说明，并由双方签字确认。

156. 依据《安全生产法》规定，安全设备的设计、制造、安装、使用、检测、维修、改造和报废，应当符合 国家或者行业 标准。

【解析】根据《中华人民共和国安全生产法》第三十三条：安全设备的设计、制造、安装、使用、检测、维修、改造和报废，应当符合国家标准或者行业标准。生产经营单位必须对安全设备进行经常性维护、保养，并定期检测，保证正常运转。维护、保养、检测应当作好记录，并由有关人员签字。

157. 依据《建设工程质量管理条例》规定，工程监理单位应当依照法律、法规以及有关技术标准、设计文件和建设工程承包合同，代表建设单位对 施工质量 实施监理，并对施工质量承担监理责任。

【解析】根据《建设工程质量管理条例》第三十六条：工程监理单位应当依照法律、法规以及有关技术标准、设计文件和建设工程承包合同，代表建设单位对施工质量实施监理，并对施工质量承担监理责任。

158. 依据《建筑法》规定，建筑施工企业在编制施工组织设计时，应当根据建筑工程的特点制定相应的 安全技术措施 。

【解析】根据《中华人民共和国建筑法》第三十八条：建筑施工企业在编制施工组织设计时，应当根据建筑工程的特点制定相应的安全技术措施；对专业性较强的工程项目，应当编制专项安全施工组织设计，并采取安全技术措施。

159. 依据《建设工程质量管理条例》规定，在正常使用条件下，房屋建筑工程中屋面防水工程的最低保修期限为 5 年 。

【解析】根据《建设工程质量管理条例》第四十条：在正常使用条件下，建设工程的最低保修期限为：（二）屋面防水工程、有防水要求的卫生间、房间和外墙面的防渗漏，为 5 年。

160. 依据《建设工程质量管理条例》规定，未经 监理工程师 签字，建筑材料、建筑构配件和设备不得在工程上使用或者安装，施工单位不得进行下一道工序的施工。

【解析】根据《建设工程质量管理条例》第三十七条：工程监理单位应当选派具备相应资格的总监理工程师和监理工程师进驻施工现场。未经监理工程师签字，建筑材料、建筑构配件和设备不得在工程上使用或者安装，施工单位不得进行下一道工序的施工。未经总监理工程师签字，建设单位不拨付工程款，不进行竣工验收。

161. 依据《建设工程监理规范》规定，项目监理机构的监理人员应由 总监理工程师 、 专业监理工程师 和 监理员 组成，且专业配套、数量应满足建设工程监理工作需要，必要时可设总监理工程师代表。

【解析】 根据《建设工程监理规范》GB/T 50319—2013 第 3.1.2 条：项目监理机构的监理人员应由总监理工程师、专业监理工程师和监理员组成，且专业配套、数量应满足建设工程监理工作需要，必要时可设总监理工程师代表。

162. 依据《建设工程安全生产管理条例》规定，达到一定规模的危险性较大的分部分项工程的专项施工方案必须经 施工单位技术负责人 、 总监理工程师 签字后方能实施。

【解析】 根据《建设工程安全生产管理条例》第二十六条：施工单位应当在施工组织设计中编制安全技术措施和施工现场临时用电方案，对达到一定规模的危险性较大的分部分项工程编制专项施工方案，并附具安全验算结果，经施工单位技术负责人、总监理工程师签字后实施，由专职安全生产管理人员进行现场监督。

163. 依据《建设工程监理规范》规定，巡视是指项目监理机构对施工现场进行的 定期或不定期 的检查活动。

【解析】 根据《建设工程监理规范》GB/T 50319—2013 第 2.0.14 条：巡视是指项目监理机构对施工现场进行的定期或不定期的检查活动。

164. 依据《建设工程监理规范》规定，当监理单位与项目法人签订了项目建设监理合同之后，他们之间是 委托与被委托 的合同关系。

【解析】 根据《建设工程监理规范》GB/T 50319—2013 第 2.0.2 条：建设工程监理是指工程监理单位受建设单位委托，根据法律法规、工程建设标准、勘察设计文件及合同，在施工阶段对建设工程质量、造价、进度进行控制，对合同、信息进行管理，对工程建设相关方的关系进行协调，并履行建设工程安全生产管理法定职责的服务活动。

165. 依据《建设工程监理规范》规定，工程监理单位应 公平 、 独立 、 诚信 、 科学 地开展建设工程监理与相关服务活动。

【解析】 根据《建设工程监理规范》GB/T 50319—2013 第 1.0.9 条：工程监理单位应公平、独立、诚信、科学地开展建设工程监理与相关服务活动。

166. 依据《建设工程监理规范》规定，总监理工程师是由工程监理单位 法定代表人 书面任命，负责履行建设监理合同，主持项目监理机构工作的注册监理工程师。

【解析】 根据《建设工程监理规范》GB/T 50319—2013 第 2.0.6 条：总监理工程师由工程监理单位法定代表人书面任命，负责履行建设工程监理合同、主持项目监理机构工作的注册监理工程师。

167. 注册建筑师、注册结构工程师、监理工程师等注册执业人员因过错造成质量事故的，责令停止执业 1 年。

【解析】 根据《建设工程质量管理条例》第七十二条：违反本条例规定，注册建筑师、注册结构工程师、监理工程师等注册执业人员因过错造成质量事故的，责令停止执业 1 年；造成重大质量事故的，吊销执业资格证书，5 年以内不予注册；情节特别恶劣的，终身不予注册。

168. 监理人员应熟悉工程设计文件，并应参加建设单位主持的图纸会审和设计交底会议，会议纪要应由 总监理工程师 签认。

【解析】 根据《建设工程监理规范》GB/T 50319—2013 第 5.1.2 条：监理人员应熟悉工程设计文件，并应参加建设单位主持的图纸会审和设计交底会议，会议纪要应由总监理工程师签认。

169. 工程开工前，监理人员应参加由建设单位主持召开的第一次工地会议，会议纪要应由<u> 项目监理机构 </u>负责整理，与会各方代表应会签。

【解析】根据《建设工程监理规范》GB/T 50319—2013 第 5.1.3 条：工程开工前，监理人员应参加由建设单位主持召开的第一次工地会议，会议纪要应由项目监理机构负责整理，与会各方代表应会签。

170. 建筑施工总承包一级资质的企业应配备不少于<u> 4 </u>名专职安全生产管理人员。

【解析】根据《建筑施工企业安全生产管理机构设置及专职安全生产管理人员配备办法》(建质〔2008〕91 号) 第八条：特级资质不少于 6 人；一级资质不少于 4 人；二级和二级以下资质企业不少于 3 人。

171. 国家规定的安全色有四色，分别为红色、黄色、蓝色和绿色。其中蓝色表示<u> 指令、必须遵守的规定 </u>。

【解析】根据《安全色》GB 2893—2008 第 3.1 条：传递安全含义信息的颜色包括红黄蓝绿四种颜色；第 4.1.2 条规定蓝色表征为必须遵守规定的指令性信息。

172. 企业安全生产标准化建设工作中，企业通过落实安全生产主体责任，通过<u> 全员全过程 </u>参与，建立并保持安全生产管理体系。

【解析】根据《企业安全生产标准化基本规范》GB/T 33000—2016 第 3.1 条：企业通过落实企业安全生产主体责任，通过全员全过程参与，建立并保持安全生产管理体系，全面管控生产经营活动各环节的安全生产与职业卫生工作，实现安全健康管理系统化、岗位操作行为规范化、设备设施本质安全化、作业环境器具定置化，并持续改进。

173. 当施工人员变换工种或采用新技术、新工艺、新设备、新材料施工时，应进行<u> 安全教育培训 </u>。

【解析】根据《建筑施工安全检查标准》JGJ 59—2011 第 3.1.3.5 条：当施工人员变换工种或采用新技术、新工艺、新设备、新材料施工时，应进行安全教育培训。

174. 建筑物在合理使用寿命内，必须确保<u> 地基基础工程 </u>和<u> 主体结构 </u>的质量。

【解析】根据《中华人民共和国建筑法》第六十条：建筑物在合理使用寿命内，必须确保地基基础工程和主体结构的质量。建筑工程竣工时，屋顶、墙面不得留有渗漏、开裂等质量缺陷；对已发现的质量缺陷，建筑施工企业应当修复。

175. <u> 巡视 </u>是项目监理机构对施工现场进行的定期或不定期的检查活动。

【解析】根据《建设工程监理规范》GB/T 50319—2013 第 2.0.14 条：巡视是项目监理机构对施工现场进行的定期或不定期的检查活动。

176. 总监理工程师在签发工程暂停令时，可根据停工原因的影响范围和影响程度，确定<u> 停工范围 </u>，并应按<u> 施工合同 </u>和<u> 建设工程监理合同 </u>的约定签发工程暂停令。

【解析】根据《建设工程监理规范》GB/T 50319—2013 第 6.2.1 条：总监理工程师在签发工程暂停令时，可根据停工原因的影响范围和影响程度，确定停工范围，并应按施工合同和建设工程监理合同的约定签发工程暂停令。

177. 施工单位应当依法取得相应等级的资质证书，并在其<u> 资质等级 </u>许可的范围内承揽工程。

【解析】根据《建设工程质量管理条例》第二十五条：施工单位应当依法取得相应等

级的资质证书，并在其资质等级许可的范围内承揽工程。禁止施工单位超越本单位资质等级许可的业务范围或者以其他施工单位的名义承揽工程。禁止施工单位允许其他单位或者个人以本单位的名义承揽工程。施工单位不得转包或者违法分包工程。

178. 经返修或加固处理的分项、分部工程，满足 安全及使用功能 要求时，可按技术处理方案和协商文件的要求予以验收。

【解析】根据《建筑工程施工质量验收统一标准》GB 50300—2013 第 5.0.6 条：经返修或加固处理的分项、分部工程，满足安全及使用功能要求时，可按技术处理方案和协商文件的要求予以验收。

179. 生产经营单位的从业人员有依法获得 安全生产保障 的权利。

【解析】根据《中华人民共和国安全生产法》第六条：生产经营单位的从业人员有依法获得安全生产保障的权利，并应当依法履行安全生产方面的义务。

180. 生产经营单位必须遵守本法和其他有关安全生产的法律、法规，加强安全生产管理，建立健全 安全生产责任制 和 安全生产规章制度 ，改善安全生产条件，确保安全生产。

【解析】根据《中华人民共和国安全生产法》第四条：生产经营单位必须遵守本法和其他有关安全生产的法律、法规，加强安全生产管理，建立、健全安全生产责任制和安全生产规章制度，改善安全生产条件，推进安全生产标准化建设，提高安全生产水平，确保安全生产。

181. 混凝土模板支撑体系搭设高度 8 米 及以上、搭设跨度 18 米 及以上时，方案需经专家论证。

【解析】根据《危险性较大的分部分项工程安全管理规定》第十二条：对于超过一定规模的危大工程，施工单位应当组织召开专家论证会对专项施工方案进行论证。实行施工总承包的，由施工总承包单位组织召开专家论证会。专家论证前专项施工方案应当通过施工单位审核和总监理工程师审查。

超过一定规模的危险性较大的分部分项工程范围（附件二）第二条：模板工程及支撑体系包括混凝土模板支撑工程：搭设高度 8m 及以上；搭设跨度 18m 及以上；施工总荷载 $15kN/m^2$ 及以上；集中线荷载 20kN/m 及以上。

182. 单位工程完工后，施工单位应组织有关人员进行 自检 。

【解析】根据《建筑工程施工质量验收统一标准》GB 50300—2013 第 6.0.5 条：单位工程完工后，施工单位应组织有关人员进行自检。总监理工程师应组织各专业监理工程师对工程质量进行竣工预验收。存在施工质量问题时，应由施工单位及时整改。整改完毕后，由施工单位向建设单位提交工程竣工报告，申请工程竣工验收。

183. 专业监理工程师审查施工单位提供的试验室资格资料包括：试验室的 资质等级 及 试验范围 ，法定计量部门对试验设备出具的 计量检定证明 ，试验室管理制度，试验人员资格证书。

【解析】根据《建设工程监理规范》GB/T 50319—2013 第 5.2.7 条：专业监理工程师应检查施工单位为本工程提供服务的试验室。试验室的检查应包括下列内容：1. 试验室的资质等级及试验范围。2. 法定计量部门对试验设备出具的计量检定证明。3. 试验室管理制度。4. 试验人员资格证书。

184. 工程开工前，项目监理机构应审查施工单位现场的质量管理组织机构、管理制度及<u>专职管理人员</u>和<u>特种作业人员</u>的资格。

【解析】根据《建设工程监理规范》GB/T 50319—2013 第 5.2.1 条：工程开工前，项目监理机构应审查施工单位现场的质量管理组织机构、管理制度及专职管理人员和特种作业人员的资格。

185. 施工单位应当设立安全生产管理机构，配备<u>专职安全生产管理人员</u>。

【解析】根据《建设工程安全生产管理条例》第二十三条：施工单位应当设立安全生产管理机构，配备专职安全生产管理人员。专职安全生产管理人员负责对安全生产进行现场监督检查。发现安全事故隐患，应当及时向项目负责人和安全生产管理机构报告；对违章指挥、违章操作的，应当立即制止。专职安全生产管理人员的配备办法由国务院建设行政主管部门会同国务院其他有关部门制定。

186. 建筑工程实行施工总承包的，专项方案应当由<u>施工总承包单位</u>组织编制。

【解析】根据《危险性较大的分部分项工程安全管理规定》第十条：施工单位应当在危大工程施工前组织工程技术人员编制专项施工方案。实行施工总承包的，专项施工方案应当由施工总承包单位组织编制。危大工程实行分包的，专项施工方案可以由相关专业分包单位组织编制。

187. 项目监理机构应审查施工单位提交的<u>单位工程竣工验收报审表</u>及<u>竣工资料</u>，组织工程竣工预验收。

【解析】根据《建设工程监理规范》GB/T 50319—2013 第 5.2.18 条：项目监理机构应审查施工单位提交的单位工程竣工验收报审表及竣工资料，组织工程竣工预验收。存在问题的，应要求施工单位及时整改；合格的，总监理工程师应签认单位工程竣工验收报审表。

188. 项目监理机构应根据建设工程监理合同约定，遵循<u>动态控制</u>原理，坚持<u>预防为主</u>的原则，制定和实施相应的监理措施。

【解析】根据《建设工程监理规范》GB/T 50319—2013 第 5.1.1 条：项目监理机构应根据建设工程监理合同约定，遵循动态控制原理，坚持预防为主的原则，制定和实施相应的监理措施，采用旁站、巡视和平行检验等方式对建设工程实施监理。

189. 任何单位或者个人对事故隐患或者安全生产违法行为，均<u>有权</u>向负有安全生产监督管理职责的部门报告或者举报。

【解析】根据《中华人民共和国安全生产法》第七十一条：任何单位或者个人对事故隐患或者安全生产违法行为，均有权向负有安全生产监督管理职责的部门报告或者举报。

190. 从业人员应当接受安全生产教育和培训，掌握本职工作所需的<u>安全生产知识</u>，提高安全生产技能，增强事故预防和应急处理能力。

【解析】根据《中华人民共和国安全生产法》第五十五条：从业人员应当接受安全生产教育和培训，掌握本职工作所需的安全生产知识，提高安全生产技能，增强事故预防和应急处理能力。

191. 工程监理人员认为工程施工不符合工程设计要求、施工技术标准和合同约定的，<u>有权</u>要求建筑施工企业改正。

【解析】根据《中华人民共和国建筑法》第三十二条：建筑工程监理应当依照法律、

行政法规及有关的技术标准、设计文件和建筑工程承包合同，对承包单位在施工质量、建设工期和建设资金使用等方面，代表建设单位实施监督。工程监理人员认为工程施工不符合工程设计要求、施工技术标准和合同约定的，有权要求建筑施工企业改正。工程监理人员发现工程设计不符合建筑工程质量标准或者合同约定的质量要求的，应当报告建设单位要求设计单位改正。

192. 工程监理单位应当根据建设单位的委托，<u>客观</u>、<u>公正</u>地执行监理任务。

【解析】根据《中华人民共和国建筑法》第三十四条：工程监理单位应当在其资质等级许可的监理范围内，承担工程监理业务。工程监理单位应当根据建设单位的委托，客观、公正地执行监理任务。工程监理单位与被监理工程的承包单位以及建筑材料、建筑构配件和设备供应单位不得有隶属关系或者其他利害关系。工程监理单位不得转让工程监理业务。

193. 施工单位不履行保修义务或者拖延履行保修义务的，责令改正，处<u>10万元以上20万元以下</u>的罚款，并对在保修期内因质量缺陷造成的损失承担赔偿责任。

【解析】根据《建设工程质量管理条例》第六十六条：违反本条例规定，施工单位不履行保修义务或者拖延履行保修义务的，责令改正，处10万元以上20万元以下的罚款，并对在保修期内因质量缺陷造成的损失承担赔偿责任。

194. 工程监理单位应当依法取得相应等级的资质证书，并在其<u>资质等级许可</u>的范围内承担工程监理业务。

【解析】根据《建设工程质量管理条例》第三十四条：工程监理单位应当依法取得相应等级的资质证书，并在其资质等级许可的范围内承担工程监理业务。禁止工程监理单位超越本单位资质等级许可的范围或者以其他工程监理单位的名义承担工程监理业务。禁止工程监理单位允许其他单位或者个人以本单位的名义承担工程监理业务。工程监理单位不得转让工程监理业务。

195. 施工单位应当在施工现场显著位置公告危大工程名称、施工时间和具体责任人员，并在危险区域设置<u>安全警示标志</u>。

【解析】根据《危险性较大的分部分项工程安全管理规定》第十四条：施工单位应当在施工现场显著位置公告危大工程名称、施工时间和具体责任人员，并在危险区域设置安全警示标志。

196. 施工单位应当建立健全<u>安全生产责任</u>制度和安全生产教育培训制度，制订安全生产规章制度和操作规程。

【解析】根据《建筑工程安全生产管理条例》第二十一条：施工单位主要负责人依法对本单位的安全生产工作全面负责。施工单位应当建立健全安全生产责任制度和安全生产教育培训制度，制定安全生产规章制度和操作规程，保证本单位安全生产条件所需资金的投入，对所承担的建设工程进行定期和专项安全检查，并做好安全检查记录。

197. 监理单位应当结合危大工程专项施工方案编制监理实施细则，并对危大工程施工实施<u>专项巡视检查</u>。

【解析】根据《危险性较大的分部分项工程安全管理规定》第十八条：监理单位应当结合危大工程专项施工方案编制监理实施细则，并对危大工程施工实施专项巡视检查。

198. 工程监理单位应当审查施工组织设计中的<u>安全技术措施</u>或者<u>专项施工方案</u>

是否符合工程建设强制性标准。

【解析】根据《建设工程安全生产管理条例》第十四条：工程监理单位应当审查施工组织设计中的安全技术措施或者专项施工方案是否符合工程建设强制性标准。工程监理单位在实施监理过程中，发现存在安全事故隐患的，应当要求施工单位整改；情况严重的，应当要求施工单位暂时停止施工，并及时报告建设单位。施工单位拒不整改或者不停止施工的，工程监理单位应当及时向有关主管部门报告。工程监理单位和监理工程师应当按照法律、法规和工程建设强制性标准实施监理，并对建设工程安全生产承担监理责任。

199. 在施工现场安装、拆卸施工起重机械和整体提升脚手架、模板等自升式架设设施，必须由<u>具有相应资质</u>的单位承担。

【解析】根据《建设工程安全生产管理条例》第十七条：在施工现场安装、拆卸施工起重机械和整体提升脚手架、模板等自升式架设设施，必须由具有相应资质的单位承担。安装、拆卸施工起重机械和整体提升脚手架、模板等自升式架设设施，应当编制拆装方案、制定安全施工措施，并由专业技术人员现场监督。施工起重机械和整体提升脚手架、模板等自升式架设设施安装完毕后，安装单位应当自检，出具自检合格证明，并向施工单位进行安全使用说明，办理验收手续并签字。

200. 劳动者对用人单位管理人员违章指挥，强令冒险作业有权<u>拒绝</u>执行。

【解析】根据《中华人民共和国安全生产法》第五十一条：从业人员有权对本单位安全生产工作中存在的问题提出批评、检举、控告；有权拒绝违章指挥和强令冒险作业。

《中华人民共和国劳动法》第五十六条：劳动者在劳动过程中必须严格遵守安全操作规程。劳动者对用人单位管理人员违章指挥、强令冒险作业，有权拒绝执行；对危害生命安全和身体健康的行为，有权提出批评、检举和控告。

201. 项目安全检查应由项目负责人组织<u>专职安全员</u>及相关专业人员参加。

【解析】根据《建筑施工安全检查标准》JGJ 59—2011 第 3.1.3 条第（4）项：安全检查应由项目负责人组织，专职安全员及相关专业人员参加，定期进行并填写检查记录；

202. 提倡对建筑工程实行总承包，禁止将建筑工程<u>肢解发包</u>。

【解析】根据《中华人民共和国建筑法》第二十四条：提倡对建筑工程实行总承包，禁止将建筑工程肢解发包。建筑工程的发包单位可以将建筑工程的勘察、设计、施工、设备采购一并发包给一个工程总承包单位，也可以将建筑工程勘察、设计、施工、设备采购的一项或者多项发包给一个工程总承包单位；但是，不得将应当由一个承包单位完成的建筑工程肢解成若干部分发包给几个承包单位。

203. 大型建筑工程或者结构复杂的建筑工程，可以由<u>两个</u>以上的承包单位联合共同承包，共同承包的各方对承包合同的履行承担连带责任。

【解析】根据《中华人民共和国建筑法》第二十七条：大型建筑工程或者结构复杂的建筑工程，可以由两个以上的承包单位联合共同承包。共同承包的各方对承包合同的履行承担连带责任。两个以上不同资质等级的单位实行联合共同承包的，应当按照资质等级低的单位的业务许可范围承揽工程。

204. 两个以上不同资质等级的单位实行联合共同承包的，应当按照<u>资质等级低</u>的单位的业务许可范围承揽工程。

【解析】根据《中华人民共和国建筑法》第二十七条：大型建筑工程或者结构复杂的

建筑工程，可以由两个以上的承包单位联合共同承包。共同承包的各方对承包合同的履行承担连带责任。两个以上不同资质等级的单位实行联合共同承包的，应当按照资质等级低的单位的业务许可范围承揽工程。

205. 建筑施工作业人员对危及生命安全和人身健康的行为有权提出 批评 、 检举 和 控告 。

【解析】 根据《中华人民共和国建筑法》第四十七条：建筑施工企业和作业人员在施工过程中，应当遵守有关安全生产的法律、法规和建筑行业安全规章、规程，不得违章指挥或者违章作业。作业人员有权对影响人身健康的作业程序和作业条件提出改进意见，有权获得安全生产所需的防护用品。作业人员对危及生命安全和人身健康的行为有权提出批评、检举和控告。

206. 因故中止施工的建筑工程恢复施工时，应当向发证机关报告，中止施工满1年的工程恢复施工前，建设单位应当报发证机关 核验施工许可证 。

【解析】 根据《中华人民共和国建筑法》第十条：在建的建筑工程因故中止施工的，建设单位应当自中止施工之日起一个月内，向发证机关报告，并按照规定做好建筑工程的维护管理工作。建筑工程恢复施工时，应当向发证机关报告；中止施工满一年的工程恢复施工前，建设单位应当报发证机关核验施工许可证。

207. 使用承租的机械设备和施工机具及配件的，由施工总承包单位、分包单位、 出租单位 和 安装单位 共同进行验收。验收合格的方可使用。

【解析】 根据《建设工程安全生产管理条例》第三十五：施工单位在使用施工起重机械和整体提升脚手架、模板等自升式架设设施前，应当组织有关单位进行验收，也可以委托具有相应资质的检验检测机构进行验收；使用承租的机械设备和施工机具及配件的，由施工总承包单位、分包单位、出租单位和安装单位共同进行验收。验收合格的方可使用。

208. 依据《建筑法》规定，交付竣工验收的建筑工程，必须符合规定的建筑工程质量标准，有完整的 工程技术经济资料 和经签署的 工程保修书 ，并具备国家规定的其他竣工条件。

【解析】 根据《中华人民共和国建筑法》第六十一条：交付竣工验收的建筑工程，必须符合规定的建筑工程质量标准，有完整的工程技术经济资料和经签署的工程保修书，并具备国家规定的其他竣工条件。建筑工程竣工经验收合格后，方可交付使用；未经验收或者验收不合格的，不得交付使用。

209. 项目监理机构应根据工程特点、专业要求，以及建设工程监理合同约定，对工程材料、施工质量进行 平行检验 。

【解析】 根据《建设工程监理规范》GB/T 50319—2013 第5.2.13条：项目监理机构应根据工程特点、专业要求，以及建设工程监理合同约定，对施工质量进行平行检验。

210. 将不合格的建设工程、建筑材料、建筑构配件和设备按照合格签字的工程监理单位，应责令改正，并处 50万～100 万元的罚款。降低资质等级或者吊销资质证书，有违法所得予以没收，造成损失的承担连带赔偿责任。

【解析】 根据《建设工程质量管理条例》第六十七条：工程监理单位有下列行为之一的，责令改正，处50万元以上100万元以下的罚款，降低资质等级或者吊销资质证书；有违法所得的，予以没收；造成损失的，承担连带赔偿责任：1. 与建设单位或者施工单位串通，弄虚作假、降低工程质量的；2. 将不合格的建设工程、建筑材料、建筑构配件和设备按照合格签字的。

211. 项目监理机构应根据法律法规、工程建设强制性标准，履行建设工程安全生产管理的监理职责；并应将安全生产管理的监理工作<u>内容</u>、<u>方法</u>和<u>措施</u>纳入监理规划及监理实施细则。

【解析】根据《建设工程监理规范》GB/T 50319—2013 第 5.5.1 条：项目监理机构应根据法律法规、工程建设强制性标准，履行建设工程安全生产管理的监理职责，并应将安全生产管理的监理工作内容、方法和措施纳入监理规划及监理实施细则。

212. 项目监理机构应审查施工单位报审的专项施工方案，符合要求的，应由总监理工程师签认后报建设单位。超过一定规模的危险性较大的分部分项工程的专项施工方案，应检查施工单位组织专家进行论证、审查的情况，以及是否附具<u>安全验算结果</u>。

【解析】根据《建设工程监理规范》GB/T 50319—2013 第 5.5.3 条：项目监理机构应审查施工单位报审的专项施工方案，符合要求的，应由总监理工程师签认后报建设单位。超过一定规模的危险性较大的分部分项工程的专项施工方案，应检查施工单位组织专家进行论证、审查的情况，以及是否附具安全验算结果。项目监理机构应要求施工单位按已批准的专项施工方案组织施工。专项施工方案需要调整时，施工单位应按程序重新提交项目监理机构审查。

213. 建设单位不得对勘察、设计、施工、工程监理等单位提出不符合建设工程安全生产法律、法规和<u>强制性标准</u>规定的要求，不得压缩合同约定的工期。

【解析】根据《建设工程安全生产管理条例》第七条：建设单位不得对勘察、设计、施工、工程监理等单位提出不符合建设工程安全生产法律、法规和强制性标准规定的要求，不得压缩合同约定的工期。

214. <u>旁站</u>是项目监理机构对工程的关键部位或关键工序的施工质量进行的监督活动。

【解析】根据《建设工程监理规范》GB/T 50319—2013 第 2.0.13 条：旁站是项目监理机构对工程的关键部位或关键工序的施工质量进行的监督活动。

215. 项目监理机构在施工单位自检的同时，按有关规定、建设工程监理合同约定对同一检验项目进行的检测试验活动叫<u>平行检验</u>。

【解析】根据《建设工程监理规范》GB/T 50319—2013 第 2.0.15 条：平行检验是项目监理机构在施工单位自检的同时，按有关规定、建设工程监理合同约定对同一检验项目进行的检测试验活动。

216. 一名总监理工程师可担任一项建设工程监理合同的总监理工程师。当需要同时担任多项建设工程监理合同的总监理工程师时，应经建设单位书面同意，且最多不得超过<u>三</u>项。

【解析】根据《建设工程监理规范》GB/T 50319—2013 第 3.1.5 条：一名注册监理工程师可担任一项建设工程监理合同的总监理工程师。当需要同时担任多项建筑工程监理合同的总监理工程师时，应经建设单位书面同意，且最多不得超过三项。

217. 工程监理单位在建设工程监理合同签订后，应及时将项目监理机构的<u>组织形式</u>、<u>人员构成</u>、对总监理工程师的任命书面通知建设单位。

【解析】根据《建设工程监理规范》GB/T 50319—2013 第 3.1.3 条：工程监理单位在

建设工程监理合同签订后，应及时将项目监理机构的组织形式、人员构成及对总监理工程师的任命书面通知建设单位。

218. 工程开工前，建设单位应将工程监理单位的名称，监理的范围、<u>内容</u>、<u>权限</u>及总监理工程师姓名书面通知施工单位。

【解析】根据《建设工程监理规范》GB/T 50319—2013 第 1.0.4 条：工程开工前，建设单位应将工程监理单位的名称，监理的范围、内容和权限及总监理工程师的姓名书面通知施工单位。

219. 根据《危险性较大的分部分项工程安全管理规定》规定，专项方案实施前，<u>编制人员</u>或<u>项目技术负责人</u>应当向现场管理人员进行方案交底。

【解析】根据《危险性较大的分部分项工程安全管理规定》第十五条：专项施工方案实施前，编制人员或者项目技术负责人应当向施工现场管理人员进行方案交底。施工现场管理人员应当向作业人员进行安全技术交底，并由双方和项目专职安全生产管理人员共同签字确认。

220. <u>主控项目</u>是对检验批的基本质量起决定性影响的检验项目，须从严要求。

【解析】根据《建筑工程施工质量验收统一标准》GB 50300—2013 第 5.0.1 条：检验批的合格与否主要取决于对主控项目和一般项目的检验结果。主控项目是对检验批的基本质量起决定性影响的检验项目，须从严要求，因此要求主控项目必须全部符合有关专业验收规范的规定，这意味着主控项目不允许有不符合要求的检验结果。对于一般项目，虽然允许存在一定数量的不合格点，但某些不合格点的指标与合格要求偏差较大或存 在严重缺陷时，仍将影响使用功能或观感质量，对这些位置应进行维修处理。

221. 危险性较大的分部分项工程是指房屋建筑和市政基础设施工程在施工过程中，容易导致人员<u>群死群伤</u>或者造成<u>重大经济损失</u>的分部分项工程。

【解析】根据《危险性较大的分部分项工程安全管理规定》第三条：本规定所称危险性较大的分部分项工程是指房屋建筑和市政基础设施工程在施工过程中，容易导致人员群死群伤或者造成重大经济损失的分部分项工程。

222. 依据《危险性较大的分部分项工程安全管理规定》规定，施工工艺技术包括：技术参数、<u>工艺流程</u>、<u>施工方法</u>、操作要求、检查要求等。

【解析】根据住房城乡建设部办公厅关于实施《危险性较大的分部分项工程安全管理规定》有关问题的通知第二条：施工工艺技术包括技术参数、工艺流程、施工方法、操作要求、检查要求等；

223. 依据《危险性较大的分部分项工程安全管理规定》规定，施工安全保证措施包括：组织保障措施、技术措施、<u>监测监控措施</u>等。

【解析】根据住房城乡建设部办公厅关于实施《危险性较大的分部分项工程安全管理规定》有关问题的通知第二条：施工安全保证措施：组织保障措施、技术措施、监测监控措施等；

224. 室外工程可根据<u>专业类别</u>和<u>工程规模</u>划分子单位工程、分部工程。

【解析】根据《建筑工程施工质量验收统一标准》GB 50300—2013 第 4.0.8 条：室外工程可根据专业类别和工程规模划分子单位工程、分部工程、分项工程。

225. 参与工程施工质量验收的各方人员应当具备相应<u>资格</u>。

【解析】根据《建筑工程施工质量验收统一标准》GB 50300—2013 第 3.0.6 条：参加工程施工质量验收的各方人员应具备相应的资格。

226. 项目监理机构在批准工程临时延期、工程最终延期前，均应与<u>建设单位</u>和<u>施工单位</u>协商。

【解析】根据《建设工程监理规范》GB/T 50319—2013 第 6.5.3 条：项目监理机构在批准工程临时延期、工程最终延期前，均应与建设单位和施工单位协商。

227. 项目监理机构及时收集整理有关工程费用的<u>原始资料</u>，为处理费用索赔提供依据。

【解析】根据《建设工程监理规范》GB/T 50319—2013 第 6.4.1 条：项目监理机构应及时收集、整理有关工程费用的原始资料，为处理费用索赔提供证据。

228. 监理员是从事具体监理工作的人员，不同于项目监理机构中其他行政辅助人员。监理员应具有<u>中专</u>及以上学历，并经过监理业务培训。

【解析】根据《建设工程监理规范》GB/T 50319—2013 第 2.0.9 条：监理员是从事具体监理工作，具有中专及以上学历并经过监理业务培训的人员。

229. 按照建筑工程防坍塌事故若干规定，深基坑（槽）是指超过<u>5</u>米的基坑（槽）。

【解析】根据《建筑工程预防坍塌事故若干规定》（建质〔2003〕82 号）第七条：本规定所称深基坑（槽）是指开挖深度超过 5m 的基坑（槽）或深度未超过 5m 但地质情况和周围环境较复杂的基坑（槽）。

230. 项目监理机构应依据<u>建设工程监理合同</u>约定进行施工合同管理，处理工程暂停及复工、工程变更、索赔及施工合同争议、解除等事宜。

【解析】根据《建设工程监理规范》GB/T 50319—2013 第 6.1.1 条：项目监理机构应依据建设工程监理合同约定进行施工合同管理，处理工程暂停及复工、工程变更、索赔及施工合同争议、解除等事宜。

231. 旧扣件在使用前应进行质量检查，有裂缝、变形的严禁使用，出现<u>滑丝</u>的螺栓必须更换。

【解析】根据《建筑施工扣件式钢管脚手架安全技术规范》JGJ 130—2011 第 8.1.4 条：扣件进入施工现场 应检查产品合格证应检查产品合格证，并应进行抽样抽样抽样复试，技术性能应符合现行国家标准符合现行国家标准《钢管脚手架扣件 》GB 15831—2006 的规定。扣件在使用前应逐个挑选，有裂缝 、变形、螺栓出现滑丝的严禁使用。

232. <u>建设单位</u>在领取施工许可证或者开工报告前，应当按照国家有关规定办理工程质量监督手续。

【解析】根据《建设工程质量管理条例》第十三条：建设单位在领取施工许可证或者开工报告前，应当按照国家有关规定办理工程质量监督手续。

233. 在正常使用条件下，建设工程的最低保修期限为：基础设施工程、房屋建筑的地基基础工程和主体结构工程，为<u>设计文件</u>规定的该工程的合理使用年限。

【解析】根据《建设工程质量管理条例》第四十条：在正常使用条件下，建设工程的最低保修期限为：基础设施工程、房屋建筑的地基基础工程和主体结构工程，为设计文件规定的该工程的合理使用年限。

234. 生产经营单位应当对从业人员进行安全生产教育、培训，保障从业人员具备必要的安全生产知识，熟悉有关的安全生产 规章制度 和 安全操作规程 ，掌握本岗位的安全操作技能。

【解析】根据《中华人民共和国安全生产法》第二十五条：生产经营单位应当对从业人员进行安全生产教育和培训，保证从业人员具备必要的安全生产知识，熟悉有关的安全生产规章制度和安全操作规程，掌握本岗位的安全操作技能，了解事故应急处理措施，知悉自身在安全生产方面的权利和义务。未经安全生产教育和培训合格的从业人员，不得上岗作业。

235. 施工单位对因建设工程施工可能造成损害的毗邻建筑物、构筑物和地下管线等，应当采取 专项防护措施 。

【解析】根据《建设工程安全生产管理条例》第三十条：施工单位对因建设工程施工可能造成损害的毗邻建筑物、构筑物和地下管线等，应当采取专项防护措施。施工单位应当遵守有关环境保护法律、法规的规定，在施工现场采取措施，防止或者减少粉尘、废气、废水、固体废物、噪声、振动和施工照明对人和环境的危害和污染。在城市市区内的建设工程，施工单位应当对施工现场实行封闭围挡。

236. 生产经营单位应当向从业人员如实告知作业场所和工作岗位存在的 危险因素 、 防范措施 以及事故应急措施。

【解析】根据《中华人民共和国安全生产法》第四十一条：生产经营单位应当教育和督促从业人员严格执行本单位的安全生产规章制度和安全操作规程；并向从业人员如实告知作业场所和工作岗位存在的危险因素、防范措施以及事故应急措施。

237. 加强涉及安全生产相关法规一致性审查，增强安全生产法制建设的 系统性 、 可操作性 。

【解析】根据《中共中央　国务院关于推进安全生产领域改革发展的意见》第十三条：健全法律法规体系。建立健全安全生产法律法规立改废释工作协调机制。加强涉及安全生产相关法规一致性审查，增强安全生产法制建设的系统性、可操作性。制定安全生产中长期立法规划，加快制定修订安全生产法配套法规。加强安全生产和职业健康法律法规衔接融合。研究修改刑法有关条款，将生产经营过程中极易导致重大生产安全事故的违法行为列入刑法调整范围。制定完善高危行业领域安全规程。设区的市根据立法法的立法精神，加强安全生产地方性法规建设，解决区域性安全生产突出问题。

238. 加快安全生产标准制定修订和整合，建立以 强制性国家标准 为主体的安全生产标准体系。鼓励依法成立的社会团体和企业制定更加严格规范的安全生产标准，结合国情积极借鉴实施国际先进标准。

【解析】根据《中共中央　国务院关于推进安全生产领域改革发展的意见》第十四条：加快安全生产标准制定修订和整合，建立以强制性国家标准为主体的安全生产标准体系。鼓励依法成立的社会团体和企业制定更加严格规范的安全生产标准，结合国情积极借鉴实施国际先进标准。国务院安全生产监督管理部门负责生产经营单位职业危害预防治理国家标准制定发布工作；统筹提出安全生产强制性国家标准立项计划，有关部门按照职责分工组织起草、审查、实施和监督执行，国务院标准化行政主管部门负责及时立项、编号、对外通报、批准并发布。

239. 专项施工方案应当由 施工单位技术负责人 审核签字、加盖单位公章，并由总监理工程师审查签字、加盖执业印章后方可实施。

【解析】根据《危险性较大的分部分项工程安全管理规定》第十一条：专项施工方案应当由施工单位技术负责人审核签字、加盖单位公章，并由总监理工程师审查签字、加盖执业印章后方可实施。危大工程实行分包并由分包单位编制专项施工方案的，专项施工方案应当由总承包单位技术负责人及分包单位技术负责人共同审核签字并加盖单位公章。

240. 生产经营单的安全生产从业人员不服从管理，违反安全生产<u>规章制度</u>或者<u>操作规程</u>的，由生产经营单位给予批评教育，依照有关规章制度给予处分；构成犯罪的，依照刑法有关规定追究刑事责任。

【解析】根据《中华人民共和国安全生产法》第一百零四条：生产经营单位的从业人员不服从管理，违反安全生产规章制度或者操作规程的，由生产经营单位给予批评教育，依照有关规章制度给予处分；构成犯罪的，依照刑法有关规定追究刑事责任。

241. 监理实施细则应在相应工程施工开始前由<u>专业监理工程师</u>编制，并报总监理工程师审批。

【解析】根据《建设工程监理规范》GB/T 50319—2013 第 4.3.2 条：监理实施细则应在相应工程施工开始前由专业监理工程师编制，并应报总监理工程师审批。

242. <u>专业监理工程师</u>审查施工单位提交的竣工结算款支付申请，提出审查意见。

【解析】根据《建设工程监理规范》GB/T 50319—2013 第 5.3.4 条：专业监理工程师审查施工单位提交的竣工结算款支付申请，提出审查意见。

243. 项目监理机构应比较分析工程施工实际进度与计划进度，预测实际进度对工程总工期的影响，并应在<u>监理月报</u>中向建设单位报告工程实际进展情况。

【解析】根据《建设工程监理规范》GB/T 50319—2013 第 5.4.4 条：项目监理机构应比较分析工程施工实际进度与计划进度，预测实际进度对工程总工期的影响，并应在监理月报中向建设单位报告工程实际进展情况。

244. 项目监理机构应巡视检查危险性较大的分部分项工程专项施工方案实施情况。发现未按专项施工方案实施的，应签发<u>监理通知单</u>，要求施工单位按照专项施工方案实施。

【解析】根据《建设工程监理规范》GB/T 50319—2013 第 5.5.5 条：项目监理机构应巡视检查危险性较大的分部分项工程专项施工方案实施情况。发现未按专项施工方案实施时，应签发监理通知单，要求施工单位按专项施工方案实施。

245. 特种作业人员必须按照国家有关规定经过专门的安全作业培训，并取得<u>特种作业操作资格证书</u>后，方可上岗作业。

【解析】根据《建设工程安全生产管理条例》第二十五条：垂直运输机械作业人员、安装拆卸工、爆破作业人员、起重信号工、登高架设作业人员等特种作业人员，必须按照国家有关规定经过专门的安全作业培训，并取得特种作业操作资格证书后，方可上岗作业。

246. 依据《建设工程安全生产管理条例》规定，建设单位在申领<u>施工许可证</u>时，应当提供建设工程有关安全施工措施的资料。

【解析】根据《建设工程安全生产管理条例》第十条：建设单位在申请领取施工许可证时，应当提供建设工程有关安全施工措施的资料。依法批准开工报告的建设工程，建设单位应当自开工报告批准之日起 15 日内，将保证安全施工的措施报送建设工程所在地的县级以上地方人民政府建设行政主管部门或者其他有关部门备案。

247. 出租的机械设备和施工机具及配件，应当具有 生产（制造）许可证 、 产品合格证 。

【解析】根据《建设工程安全生产管理条例》第十六条：出租的机械设备和施工机具及配件，应当具有生产（制造）许可证、产品合格证。出租单位应当对出租的机械设备和施工机具及配件的安全性能进行检测，在签订租赁协议时，应当出具检测合格证明。禁止出租检测不合格的机械设备和施工机具及配件。

第三部分　判　断　题

1. 依据《生产安全事故报告和调查处理条例》规定，死亡 3～9 人的生产安全事故，应属于较大安全事故。（　　）

【答案】 正确

【解析】 根据《生产安全事故报告和调查处理条例》第三条：较大事故，是指造成 3 人以上 10 人以下死亡，或者 10 人以上 50 人以下重伤，或者 1000 万元以上 5000 万元以下直接经济损失的事故。

2. 按照合同约定，建筑材料、建筑构配件和设备由工程承包单位采购的，发包单位不得指定承包单位购入用于工程的建筑材料、建筑构配件和设备或者指定生产厂、供应商。（　　）

【答案】 正确

【解析】 根据《中华人民共和国建筑法》第二十五条：按照合同约定，建筑材料、建筑构配件和设备由工程承包单位采购的，发包单位不得指定承包单位购入用于工程的建筑材料、建筑构配件和设备或者指定生产厂、供应商。

3. 承包建筑工程的单位应当持有依法取得的资质证书，并在其资质等级许可的业务范围内承揽工程。（　　）

【答案】 正确

【解析】 根据《中华人民共和国建筑法》第二十六条：承包建筑工程的单位应当持有依法取得的资质证书，并在其资质等级许可的业务范围内承揽工程。禁止建筑施工企业超越本企业资质等级许可的业务范围或者以任何形式用其他建筑施工企业的名义承揽工程。禁止建筑施工企业以任何形式允许其他单位或者个人使用本企业的资质证书、营业执照，以本企业的名义承揽工程。

4. 依据《建筑法》规定，禁止承包单位将其承包的全部建筑工程转包给他人，禁止承包单位将其承包的全部建筑工程肢解以后以分包的名义分别转包给他人。（　　）

【答案】 正确

【解析】 根据《中华人民共和国建筑法》第二十八条：禁止承包单位将其承包的全部建筑工程转包给他人，禁止承包单位将其承包的全部建筑工程肢解以后以分包的名义分别转包给他人。

5. 悬挑式操作平台不得与附着式升降脚手架各部位及其部件连接，其荷载应直接传递给建筑工程结构。（　　）

【答案】 正确

【解析】 根据《建设施工高处作业安全技术规范》JGJ 80—2016 第 6.4.1 条：悬挑式操作平台的设置应符合下列规定：1. 悬挑式操作平台的搁置点、拉结点、支撑点应设置在主体结构上，且应可靠连接；2. 未经专项设计的临时设施上，不得设置悬挑式操作平台；3. 悬挑式操作平台的结构应稳定可靠，且其承载力应符合使用要求。

6. 建筑工程总承包单位可以将承包工程中的部分工程发包给具有相应资质条件的分包单位。（　　）

【答案】正确

【解析】根据《中华人民共和国建筑法》第二十九条：建筑工程总承包单位可以将承包工程中的部分工程发包给具有相应资质条件的分包单位；但是，除总承包合同中约定的分包外，必须经建设单位认可。施工总承包的，建筑工程主体结构的施工必须由总承包单位自行完成。

7. 工程监理人员发现工程设计不符合建筑工程质量标准或者合同约定的质量要求的，应当要求设计单位改正。（　　）

【答案】错误

【解析】根据《中华人民共和国建筑法》第三十二条：工程监理人员发现工程设计不符合建筑工程质量标准或者合同约定的质量要求的，应当报告建设单位要求设计单位改正。

8. 施工现场安全由施工单位负责。实行施工总承包的，由总承包单位负责。（　　）

【答案】正确

【解析】根据《建设工程安全生产管理条例》第二十四条：建设工程实行施工总承包的，由总承包单位对施工现场的安全生产负总责。总承包单位应当自行完成建设工程主体结构的施工。总承包单位依法将建设工程分包给其他单位的，分包合同中应当明确各自的安全生产方面的权利、义务。总承包单位和分包单位对分包工程的安全生产承担连带责任。分包单位应当服从总承包单位的安全生产管理，分包单位不服从管理导致生产安全事故的，由分包单位承担主要责任。

9. 涉及建筑主体和承重结构变动的装修工程，施工单位应当在施工前委托原设计单位或者具有相应资质条件的设计单位提出设计方案；没有设计方案的，不得施工。（　　）

【答案】正确

【解析】根据《中华人民共和国建筑法》第四十九条：涉及建筑主体和承重结构变动的装修工程，建设单位应当在施工前委托原设计单位或者具有相应资质条件的设计单位提出设计方案；没有设计方案的，不得施工。

10. 从事建设工程活动，必须严格执行基本建设程序，坚持先设计、后勘察、再施工的原则。（　　）

【答案】错误

【解析】根据《建设工程质量管理条例》第五条：从事建设工程活动，必须严格执行基本建设程序，坚持先勘察、后设计、再施工的原则。县级以上人民政府及其有关部门不得超越权限审批建设项目或者擅自简化基本建设程序。

11. 施工单位应当将施工图设计文件报县级以上人民政府建设行政主管部门或者其他有关部门审查。施工图设计文件未经审查批准的，不得使用。（　　）

【答案】错误

【解析】根据《建设工程质量管理条例》第十一条：建设单位应当将施工图设计文件报县级以上人民政府建设行政主管部门或者其他有关部门审查。施工图设计文件审查的具体办法，由国务院建设行政主管部门会同国务院其他有关部门制定施工图设计文件未经审查批准的，不得使用。

12. 施工单位应当在施工现场建立消防安全责任制度，确定消防安全责任人，制定用火、用电、使用易燃易爆材料等各项消防安全管理制度和操作规程，设置消防通道、消防水源，配备消防设施和灭火器材，并在施工现场入口处设置明显标志。（　　）

【答案】正确

【解析】根据《建设工程安全生产管理条例》第三十一条：施工单位应当在施工现场建立消防安全责任制度，确定消防安全责任人，制定用火、用电、使用易燃易爆材料等各项消防安全管理制度和操作规程，设置消防通道、消防水源，配备消防设施和灭火器材，并在施工现场入口处设置明显标志。

13. 架体高度 24m 及以上的悬挑式脚手架工程施工方案需要组织专家论证。（　　）

【答案】正确

【解析】根据住房城乡建设部办公厅关于实施《危险性较大的分部分项工程安全管理规定》有关问题的通知，超过一定规模的危险性较大的分部分项工程范围（附件二）第四条：需要组织专家论证的脚手架工程包括：1. 搭设高度 50m 及以上落地式钢管脚手架工程。2. 提升高度 150m 及以上附着式整体和分片提升脚手架工程。3. 架体高度 20m 及以上悬挑式脚手架工程。

14. 项目负责人是安全生产的第一负责人。（　　）

【答案】错误

【解析】根据《建筑施工企业主要负责人、项目负责人和专职安全生产管理人员安全生产管理规定》第十七条：项目负责人对本项目安全生产管理全面负责，应当建立项目安全生产管理体系，明确项目管理人员安全职责，落实安全生产管理制度，确保项目安全生产费用有效使用。

15. 依据《建设工程监理规范》规定，总监理工程师代表必须由监理单位法定代表人书面任命。（　　）

【答案】错误

【解析】根据《建设工程监理规范》GB/T 50319—2013 第 2.0.7 条：总监理工程师代表是经工程监理单位法定代表人同意，由总监理工程师书面授权，代表总监理工程师行使其部分职责和权力，具有工程类注册执业资格或具有中级及以上专业技术职称、3 年及以上工程实践经验并经监理业务培训的人员。

16. 依据《建设工程安全生产管理条例》规定，建设单位在编制工程预算时，应当确定建设工程安全作业环境及安全施工措施所需费用。（　　）

【答案】正确

【解析】根据《建设工程安全生产管理条例》第八条：建设单位在编制工程概算时，应当确定建设工程安全作业环境及安全施工措施所需费用。

17. 两个以上不同资质等级的施工单位实行联合共同承包的，应当按照资质等级低的单位的业务许可范围承揽工程。（　　）

【答案】正确

【解析】根据《中华人民共和国建筑法》第二十七条：大型建筑工程或者结构复杂的建筑工程，可以由两个以上的承包单位联合共同承包。共同承包的各方对承包合同的履行承担连带责任。两个以上不同资质等级的单位实行联合共同承包的，应当按照资质等级低的单位的业务许可范围承揽工程。

18. 依据《安全生产法》规定，生产、经营、储存、使用危险物品的车间、商店、仓库可与员工宿舍在同一座建筑物内，且与员工宿舍保持安全距离即可。（　　）

【答案】 错误

【解析】 根据《中华人民共和国安全生产法》第三十九条：生产、经营、储存、使用危险物品的车间、商店、仓库不得与员工宿舍在同一座建筑物内，并应当与员工宿舍保持安全距离。生产经营场所和员工宿舍应当设有符合紧急疏散要求、标志明显、保持畅通的出口。禁止锁闭、封堵生产经营场所或者员工宿舍的出口。

19. 依据《安全生产法》规定，生产经营单位发生生产安全事故后，事故现场安全员应当立即报告本单位负责人。（　　）

【答案】 正确

【解析】 根据《中华人民共和国安全生产法》第八十条：生产经营单位发生生产安全事故后，事故现场有关人员应当立即报告本单位负责人。单位负责人接到事故报告后，应当迅速采取有效措施，组织抢救，防止事故扩大，减少人员伤亡和财产损失，并按照国家有关规定立即如实报告当地负有安全生产监督管理职责的部门，不得隐瞒不报、谎报或者不报，不得故意破坏事故现场、毁灭有关证据。

20. 依据《建筑法》规定，建筑工程总承包单位按照总承包合同的约定对建设单位负责；分包单位按照分包合同的约定对总承包单位负责。总承包单位和分包单位就分包工程对建设单位承担连带责任。（　　）

【答案】 正确

【解析】 根据《中华人民共和国建筑法》第二十九条：建筑工程总承包单位按照总承包合同的约定对建设单位负责；分包单位按照分包合同的约定对总承包单位负责。总承包单位和分包单位就分包工程对建设单位承担连带责任。

21. 依据《建筑法》规定，房屋拆除应当由具备保证安全条件的建筑施工单位承担，由建筑施工单位负责人对安全负责。（　　）

【答案】 正确

【解析】 根据《中华人民共和国建筑法》第五十条：房屋拆除应当由具备保证安全条件的建筑施工单位承担，由建筑施工单位负责人对安全负责。

22. 依据《建筑法》规定，建筑设计单位对设计文件选用的建筑材料、建筑构配件和设备，可以指定生产厂、供应商。（　　）

【答案】 错误

【解析】 根据《中华人民共和国建筑法》第五十七条：建筑设计单位对设计文件选用的建筑材料、建筑构配件和设备，不得指定生产厂、供应商。

23. 依据《建设工程质量管理条例》规定，建设工程在保修范围和保修期限内发生质量问题的，施工单位与监理单位应当履行保修义务，并对造成的损失承担赔偿责任。（　　）

【答案】 错误

【解析】 根据《建设工程质量管理条例》第四十一条：建设工程在保修范围和保修期限内发生质量问题的，施工单位应当履行保修义务，并对造成的损失承担赔偿责任。

24. 建设工程质量监督管理，可以由建设行政主管部门或者其他有关部门委托的建设工程质量监督机构具体实施。（　　）

【答案】正确

【解析】根据《建设工程质量管理条例》第四十六条：建设工程质量监督管理，可以由建设行政主管部门或者其他有关部门委托的建设工程质量监督机构具体实施。从事房屋建筑工程和市政基础设施工程质量监督的机构，必须按照国家有关规定经国务院建设行政主管部门或者省、自治区、直辖市人民政府建设行政主管部门考核；从事专业建设工程质量监督的机构，必须按照国家有关规定经国务院有关部门或者省、自治区、直辖市人民政府有关部门考核。经考核合格后，方可实施质量监督。

25. 建设工程竣工验收后，建设单位未向建设行政主管部门或者其他有关部门移交建设项目档案的，责令改正，处1万元以上15万元以下的罚款。（　　）

【答案】错误

【解析】根据《建设工程质量管理条例》第五十九条：违反本条例规定，建设工程竣工验收后，建设单位未向建设行政主管部门或者其他有关部门移交建设项目档案的，责令改正，处1万元以上10万元以下的罚款。

26. 建设单位、设计单位、施工单位、工程监理单位违反国家规定，降低工程质量标准，造成重大安全事故，构成犯罪的，对直接责任人员依法追究刑事责任。（　　）

【答案】正确

【解析】根据《建设工程质量管理条例》第七十四条：建设单位、设计单位、施工单位、工程监理单位违反国家规定，降低工程质量标准，造成重大安全事故，构成犯罪的，对直接责任人员依法追究刑事责任。

27. 建设工程施工前，施工单位负责项目管理的技术人员和监理员应当对有关安全施工的技术要求向施工作业班组、作业人员作出详细说明，并由双方签字确认。（　　）

【答案】错误

【解析】根据《建设工程安全生产管理条例》第二十七条：建设工程施工前，施工单位负责项目管理的技术人员应当对有关安全施工的技术要求向施工作业班组、作业人员作出详细说明，并由双方签字确认。

28. 作业人员应当遵守安全施工的强制性标准、规章制度和操作规程，尽量使用安全防护用具、机械设备等。（　　）

【答案】错误

【解析】根据《建设工程安全生产管理条例》第三十三条：作业人员应当遵守安全施工的强制性标准、规章制度和操作规程，正确使用安全防护用具、机械设备等。

29. 监理实施细则应符合监理规划的要求，应结合工程特点，具有可操作性。（　　）

【答案】正确

【解析】根据《建设工程监理规范》GB/T 50319—2013第4.1.2条：监理实施细则应符合监理规划的要求，并应具有可操作性。

30. 专业监理工程师应要求施工单位不定期提交影响工程质量的计量设备的检查和检定报告。（　　）

【答案】错误

【解析】根据《建设工程监理规范》GB/T 50319—2013 第 5.2.10 条：专业监理工程师应审查施工单位定期提交影响工程质量的计量设备的检查和检定报告。

31. 配电箱、开关箱的电源进线可以用插头和插座进行连接。（ ）

【答案】错误

【解析】根据《施工现场临时用电安全技术规范》JGJ 46—2005 第 8.2.15 条：配电箱、开关箱的电源进线端严禁采用插头和插座作活动连接。

32. 我国安全生产方针是“安全第一，预防为主，综合治理”。（ ）

【答案】正确

【解析】根据《中华人民共和国安全生产法》第三条：安全生产工作应当以人为本，坚持安全发展，坚持安全第一、预防为主、综合治理的方针，强化和落实生产经营单位的主体责任，建立生产经营单位负责、职工参与、政府监管、行业自律和社会监督的机制。

33. 从业人员发现施工现场存在安全隐患时应当立即向现场安全生产管理人员或者本单位负责人报告。（ ）

【答案】正确

【解析】根据《中华人民共和国安全生产法》第五十六条：从业人员发现事故隐患或者其他不安全因素，应当立即向现场安全生产管理人员或者本单位负责人报告；接到报告的人员应当及时予以处理。

34. 生产经营单位的从业人员是指该单位从事生产经营活动各项工作的所有人员，包括管理人员、技术人员和各岗位的工人，但不包括临时聘用的人员。（ ）

【答案】正确

【解析】根据《中华人民共和国安全生产法》第二十五条：生产经营单位使用被派遣劳动者的，应当将被派遣劳动者纳入本单位从业人员统一管理，对被派遣劳动者进行岗位安全操作规程和安全操作技能的教育和培训。劳务派遣单位应当对被派遣劳动者进行必要的安全生产教育和培训。生产经营单位接收中等职业学校、高等学校学生实习的，应当对实习学生进行相应的安全生产教育和培训，提供必要的劳动防护用品。学校应当协助生产经营单位对实习学生进行安全生产教育和培训。

35. 检验批是施工质量验收的最小单位。（ ）

【答案】正确

【解析】根据《建筑工程施工质量验收统一标准》GB 50300—2013 条文说明第 5.0.1 条：检验批是工程验收的最小单位，是分项工程、分部工程、单位工程质量验收的基础。检验批验收包括两个方面：资料检查、主控项目和一般项目检验。

36. 隐蔽工程在隐蔽前应由施工单位通知有关单位进行验收并应形成检验文件。（ ）

【答案】错误

【解析】根据《建筑工程施工质量验收统一标准》GB 50300—2013 第 3.0.6 条：隐蔽工程在隐蔽前应由施工单位通知监理单位进行验收，并应形成验收文件，验收合格后方可继续施工。

37. 项目监理机构应根据建设工程监理合同约定，遵循动态控制原理，坚持预防为主的原则，制定和实施相应的监理措施，采用事后和主动控制等方式对建设工程实施监理。（ ）

【答案】错误

【解析】根据《建设工程监理规范》GB/T 50319—2013 第 5.1.1 条：项目监理机构应根据建设工程监理合同约定，遵循动态控制原理，坚持预防为主的原则，制定和实施相应的监理措施，采用旁站、巡视和平行检验等方式对建设工程实施监理。

38. 项目监理机构应审查施工单位现场安全生产规章制度的建立和实施情况，并应审查施工单位安全生产许可证及施工单位项目经理资格证、专职安全生产管理人员资格证和设计人员的资格，同时应核查施工机械和设施的安全许可验收手续。(　　)

【答案】错误

【解析】根据《建设工程监理规范》GB/T 50319—2013 第 5.5.2 条：项目监理机构应审查施工单位现场安全生产规章制度的建立和实施情况，并应审查施工单位安全生产许可证及施工单位项目经理、专职安全生产管理人员和特种作业人员的资格，同时应核查施工机械和设施的安全许可验收手续。

39. 平行检验是项目监理机构在施工单位对工程质量自检的基础上，按照有关规定或建设监理合同约定独立进行的抽检活动。(　　)

【答案】错误

【解析】根据《建设工程监理规范》GB/T 50319—2013 第 2.0.15 条：平行检验是项目监理机构在施工单位自检的同时，按有关规定、建设工程监理合同约定对同一检验项目进行的检测试验活动。

40. 项目监理机构应审查施工单位报审的专项施工方案，符合要求的，应由总监理工程师签认后报建设单位。超过一定规模的危险性较大的分部分项工程的专项施工方案，应检查施工单位组织专家进行论证、审查的情况，以及是否附具安全验算结果。项目监理机构应要求施工单位按已批准的专项施工方案组织施工。(　　)

【答案】正确

【解析】根据《建设工程监理规范》GB/T 50319—2013 第 5.5.3 条：项目监理机构应审查施工单位报审的专项施工方案，符合要求的，应由总监理工程师签认后报建设单位。超过一定规模的危险性较大的分部分项工程的专项施工方案，应检查施工单位组织专家进行论证、审查的情况，以及是否附具安全验算结果。项目监理机构应要求施工单位按已批准的专项施工方案组织施工。专项施工方案需要调整时，施工单位应按程序重新提交项目监理机构审查。

41. 垂直运输机械作业人员、安装拆卸工、爆破作业人员、起重信号工、登高架设作业人员等特种作业人员，必须按照国家有关规定经过专门的安全作业培训，并取得特种作业操作资格证书后，方可上岗作业。(　　)

【答案】正确

【解析】根据《建设工程安全生产管理条例》第二十五条：垂直运输机械作业人员、安装拆卸工、爆破作业人员、起重信号工、登高架设作业人员等特种作业人员，必须按照国家有关规定经过专门的安全作业培训，并取得特种作业操作资格证书后，方可上岗作业。

42. 施工起重机械和整体提升脚手架、模板等自升式架设设施的使用达到国家规定的检验检测期限的，必须经具有专业资质的检验检测机构检测。经检测不合格的，不得继续使用。(　　)

【答案】正确

【解析】根据《建设工程安全生产管理条例》第十八条：施工起重机械和整体提升脚手架、模板等自升式架设设施的使用达到国家规定的检验检测期限的，必须经具有专业资质的检验检测机构检测。经检测不合格的，不得继续使用。

43. 建设工程的“三同时”，是指建设工程的安全防护设施与建筑主体工程同时设计、同时施工、同时投入生产使用。(　　)

【答案】正确

【解析】根据《中华人民共和国安全生产法》第二十八条：生产经营单位新建、改建、扩建工程项目（以下统称建设项目）的安全设施，必须与主体工程同时设计、同时施工、同时投入生产和使用。安全设施投资应当纳入建设项目概算。

44. 施工临时用电应按须敷设，不必编制施工组织设计（或方案）。(　　)

【答案】错误

【解析】根据《施工现场临时用电安全技术规范》JGJ 46—2005 第 3.1.4 条：临时用电组织设计及变更时，必须履行“编制、审核、批准”程序，由电气工程技术人员组织编制，经相关部门审核及具有法人资格企业的技术负责人批准后实施。变更用电组织设计时应补充有关图纸资料。

45. 从业人员有权了解其作业场所和作业岗位存在的危险因素，但无权对本单位的安全生产工作提出建议。(　　)

【答案】错误

【解析】根据《中华人民共和国安全生产法》第五十条：生产经营单位的从业人员有权了解其作业场所和工作岗位存在的危险因素、防范措施及事故应急措施，有权对本单位的安全生产工作提出建议。

46. 伤亡事故的报告、统计调查及处理工作应坚持实事求是，尊重科学的原则。(　　)

【答案】正确

【解析】根据《生产安全事故报告和调查处理条例》第四条：事故报告应当及时、准确、完整，任何单位和个人对事故不得迟报、漏报、谎报或者瞒报。事故调查处理应当坚持实事求是、尊重科学的原则，及时、准确地查清事故经过、事故原因和事故损失，查明事故性质，认定事故责任，总结事故教训，提出整改措施，并对事故责任者依法追究责任。

47. 在特别潮湿的场所或在金属容器内，照明行灯电压不得大于 24V。(　　)

【答案】错误

【解析】根据《施工现场临时用电安全技术规范》JGJ 46—2005 第 10.2.2 条下列特殊场所应使用安全特低电压照明器：1. 隧道、人防工程、高温、有导电灰尘比较潮湿或灯具离地面高度低于 2.5m 等场所的照明，电源电压不应大于 36V；2. 潮湿和易触及带电体场所的照明，电源电压不得大于 24V；3. 特别潮湿场所、导电良好的地面、锅炉或金属容器内的照明，电源电压不得大于 12V。

48. 起重机严禁越过无防护设施的外电架空线路作业。(　　)

【答案】正确

【解析】根据《施工现场临时用电安全技术规范》JGJ 46—2005 第 4.1.4 条：起重机严禁越过无防护设施的外电架空线路作业。

49. 用电设备的开关箱中设置了漏电保护器以后，其外漏可导电部分不需连接PE线。(　　)

【答案】错误

【解析】根据《施工现场临时用电安全技术规范》JGJ 46—2005 第 5.2.1 条：在 TN 系统中，下列电气设备不带电的外露可导电部分应做保护接零：1. 电机、变压器、电器、照明器具、手持式电动工具的金属外壳；2. 电气设备传动装置的金属部件；3. 配电柜与控制柜的金属框架；4. 配电装置的金属箱体、框架及靠近带电部分的金属围栏和金属门；5. 电力线路的金属保护管、敷线的钢索、起重机的底座和轨道、滑升模板金属操作平台等；6. 安装在电力线路杆（塔）上的开关、电容器等电气装置的金属外壳及支架。

50. 开挖深度超过 5m（含 5m）或虽未超过 5m，但地质条件和周边环境复杂的基坑（槽）支护、降水工程属于危险性较大的分部分项工程。(　　)

【答案】错误

【解析】根据住房城乡建设部办公厅关于实施《危险性较大的分部分项工程安全管理规定》有关问题的通知，危险性较大的分部分项工程范围（附件一）第四条：需要组织专家论证的基坑工程包括：1. 开挖深度超过 3m（含 3m）的基坑（槽）的土方开挖、支护、降水工程。2. 开挖深度虽未超过 3m，但地质条件、周围环境和地下管线复杂，或影响毗邻建、构筑物安全的基坑（槽）的土方开挖、支护、降水工程。

51. 搭设高度 24m 及以上的落地式钢管脚手架工程属于危险性较大的分部分项工程。(　　)

【答案】正确

【解析】根据住房城乡建设部办公厅关于实施《危险性较大的分部分项工程安全管理规定》有关问题的通知，危险性较大的分部分项工程范围（附件一）：脚手架工程包括：1. 搭设高度 24m 及以上的落地式钢管脚手架工程。2. 附着式升降脚手架工程。3. 悬挑式脚手架工程。4. 高处作业吊篮。5. 卸料平台、操作平台工程。6. 异型脚手架工程。

52. 两个以上生产经营单位在同一作业区进行生产经营活动，可能危及对方生产安全的，应当签订安全生产管理协议，明确各自的安全生产管理职责和应当采取的安全措施，并制定专职安全生产管理人员进行安全检查与协调。(　　)

【答案】正确

【解析】根据《中华人民共和国安全生产法》第四十五条：两个以上生产经营单位在同一作业区域内进行生产经营活动，可能危及对方生产安全的，应当签订安全生产管理协议，明确各自的安全生产管理职责和应当采取的安全措施，并指定专职安全生产管理人员进行安全检查与协调。

53. 架体高度 20m 及以上悬挑式脚手架工程属于超过一定规模的危险性较大的分部分项工程。(　　)

【答案】正确

【解析】根据住房城乡建设部办公厅关于实施《危险性较大的分部分项工程安全管理规定》有关问题的通知，超过一定规模的危险性较大的分部分项工程范围（附件二）：脚手架工程包括：1. 搭设高度 50m 及以上落地式钢管脚手架工程。2. 提升高度 150m 及以上附着式整体和分片提升脚手架工程。3. 架体高度 20m 及以上悬挑式脚手架工程。

54. 开挖深度超过 16m 的人工挖孔桩工程属于超过一定规模的危险性较大的分部分项工程。(　　)

【答案】正确

【解析】根据住房城乡建设部办公厅关于实施《危险性较大的分部分项工程安全管理规定》有关问题的通知，超过一定规模的危险性较大的分部分项工程范围（附件二）：其他工程包括：1. 施工高度50m及以上的建筑幕墙安装工程。2. 跨度大于36m及以上的钢结构安装工程，或跨度大于60m及以上的网架和索膜结构安装工程。3. 开挖深度16m及以上的人工挖孔桩工程。4. 水下作业工程。5. 重量1000kN及以上的大型结构整体顶升、平移、转体等施工工艺。6. 采用新技术、新工艺、新材料、新设备可能影响工程施工安全，尚无国家、行业及地方技术标准的分部分项工程。

55. 依据《建设工程安全生产管理条例》规定，工程监理单位在实施监理过程中，发现存在安全事故隐患情况严重的，应当立即向有关主管部门报告。（　　）

【答案】错误

【解析】根据《建设工程安全生产管理条例》第十四条：工程监理单位在实施监理过程中，发现存在安全事故隐患的，应当要求施工单位整改；情况严重的，应当要求施工单位暂时停止施工，并及时报告建设单位。施工单位拒不整改或者不停止施工的，工程监理单位应当及时向有关主管部门报告。

56. 专项方案经论证后需做重大修改的，施工单位应当按照论证报告修改，不需要重新组织专家进行论证。（　　）

【答案】错误

【解析】根据《危险性较大的分部分项工程安全管理规定》第十三条：专家论证会后，应当形成论证报告，对专项施工方案提出通过、修改后通过或者不通过的一致意见。专家对论证报告负责并签字确认。专项施工方案经论证需修改后通过的，施工单位应当根据论证报告修改完善后，重新履行本规定第十一条的程序。专项施工方案经论证不通过的，施工单位修改后应当按照本规定的要求重新组织专家论证。

57. 生产经营单位的特种作业人员必须按照国家有关规定取得相应资格，不需要经专门的安全作业培训，方可上岗作业。（　　）

【答案】错误

【解析】根据《建设工程安全生产管理条例》第二十五条：垂直运输机械作业人员、安装拆卸工、爆破作业人员、起重信号工、登高架设作业人员等特种作业人员，必须按照国家有关规定经过专门的安全作业培训，并取得特种作业操作资格证书后，方可上岗作业。

58. 国家对严重危及生产安全的工艺、设备实行淘汰制度，具体目录由国务院安全生产监督管理部门会同国务院有关部门制定并公布。法律、行政法规对目录的制定另有规定的，适用其规定。（　　）

【答案】正确

【解析】根据《中华人民共和国安全生产法》第三十五条：国家对严重危及生产安全的工艺、设备实行淘汰制度，具体目录由国务院安全生产监督管理部门会同国务院有关部门制定并公布。法律、行政法规对目录的制定另有规定的，适用其规定。省、自治区、直辖市人民政府可以根据本地区实际情况制定并公布具体目录，对前款规定以外的危及生产安全的工艺、设备予以淘汰。生产经营单位不得使用应当淘汰的危及生产安全的工艺、设备。

59. 两个以上生产经营单位在同一作业区域内进行生产经营活动，可能危及对方生产安全的，应当签订安全生产管理协议，明确各自的安全生产管理职责和应当采取的安全措施，并指定专职安全生产管理人员进行安全检查与协调。(　　)

【答案】正确

【解析】根据《中华人民共和国安全生产法》第四十五条：两个以上生产经营单位在同一作业区域内进行生产经营活动，可能危及对方生产安全的，应当签订安全生产管理协议，明确各自的安全生产管理职责和应当采取的安全措施，并指定专职安全生产管理人员进行安全检查与协调。

60. 安全生产监督管理部门应当按照分类分级监督管理的要求，制定安全生产月度监督检查计划，并按照月度监督检查计划进行监督检查，发现事故隐患，应当及时处理。(　　)

【答案】错误

【解析】根据《中华人民共和国安全生产法》第五十九条：县级以上地方各级人民政府应当根据本行政区域内的安全生产状况，组织有关部门按照职责分工，对本行政区域内容易发生重大生产安全事故的生产经营单位进行严格检查。安全生产监督管理部门应当按照分类分级监督管理的要求，制定安全生产年度监督检查计划，并按照年度监督检查计划进行监督检查，发现事故隐患，应当及时处理。

61. 依法批准开工报告的建设工程，建设单位应当自开工报告批准之日起15日内，将保证安全施工的措施报送建设工程所在地的县级以上地方人民政府建设行政主管部门或者其他有关部门备案。(　　)

【答案】正确

【解析】根据《建设工程安全生产管理条例》第十条：建设单位在申请领取施工许可证时，应当提供建设工程有关安全施工措施的资料。依法批准开工报告的建设工程，建设单位应当自开工报告批准之日起15日内，将保证安全施工的措施报送建设工程所在地的县级以上地方人民政府建设行政主管部门或者其他有关部门备案。

62. 依据《安全生产法》规定，国家实行生产安全事故责任追究制度，依照本法和有关法律、法规的规定，追究生产安全事故责任人员的法律责任。(　　)

【答案】正确

【解析】根据《中华人民共和国安全生产法》第十四条：国家实行生产安全事故责任追究制度，依照本法和有关法律、法规的规定，追究生产安全事故责任人员的法律责任。

63. 专业监理工程师应组织编写监理日志及监理月报，审查和处理工程变更。(　　)

【答案】错误

【解析】根据《建设工程监理规范》GB/T 50319—2013第3.2.3条专业监理工程师应履行下列职责：1. 参与编制监理规划，负责编制监理实施细则。2. 审查施工单位提交的涉及本专业的报审文件，并向总监理工程师报告。3. 参与审核分包单位资格。4. 指导、检查监理员要作定期向总监理工程师报告本专业监理工作实施情况。5. 检查进场的工程材料、构配件、设备的质量。6. 验收检验批、隐蔽工程、分项工程，参与验收分部工程。7. 处置发现的质量问题和安全事故隐患。8. 进行工程计量。9. 参与工程变更的审查和处理。10. 组织编写监理日志，参与编写监理月报。11. 收集、汇总、参与整理监理文件资料。12. 参与工程竣工预验收和竣工验收。

64. 监理员应检查进场的工程材料、构配件、设备的质量，检查施工单位投入工程的人力、主要设备的使用及运行状况。(　　)

【答案】错误

【解析】根据《建设工程监理规范》GB/T 50319—2013 第 3.2.4 条：1. 检查施工单位投入工程的人力、主要设备的使用及运行状态。2. 进行见证取样。3. 复核工程计量有关数据。4. 检查工序施工结果。5. 发现施工作业中的问题，及时指出并向专业监理工程师报告。

65. 监理规划可在签订建设工程监理合同及收到工程设计文件后由总监理工程师组织编制，并应在工程开工前报送建设单位。(　　)

【答案】错误

【解析】根据《建设工程监理规范》GB/T 50319—2013 第 4.2.1 条：监理规划可在签订建设工程监理合同及收到工程设计文件后由总监理工程师组织编制，并应在召开第一次工地会议前报送建设单位。

66. 超过一定规模的危险性较大的分部分项工程专项方案应当由建设单位组织召开专家论证会。(　　)

【答案】错误

【解析】根据《危险性较大的分部分项工程安全管理规定》第十二条：对于超过一定规模的危大工程，施工单位应当组织召开专家论证会对专项施工方案进行论证。实行施工总承包的，由施工总承包单位组织召开专家论证会。专家论证前专项施工方案应当通过施工单位审核和总监理工程师审查。专家应当从地方人民政府住房城乡建设主管部门建立的专家库中选取，符合专业要求且人数不得少于 5 名。与本工程有利害关系的人员不得以专家身份参加专家论证会。

67. 依据《安全生产许可证条例》规定，转让安全生产许可证的，没收违法所得，并处 10 万元以上 50 万元以下的罚款。(　　)

【答案】正确

【解析】根据《安全生产许可证条例》第二十一条：违反本条例规定，转让安全生产许可证的，没收违法所得，处 10 万元以上 50 万元以下的罚款，并吊销其安全生产许可证；构成犯罪的，依法追究刑事责任。接受转让的，依照本条例第十九条的规定处罚。冒用安全生产许可证或者使用伪造的安全生产许可证的，依照本条例第十九条的规定处罚。

68. 依据《建筑法》规定，按照建筑工程发包合同约定，建筑材料、建筑构配件和设备由工程承包单位采购的，发包单位可指定承包单位购入用于工程的建筑材料、构配件、设备，不可指定厂商。(　　)

【答案】错误

【解析】根据《中华人民共和国建筑法》第二十五条：按照合同约定，建筑材料、建筑构配件和设备由工程承包单位采购的，发包单位不得指定承包单位购入用于工程的建筑材料、建筑构配件和设备或者指定生产厂、供应商。

69. 依据《建筑法》规定，施工许可证在建设单位自领取施工许可证之日起 3 个月内未能开工，未办理延期的条件下自行废止。(　　)

【答案】正确

【解析】根据《中华人民共和国建筑法》第九条：建设单位应当自领取施工许可证之日起三个月内开工。因故不能按期开工的，应当向发证机关申请延期；延期以两次为限，每次不超过三个月。既不开工又不申请延期或者超过延期时限的，施工许可证自行废止。

70. 依据《安全生产许可证条例》规定，安全生产许可证有效期满需要延期的，企业应当于期满前 2 个月向原安全生产许可证颁发管理机关办理延期手续。（　　）

【答案】错误

【解析】根据《安全生产许可证条例》第九条：安全生产许可证的有效期为 3 年。安全生产许可证有效期满需要延期的，企业应当于期满前 3 个月向原安全生产许可证颁发管理机关办理延期手续。企业在安全生产许可证有效期内，严格遵守有关安全生产的法律法规，未发生死亡事故的，安全生产许可证有效期届满时，经原安全生产许可证颁发管理机关同意，不再审查，安全生产许可证有效期延期 3 年。

71. 依据《建筑法》规定，建筑工程总承包单位可以将承包工程中的部分工程发包给具有相应资质条件的分包单位，总承包单位和分包单位就分包工程对建设单位承担连带责任。（　　）

【答案】正确

【解析】根据《中华人民共和国建筑法》第二十九条：建筑工程总承包单位可以将承包工程中的部分工程发包给具有相应资质条件的分包单位；但是，除总承包合同中约定的分包外，必须经建设单位认可。施工总承包的，建筑工程主体结构的施工必须由总承包单位自行完成。建筑工程总承包单位按照总承包合同的约定对建设单位负责；分包单位按照分包合同的约定对总承包单位负责。总承包单位和分包单位就分包工程对建设单位承担连带责任。禁止总承包单位将工程分包给不具备相应资质条件的单位。禁止分包单位将其承包的工程再分包。

72. 依据《建设工程质量管理条例》规定，监理工程师对建设工程实施监理的方式不包括定期报告。（　　）

【答案】正确

【解析】根据《建设工程质量管理条例》第三十八条：监理工程师应当按照工程监理规范的要求，采取旁站、巡视和平行检验等形式，对建设工程实施监理。

73. 实施建设工程监理应遵循的主要依据包括法律法规及工程建设标准、建设工程勘察设计文件、建设工程监理合同及其他合同文件。（　　）

【答案】正确

【解析】根据《建设工程监理规范》GB/T 50319—2013 第 1.0.6 条：实施建设工程监理应遵循下列主要依据：1. 法律法规及工程建设标准；2. 建设工程勘察设计文件；3. 建设工程监理合同及其他合同文件。

74. 依据《建筑法》规定，实施建筑工程监理前，建设单位应当将委托的工程监理单位、监理的内容及监理权限，书面通知被监理的建筑施工企业。（　　）

【答案】正确

【解析】根据《中华人民共和国建筑法》第三十三条：实施建筑工程监理前，建设单位应当将委托的工程监理单位、监理的内容及监理权限，书面通知被监理的建筑施工企业。

75. 依据《建筑法》规定，工程监理人员认为工程施工不符合工程设计要求、施工技术标准和合同约定的，有权要求建筑施工企业改正。工程监理人员发现工程设计不符合建筑工程质量标准或者合同约定的质量要求的，应当报告建设单位要求设计单位改正。(　　)

【答案】 正确

【解析】 根据《中华人民共和国建筑法》第三十二条：建筑工程监理应当依照法律、行政法规及有关的技术标准、设计文件和建筑工程承包合同，对承包单位在施工质量、建设工期和建设资金使用等方面，代表建设单位实施监督。工程监理人员认为工程施工不符合工程设计要求、施工技术标准和合同约定的，有权要求建筑施工企业改正。工程监理人员发现工程设计不符合建筑工程质量标准或者合同约定的质量要求的，应当报告建设单位要求设计单位改正。

76. 建设单位在办理安全监督手续时，应当提交危大工程清单及其安全管理措施等资料。(　　)

【答案】 正确

【解析】 根据《危险性较大的分部分项工程安全管理规定》第九条：建设单位在申请办理安全监督手续时，应当提交危大工程清单及其安全管理措施等资料。

77. 依据《危险性较大的分部分项工程安全管理规定》规定，起重吊装过程中，高度180m及以上内爬起重设备的拆除工程属于超过一定规模的危险性较大的分部分项工程。(　　)

【答案】 错误

【解析】 根据住房城乡建设部办公厅关于实施《危险性较大的分部分项工程安全管理规定》有关问题的通知，超过一定规模的危险性较大的分部分项工程范围（附件二）：中起重吊装及安装拆卸工程包括：1. 采用非常规起重设备、方法，且单件起吊重量在100kN及以上的起重吊装工程。2. 起重量300kN及以上，或搭设总高度200m及以上，或搭设基础标高在200m及以上的起重机械安装和拆卸工程。

78. 依据《建设工程安全生产管理条例》规定，工程监理单位应当审查施工组织设计中的安全技术措施或者专项施工方案是否符合建设单位的要求。(　　)

【答案】 错误

【解析】 根据《建设工程安全生产管理条例》第十四条：工程监理单位应当审查施工组织设计中的安全技术措施或者专项施工方案是否符合工程建设强制性标准。

79. 依据《危险性较大的分部分项工程安全管理规定》规定，从事专业工作20年以上有丰富的专业经验且具有中级专业职称的监理方工程师可以作为专家组成员。(　　)

【答案】 错误

【解析】 根据住房城乡建设部办公厅关于实施《危险性较大的分部分项工程安全管理规定》有关问题的通知，关于专家条件，设区的市级以上地方人民政府住房城乡建设主管部门建立的专家库专家应当具备以下基本条件：1. 诚实守信、作风正派、学术严谨；2. 从事专业工作15年以上或具有丰富的专业经验；3. 具有高级专业技术职称。

80. 监理实施细则应在相应工程施工开始前由专业监理工程师编制，并应报监理单位技术负责人审批。(　　)

【答案】 错误

【解析】根据《建设工程监理规范》GB/T 50319—2013 第 4.3.2 条：监理实施细则应在相应工程施工开始前由专业监理工程师编制，并应报总监理工程师审批。

81. 施工单位因工程延期提出费用索赔时，项目监理机构可按监理合同约定进行处理。（　　）

【答案】错误

【解析】根据《建设工程监理规范》GB/T 50319—2013 第 6.5.5 条：施工单位因工程延期提出费用索赔时，项目监理机构可按施工合同约定进行处理。

82. 当需要同时担任多项建设工程监理合同的总监理工程师时，应经建设单位书面同意，且最多不得超过 2 项。（　　）

【答案】错误

【解析】根据《建设工程监理规范》GB/T 50319—2013 第 3.1.5 条：一名注册监理工程师可担任一项建设工程监理合同的总监理工程师。当需要同时担任多项建筑工程监理合同的总监理工程师时，应经建设单位书面同意，且最多不得超过三项。

83. 工程监理单位调换总监理工程师时，事先应征得建设单位书面同意。对于调换专业监理工程师时，应根据建设单位的要求决定是否通知建设单位。（　　）

【答案】错误

【解析】根据《建设工程监理规范》GB/T 50319—2013 第 3.1.4 条：工程监理单位调换总监理工程师时，应征得建设单位书面同意；调换专业监理工程师时，总监理工程师应书面通知建设单位。

84. 总监理工程师代表应具有注册监理工程师执业资格或具有中级及以上专业技术职称、3 年及以上工程实践经验并经监理业务培训的人员。（　　）

【答案】错误

【解析】根据《建设工程监理规范》GB/T 50319—2013 第 2.0.7 条：总监理工程师代表是经工程监理单位法定代表人同意，由总监理工程师书面授权，代表总监理工程师行使其部分职责和权力，具有工程类注册执业资格或具有中级及以上专业技术职称、3 年及以上工程实践经验并经监理业务培训的人员。

85. 对脚手架立杆接长的规定是：除顶层顶部外，其余各层各部必须采用搭接连接。（　　）

【答案】错误

【解析】根据《建筑施工扣件式钢管脚手架安全技术规范》JGJ 130—2011 第 6. 3. 5 条：立杆接长除顶层顶部可采用搭接处，其余各层各步接头必须采用对接扣件连接。

86. 根据《危险性较大的分部分项工程安全管理办法》规定，专项方案实施前，施工单位项目经理应当向现场管理人员进行安全技术交底。（　　）

【答案】错误

【解析】根据《危险性较大的分部分项工程安全管理规定》第十五条：专项施工方案实施前，编制人员或者项目技术负责人应当向施工现场管理人员进行方案交底。施工现场管理人员应当向作业人员进行安全技术交底，并由双方和项目专职安全生产管理人员共同签字确认。

87. 施工现场的机械设备必须由专人管理，定期进行检查、维修和保养，建立相应的资料档案，并按照国家有关规定及时报废。（　　）

【答案】 正确

【解析】 根据《建设工程安全生产管理条例》第三十四条：施工单位采购、租赁的安全防护用具、机械设备、施工机具及配件，应当具有生产（制造）许可证、产品合格证，并在进入施工现场前进行查验。施工现场的安全防护用具、机械设备、施工机具及配件必须由专人管理，定期进行检查、维修和保养，建立相应的资料档案，并按照国家有关规定及时报废。

88. 依据《危险性较大的分部分项工程安全管理规定》规定，超过一定规模的危险性较大的分部分项混凝土模板支撑工程：是指搭设高度 8m 及以上，或搭设跨度 18m 及以上，或施工总荷载（设计值）15kN/m^2 及以上，集中线荷载（设计值）20kN/m 及以上。（　　）

【答案】 正确

【解析】 根据住房城乡建设部办公厅关于实施《危险性较大的分部分项工程安全管理规定》有关问题的通知，超过一定规模的危险性较大的分部分项高处范围（附件二）：混凝土模板支撑工程是指搭设高度 8m 及以上，或搭设跨度 18m 及以上，或施工总荷载（设计值）15kN/㎡及以上，或集中线荷载（设计值）20kN/m 及以上。

89. 依据《危险性较大的分部分项工程安全管理规定》规定，监理单位发现施工单位未按照专项施工方案施工的，应当要求其进行整改；情节严重的，应当要求其暂停施工，并及时报告建设单位。（　　）

【答案】 正确

【解析】 根据《危险性较大的分部分项工程安全管理规定》第十九条：监理单位发现施工单位未按照专项施工方案施工的，应当要求其进行整改；情节严重的，应当要求其暂停施工，并及时报告建设单位。施工单位拒不整改或者不停止施工的，监理单位应当及时报告建设单位和工程所在地住房城乡建设主管部门。

90. 依据《危险性较大的分部分项工程安全管理规定》规定，施工单位技术负责人应当定期巡查专项方案实施情况。（　　）

【答案】 错误

【解析】 根据《危险性较大的分部分项工程安全管理规定》第十七条：施工单位应当对危大工程施工作业人员进行登记，项目负责人应当在施工现场履职。项目专职安全生产管理人员应当对专项施工方案实施情况进行现场监督，对未按照专项施工方案施工的，应当要求立即整改，并及时报告项目负责人，项目负责人应当及时组织限期整改。施工单位应当按照规定对危大工程进行施工监测和安全巡视，发现危及人身安全的紧急情况，应当立即组织作业人员撤离危险区域。

91. 市级以上地方人民政府建设行政主管部门对本行政区域内的建设工程质量实施监督管理。（　　）

【答案】 错误

【解析】 根据《建设工程质量管理条例》第四十三条：国家实行建设工程质量监督管理制度。国务院建设行政主管部门对全国的建设工程质量实施统一监督管理。国务院铁路、交通、水利等有关部门按照国务院规定的职责分工，负责对全国的有关专业建设工程质量的监督管理。县级以上地方人民政府建设行政主管部门对本行政区域内的建设工程质量实施监督管理。县级以上地方人民政府交通、水利等有关部门在各自的职责范围内，负责对本行政区域内的专业建设工程质量的监督管理。

92. 建设工程发生质量事故，有关单位应当在24小时内向当地建设行政主管部门和其他有关部门报告。（ ）

【答案】正确

【解析】根据《建设工程质量管理条例》第五十二条：建设工程发生质量事故，有关单位应当在24小时内向当地建设行政主管部门和其他有关部门报告。对重大质量事故，事故发生地的建设行政主管部门和其他有关部门应当按照事故类别和等级向当地人民政府和上级建设行政主管部门和其他有关部门报告。特别重大质量事故的调查程序按照国务院有关规定办理。

93. 生产经营单位的主要负责人在发生受刑事责任处罚或撤职处分的，自刑法执行完毕或受处分之日起，一年内不得担任任何生产经营的主要负责人。（ ）

【答案】错误

【解析】根据《中华人民共和国安全生产法》第九十一条：生产经营单位的主要负责人依照前款规定受刑事处罚或者撤职处分的，自刑罚执行完毕或者受处分之日起，五年内不得担任任何生产经营单位的主要负责人；对重大、特别重大生产安全事故负有责任的，终身不得担任本行业生产经营单位的主要负责人。

94. 生产经营单位主要负责人对生产安全事故隐瞒不报、谎报或拖延不报的，应立即调离原岗位重新安排工作。（ ）

【答案】错误

【解析】根据《中华人民共和国安全生产法》第一百零六条：生产经营单位的主要负责人在本单位发生生产安全事故时，不立即组织抢救或者在事故调查处理期间擅离职守或者逃匿的，给予降级、撤职的处分，并由安全生产监督管理部门处上一年年收入百分之六十至百分之一百的罚款；对逃匿的处十五日以下拘留；构成犯罪的，依照刑法有关规定追究刑事责任。生产经营单位的主要负责人对生产安全事故隐瞒不报、谎报或者迟报的，依照前款规定处罚。

95. 建设单位应当在施工现场采取维护安全、防范危险、预防火灾等措施；有条件的，应当对施工现场实行封闭管理。（ ）

【答案】错误

【解析】根据《中华人民共和国建筑法》第三十九条：建筑施工企业应当在施工现场采取维护安全、防范危险、预防火灾等措施；有条件的，应当对施工现场实行封闭管理。施工现场对毗邻的建筑物、构筑物和特殊作业环境可能造成损害的，建筑施工企业应当采取安全防护措施。

96. 建筑安全生产最基本的安全管理制度是安全生产检查制度。（ ）

【答案】错误

【解析】根据《建设工程安全生产管理条例》第二十一条：施工单位主要负责人依法对本单位的安全生产工作全面负责。施工单位应当建立健全安全生产责任制度和安全生产教育培训制度，制定安全生产规章制度和操作规程，保证本单位安全生产条件所需资金的投入，对所承担的建设工程进行定期和专项安全检查，并做好安全检查记录。施工单位的项目负责人应当由取得相应执业资格的人员担任，对建设工程项目的安全施工负责，落实安全生产责任制度、安全生产规章制度和操作规程，确保安全生产费用的有效使用，并根据工程的特点组织制定安全施工措施，消除安全事故隐患，及时、如实报告生产安全事故。

97. 项目监理机构按照工程特点和施工单位报送施工组织设计，确定旁站的关键部位、关键工序，安排监理人员进行旁站，及时记录旁站情况。（　　）

【答案】正确

【解析】根据《建设工程监理规范》GB/T 50319—2013 第 5.2.11 条：项目监理机构应根据工程特点和施工单位报送的施工组织设计，确定旁站的关键部位、关键工序，安排监理人员进行旁站，并应及时记录旁站情况。

98. 依据《建设工程监理规范》规定，明确规定旁站工作和编写监理日志为监理员工作职责。（　　）

【答案】错误

【解析】根据《建设工程监理规范》GB/T 50319—2013 第 3.2.4 条规定：监理员应履行以下职责：1. 检查施工单位投入工程的人力、主要设备的使用及运行状况。2. 进行见证取样。3. 复核工程计量有关数据。4. 检查工序施工结果。5. 发现施工作业中的问题，及时指出并向专业监理工程师报告。

99. 建设单位应当自领取施工许可证之日起三个月内开工。因故不能按期开工的，应当向发证机关申请延期，延期以两次为限，每次不超过三个月。既不开工又不申请延期或超过延期时限的，施工许可证自行废止。（　　）

【答案】正确

【解析】根据《中华人民共和国建筑法》第九条：建设单位应当自领取施工许可证之日起三个月内开工。因故不能按期开工的，应当向发证机关申请延期；延期以两次为限，每次不超过三个月。既不开工又不申请延期或者超过延期时限的，施工许可证自行废止。

100. 施工单位应当在施工现场建立消防安全责任制度，确定消防安全责任人，制定用火、用电、使用易燃易爆材料等各项消防安全管理制度和操作规程，设置消防通道、消防水源，配备消防设施和灭火器材，并在施工现场入口处设置明显标志。（　　）

【答案】正确

【解析】根据《建设工程安全生产管理条例》第三十一条：施工单位应当在施工现场建立消防安全责任制度，确定消防安全责任人，制定用火、用电、使用易燃易爆材料等各项消防安全管理制度和操作规程，设置消防通道、消防水源，配备消防设施和灭火器材，并在施工现场入口处设置明显标志。

101. 施工现场对毗邻的建筑物、构筑物和特殊作业环境可能造成损害的，建筑施工企业无需采取安全防护措施。（　　）

【答案】错误

【解析】根据《中华人民共和国建筑法》第三十九条：建筑施工企业应当在施工现场采取维护安全、防范危险、预防火灾等措施；有条件的，应当对施工现场实行封闭管理。施工现场对毗邻的建筑物、构筑物和特殊作业环境可能造成损害的，建筑施工企业应当采取安全防护措施。

102. 建筑施工企业应当依法为职工办理意外伤害保险，支付保险费，职工可自愿参加工伤保险。（　　）

【答案】错误

【解析】根据《中华人民共和国建筑法》第四十八条：建筑施工企业必须为从事危险作业的职工办理意外伤害保险，支付保险费。

根据《建设工程安全生产管理条例》第三十八条规定：施工单位应当为施工现场从事危险作业的人员办理意外伤害保险。意外伤害保险费由施工单位支付。实行施工总承包的，由总承包单位支付意外伤害保险费。意外伤害保险期限自建设工程开工之日起至竣工验收合格止。

103. 建筑设计单位对设计文件选用的建筑材料、建筑构配件和设备，可以指定生产商、供应商。( )

【答案】错误

【解析】根据《中华人民共和国建筑法》第五十七条：建筑设计单位对设计文件选用的建筑材料、建筑构配件和设备，不得指定生产厂、供应商。

104. 分项工程质量验收记录及检查评定结果应由施工单位项目专业质量检查员填写。( )

【答案】正确

【解析】根据《建筑工程施工质量验收统一标准》GB 50300—2013 附录 F.0.1 规定：分项工程质量应由专业监理工程师组织施工单位项目专业技术负责人等进行验收，并应按表 F.0.1 记录。

105. 工程观感质量评价分为好、一般、差三个等级。质量评价为一般的项目，应进行返修。( )

【答案】错误

【解析】根据《建筑工程施工质量验收统一标准》GB 50300—2013 条文说明第 5.0.3 条：以观察、触摸或简单量测的方式进行观感质量验收，并由验收人的主观判断，检查结果并不给出“合格”或“不合格”的结论，而是综合给出“好”“一般”“差”的质量评价结果。对于“差”的检查点应进行返修处理。

106. 搭设脚手架规定每道剪刀撑宽度不应小于 4 跨。( )

【答案】正确

【解析】根据《建筑施工扣件式钢管脚手架安全技术规范》JGJ 130—2011 第 6.6.2 条：剪刀撑的设置规定：1. 每道剪刀撑宽度不应小于 4 跨，且不应小于 6m，斜杆与地面的倾角宜在 45°～60°之间。2. 高度在 24m 以下的单、双排脚手架，均必须在外侧立面的两端各设置一道剪刀撑，并应由底至顶连续设置；中间各道剪刀撑之间的净距不应大于 15m。3. 高度在 24m 以上的双排脚手架应在外侧立面整个长度和高度上连续设置剪刀撑。4. 剪刀撑斜杆的接长宜采用搭接，搭接应符合本规范第 6.3.5 条的规定。5. 剪刀撑斜杆应用旋转扣件固定在与之相交的横向水平杆的伸出端或立杆上，旋转扣件中心线至主节点的距离不宜大于 150mm。

107. 支撑梁、板的模板的模板支架钢管立柱底部应设垫木和底座，顶部应设置可调支托，U 型支托与楞梁两侧间如有间隙，必须锲紧。( )

【答案】正确

【解析】根据《建筑施工模板安全技术规范》JGJ 162—2008 第 6.1.9 条：木立柱底部应设垫木，顶部应设支撑头。钢管立柱底部应设垫木和底座，顶部应设可调支托，U 型支托与楞梁两侧间如有间隙，必须楔紧，其螺杆伸出钢管顶部不得大于200mm，螺杆外径与立柱钢管内径的间隙不得大于3mm，安装时应保证上下同心。

108. 监理单位应当结合危大工程专项施工方案编制监理实施细则，并对危大工程施工实施专项巡视检查。（ ）

【答案】正确

【解析】根据《危险性较大的分部分项工程安全管理规定》十八条：监理单位应当结合危大工程专项施工方案编制监理实施细则，并对危大工程施工实施专项巡视检查。

109. 电缆线路可采用埋地、架空敷设，或者用铝电缆在地面上明设。（ ）

【答案】错误

【解析】根据《施工现场临时用电安全技术规范》JGJ 46—2005 第7.2.3条：电缆线路应采用埋地或架空敷设，严禁沿地面明设，并应避免机械损伤和介质腐蚀。埋地电缆路径应设方位标志。

110. 卸料平台安装时应与脚手架钢管牢固连接。（ ）

【答案】错误

【解析】根据《建筑施工高处作业安全技术规范》JGJ 80—2016 第6.4.1条：悬挑式操作平台的设置应符合下列规定：1. 悬挑式操作平台的搁置点、拉结点、支撑点应设置在主体结构上，且应可靠连接；2. 未经专项设计的临时设施上，不得设置悬挑式操作平台；3. 悬挑式操作平台的结构应稳定可靠，且其承载力应符合使用要求。

111. 当监理人员发现工程施工不符合工程设计要求、施工技术标准和合同约定的，监理单位直接要求施工单位整改。（ ）

【答案】正确

【解析】根据《中华人民共和国建筑法》第三十二条：工程监理人员认为工程施工不符合工程设计要求、施工技术标准和合同约定的，有权要求建筑施工企业改正。

112. 当监理人员发现工程设计不符合建筑工程质量标准或者合同约定的质量要求的，经建设单位同意后由监理单位通知设计单位进行设计修正。（ ）

【答案】错误

【解析】根据《中华人民共和国建筑法》第三十二条：工程监理人员发现工程设计不符合建筑工程质量标准或者合同约定的质量要求的，应当报告建设单位要求设计单位改正。

113. 监理日志是项目监理机构每个成员每日对建设工程监理工作及施工进展情况所做的记录。（ ）

【答案】错误

【解析】根据《建设工程监理规范》GB/T 50319—2013 第2.0.21条：监理日志是项目监理机构每日对建设工程监理工作及施工进展情况所做的记录。

第3.2.3条：专业监理工程师应履行职责的职责中包括：组织编写监理日志，参与编写监理月报。

114. 监理实施细则是针对工程项目中某一专业或某一方面，开展监理工作的操作性文件。监理实施细则由专业监理工程师编制，并经监理单位技术负责人批准。（ ）

【答案】错误

【解析】根据《建设工程监理规范》GB/T 50319—2013 第 2.0.11 条：监理实施细则是针对某一专业或某一方面建设工程监理工作的操作性文件。

第 4.3.2 条：监理实施细则应在相应工程施工开始前由专业监理工程师编制，并应报总监理工程师审批。

115. 工程监理单位代表建设单位对施工质量实施监理，并对施工质量承担监理责任。（ ）

【答案】正确

【解析】根据《建设工程质量管理条例》第三十六条：工程监理单位应当依照法律、法规以及有关技术标准、设计文件和建设工程承包合同，代表建设单位对施工质量实施监理，并对施工质量承担监理责任。

116. 依照《安全生产法》规定，安全生产监督检查人员对检查发现的问题应作出书面记录，并由检查人员和被检查单位的负责人签字，这样有利于安全检查不走过场。（ ）

【答案】正确

【解析】根据《中华人民共和国安全生产法》第六十五条：安全生产监督检查人员应当将检查的时间、地点、内容、发现的问题及其处理情况，作出书面记录，并由检查人员和被检查单位的负责人签字；被检查单位的负责人拒绝签字的，检查人员应当将情况记录在案，并向负有安全生产监督管理职责的部门报告。

117. 施工所需的建筑材料、建筑构配件和设备，未经监理员签字，不得进场使用。（ ）

【答案】错误

【解析】根据《建设工程质量管理条例》第三十七条：工程监理单位应当选派具备相应资格的总监理工程师和监理工程师进驻施工现场。未经监理工程师签字，建筑材料、建筑构配件和设备不得在工程上使用或者安装，施工单位不得进行下一道工序的施工。未经总监理工程师签字，建设单位不拨付工程款，不进行竣工验收。

118. 工程监理单位和监理工程师应当按照法律、法规和工程建设强制性标准实施监理，并对建设工程安全生产承担监理责任。（ ）

【答案】正确

【解析】根据《建设工程安全生产管理条例》第十四条：工程监理单位应当审查施工组织设计中的安全技术措施或者专项施工方案是否符合工程建设强制性标准。工程监理单位在实施监理过程中，发现存在安全事故隐患的，应当要求施工单位整改；情况严重的，应当要求施工单位暂时停止施工，并及时报告建设单位。施工单位拒不整改或者不停止施工的，工程监理单位应当及时向有关主管部门报告。工程监理单位和监理工程师应当按照法律、法规和工程建设强制性标准实施监理，并对建设工程安全生产承担监理责任。

119. 建设行政主管部门在审核发放施工许可证时，应当对建设工程的安全施工措施进行审查，对没有安全施工措施的，不得颁发施工许可证。（ ）

【答案】正确

【解析】根据《建设工程安全生产管理条例》第四十二条：建设行政主管部门在审核发放施工许可证时，应当对建设工程是否有安全施工措施进行审查，对没有安全施工措施的，不得颁发施工许可证。建设行政主管部门或者其他有关部门对建设工程是否有安全施工措施进行审查时，不得收取费用。

120. 依据《建设工程监理规范》规定，总监理工程师可以委托总监理工程师代表审

批监理实施细则。(　　)

【答案】错误

【解析】根据《建设工程监理规范》GB/T 50319—2013 第 3.2.2 条：总监理工程师不得将下列工作委托给总监理工程师代表：1. 组织编制监理规划，审批监理实施细则。2. 根据工程进展及监理工作情况调配监理人员。3. 组织审查施工组织设计、(专项) 施工方案。4. 签发工程开工令、暂停令和复工令。5. 签发工程款支付证书，组织审核竣工结算。6. 调解建设单位与施工单位的合同争议，处理工程索赔。7. 审查施工单位的竣工申请，组织工程竣工预验收，组织编写工程质量评估报告，参与工程竣工验收。8. 参与或配合工程质量安全事故的调查和处理。

121. 如果建设单位不能及时支付工程款，监理单位有权向施工单位下工程暂停令。(　　)

【答案】错误

【解析】根据《建设工程监理规范》GB/T 50319—2013 第 6.2.2 条：项目监理机构发现下列情况之一时，总监理工程师应及时签发工程暂停令：1. 建设单位要求暂停施工且工程需要暂停施工的。2. 施工单位未经批准擅自施工或拒绝项目监理机构管理的。3. 施工单位未按审查通过的工程设计文件施工的。4. 施工单位违反工程建设强制性标准的。5. 施工存在重大质量、安全事故隐患或发生质量、安全事故的。

122. 从业人员在作业过程中，应当严格遵守本单位的安全生产规章制度和操作规程，服从管理，正确佩戴和使用防护用品。(　　)

【答案】正确

【解析】根据《中华人民共和国安全生产法》第五十四条：从业人员在作业过程中，应当严格遵守本单位的安全生产规章制度和操作规程，服从管理，正确佩戴和使用劳动防护用品。

123. 承担安全评价、认证、检测、检验工作的机构，出具虚假证明的，可以吊销其相应资质。(　　)

【答案】正确

【解析】根据《中华人民共和国安全生产法》第八十九条：承担安全评价、认证、检测、检验工作的机构，出具虚假证明的，没收违法所得；违法所得在十万元以上的，并处违法所得二倍以上五倍以下的罚款；没有违法所得或者违法所得不足十万元的，单处或者并处十万元以上二十万元以下的罚款；对其直接负责的主管人员和其他直接责任人员处二万元以上五万元以下的罚款；给他人造成损害的，与生产经营单位承担连带赔偿责任；构成犯罪的，依照刑法有关规定追究刑事责任。对有前款违法行为的机构，吊销其相应资质。

124. 施工单位应当在施工现场入口处、施工起重机械、临时用电设施、脚手架、出入通道口、楼梯口、电梯井口、孔洞口、桥梁口、隧道口、基坑边沿、爆破物及有害危险气体和液体存放处等危险部位，设置明显的安全警示标志。安全警示标志必须符合国家标准。(　　)

【答案】正确

【解析】根据《建设工程安全生产管理条例》第二十八条：施工单位应当在施工现场入口处、施工起重机械、临时用电设施、脚手架、出入通道口、楼梯口、电梯井口、孔洞口、桥梁口、隧道口、基坑边沿、爆破物及有害危险气体和液体存放处等危险部位，设置明显的安全警示标志。安全警示标志必须符合国家标准。

125. 生产经营单位可以在从业人员自愿的情况下与其订立协议，免除或减轻其对从业人员因生产安全事故伤亡依法应承担的责任。(　　)

【答案】错误

【解析】根据《中华人民共和国安全生产法》第四十九条：生产经营单位与从业人员订立的劳动合同，应当载明有关保障从业人员劳动安全、防止职业危害的事项，以及依法为从业人员办理工伤保险的事项。生产经营单位不得以任何形式与从业人员订立协议，免除或者减轻其对从业人员因生产安全事故伤亡依法应承担的责任。

126. 生产经营单位发生生产安全事故后，事故现场有关人员应当立即报告本单位负责人。(　　)

【答案】正确

【解析】根据《中华人民共和国安全生产法》第八十条：生产经营单位发生生产安全事故后，事故现场有关人员应当立即报告本单位负责人。单位负责人接到事故报告后，应当迅速采取有效措施，组织抢救，防止事故扩大，减少人员伤亡和财产损失，并按照国家有关规定立即如实报告当地负有安全生产监督管理职责的部门，不得隐瞒不报、谎报或者迟报，不得故意破坏事故现场、毁灭有关证据。

127. 临时用电工程必须经编制、审核、批准部门和使用单位共同验收，合格后方可投入使用。(　　)

【答案】正确

【解析】根据《施工现场临时用电安全技术规范》JGJ 46—2005 第 3.1.5 条：临时用电工程必须经编制、审核、批准部门和使用单位共同验收，合格后方可投入使用。

128. 重大危险源、重大事故隐患是相同的。(　　)

【答案】错误

【解析】根据《中华人民共和国安全生产法》第一百一十二条：重大危险源是指长期地或者临时地生产、搬运、使用或者储存危险物品，且危险物品的数量等于或者超过临界量的单元（包括场所和设施）。而重大事故隐患是指可能导致重大人身伤亡或者重大经济损失的事故隐患。

129. 劳动者对用人单位违章指挥、强令冒险作业，无权拒绝执行。(　　)

【答案】错误

【解析】根据《中华人民共和国安全生产法》第五十一条：从业人员有权对本单位安全生产工作中存在的问题提出批评、检举、控告；有权拒绝违章指挥和强令冒险作业。生产经营单位不得因从业人员对本单位安全生产工作提出批评、检举、控告或者拒绝违章指挥、强令冒险作业而降低其工资、福利等待遇或者解除与其订立的劳动合同。

130. 在效区施工，现场四周不必设置围挡。(　　)

【答案】错误

【解析】根据《建筑施工安全检查标准》JGJ 59—2011 第 3.2.3 条：文明施工保证项目现场围挡的检查评定应符合下列规定：1. 市区主要路段的工地应设置高度不小于 2.5m 的封闭围挡；2. 一般路段的工地应设置高度不小于 1.8m 的封闭围挡；3. 围挡应坚固、稳定、整洁、美观。

131. 事故抢救过程中应当采取必要措施，避免或者减少对环境造成的危害。任何单位和个人都应当支持、配合事故抢救，并提供一切便利条件。（　　）

【答案】正确

【解析】根据《中华人民共和国安全生产法》第八十二条：参与事故抢救的部门和单位应当服从统一指挥，加强协同联动，采取有效的应急救援措施，并根据事故救援的需要采取警戒、疏散等措施，防止事故扩大和次生灾害的发生，减少人员伤亡和财产损失。事故抢救过程中应当采取必要措施，避免或者减少对环境造成的危害。任何单位和个人都应当支持、配合事故抢救，并提供一切便利条件。

132. 专职安全生产管理人员负责对安全生产进行现场监督检查。（　　）

【答案】正确

【解析】根据《建设工程安全生产管理条例》第二十三条：施工单位应当设立安全生产管理机构，配备专职安全生产管理人员。专职安全生产管理人员负责对安全生产进行现场监督检查。发现安全事故隐患，应当及时向项目负责人和安全生产管理机构报告；对违章指挥、违章操作的，应当立即制止。专职安全生产管理人员的配备办法由国务院建设行政主管部门会同国务院其他有关部门制定。

133. 从业人员在作业过程中，应当严格遵守本单位的安全生产规章制度和操作规程，服从管理，正确佩戴和使用劳动防护用品。（　　）

【答案】正确

【解析】根据《中华人民共和国安全生产法》第五十四条：从业人员在作业过程中，应当严格遵守本单位的安全生产规章制度和操作规程，服从管理，正确佩戴和使用劳动防护用品。

134. 任何单位或者个人对事故隐患或者安全生产违法行为，均有权向负有安全生产监督管理职责的部门报告或者举报。（　　）

【答案】正确

【解析】根据《中华人民共和国安全生产法》第七十一条：任何单位或者个人对事故隐患或者安全生产违法行为，均有权向负有安全生产监督管理职责的部门报告或者举报。

135. 开口式脚手架的两端必须设置连墙件。（　　）

【答案】正确

【解析】根据《建筑施工扣件式钢管脚手架安全技术规范》JGJ 130—2011 第 6.4.4 条：开口型脚手架的两端必须设置连墙件，连墙件的垂直间距不应大于建筑物的层高，并且不应大于4m。

136. 施工单位应当为施工现场从事危险作业的人员办理意外伤害保险。（　　）

【答案】正确

【解析】根据《建设工程安全生产管理条例》第三十八条：施工单位应当为施工现场从事危险作业的人员办理意外伤害保险。意外伤害保险费由施工单位支付。实行施工总承包的，由总承包单位支付意外伤害保险费。意外伤害保险期限自建设工程开工之日起至竣工验收合格止。

137. 施工现场入口处可以不设置安全警示牌。（　　）

【答案】错误

【解析】根据《建设工程安全生产管理条例》第三十一条：施工单位应当在施工现场建立消防安全责任制度，确定消防安全责任人，制定用火、用电、使用易燃易爆材料等各项消防安全管理制度和操作规程，设置消防通道、消防水源，配备消防设施和灭火器材，并在施工现场入口处设置明显标志。

138.《安全生产法》不仅适用于生产经营单位，同时也适用于国家安全和社会治安方面的管理。（　　）

【答案】错误

【解析】根据《中华人民共和国安全生产法》第二条：在中华人民共和国领域内从事生产经营活动的单位（以下统称生产经营单位）的安全生产及其监督管理，适用本法；有关法律、行政法规对消防安全和道路交通安全、铁路交通安全、水上交通安全、民用航空安全以及核与辐射安全、特种设备安全另有规定的，适用其规定。

139. 特种作业人员未按照规定经专门的安全作业培训，未取得相应资格，上岗作业导致事故的，应追究生产经营单位有关人员的责任。（　　）

【答案】正确

【解析】根据《中华人民共和国安全生产法》第九十四条：生产经营单位特种作业人员未按照规定经专门的安全作业培训并取得相应资格，上岗作业的。责令限期改正，可以处五万元以下的罚款；逾期未改正的，责令停产停业整顿，并处五万元以上十万元以下的罚款，对其直接负责的主管人员和其他直接责任人员处一万元以上二万元以下的罚款。

140. 制定《安全生产法》最重要的目的是为了制裁各种安全生产违法犯罪行为。（　　）

【答案】错误

【解析】根据《中华人民共和国安全生产法》第一条：为了加强安全生产工作，防止和减少生产安全事故，保障人民群众生命和财产安全，促进经济社会持续健康发展，制定本法。

141. 从业人员有权对本单位安全生产工作中存在的问题提出批评、检举、控告。（　　）

【答案】正确

【解析】根据《中华人民共和国安全生产法》第五十一条：从业人员有权对本单位安全生产工作中存在的问题提出批评、检举、控告；有权拒绝违章指挥和强令冒险作业。生产经营单位不得因从业人员对本单位安全生产工作提出批评、检举、控告或者拒绝违章指挥、强令冒险作业而降低其工资、福利等待遇或者解除与其订立的劳动合同。

142. 生产经营单位将生产经营项目、场所、设备发包或者出租，是一种民事行为，生产经营单位可以自主决定。（　　）

【答案】错误

【解析】根据《中华人民共和国安全生产法》第四十六条：生产经营单位不得将生产经营项目、场所、设备发包或者出租给不具备安全生产条件或者相应资质的单位或者个人。生产经营项目、场所发包或者出租给其他单位的，生产经营单位应当与承包单位、承租单位签订专门的安全生产管理协议，或者在承包合同、租赁合同中约定各自的安全生产管理职责；生产经营单位对承包单位、承租单位的安全生产工作统一协调、管理，定期进行安全检查，发现安全问题的，应当及时督促整改。

143. 生产经营单位可以短期将生产经营项目、场所、设备发包或者出租给不具备安

全生产条件或者相应资质的单位或者个人。（　　）

【答案】错误

【解析】根据《中华人民共和国安全生产法》第四十六条：生产经营单位不得将生产经营项目、场所、设备发包或者出租给不具备安全生产条件或者相应资质的单位或者个人。生产经营项目、场所发包或者出租给其他单位的，生产经营单位应当与承包单位、承租单位签订专门的安全生产管理协议，或者在承包合同、租赁合同中约定各自的安全生产管理职责；生产经营单位对承包单位、承租单位的安全生产工作统一协调、管理，定期进行安全检查，发现安全问题的，应当及时督促整改。

144. 生产经营场所和员工宿舍应当设有符合紧急疏散要求、标志明显、保持畅通的出口，禁止锁闭、封堵生产经营场所或者员工宿舍的出口。（　　）

【答案】正确

【解析】根据《中华人民共和国安全生产法》第三十九条：生产、经营、储存、使用危险物品的车间、商店、仓库不得与员工宿舍在同一座建筑物内，并应当与员工宿舍保持安全距离。生产经营场所和员工宿舍应当设有符合紧急疏散要求、标志明显、保持畅通的出口。禁止锁闭、封堵生产经营场所或者员工宿舍的出口。

145. 生产经营单位不应把作业场所和工作岗位存在的危险因素如实告知从业人员，会有负面影响，引起恐慌，增加思想负担，不利于安全生产。（　　）

【答案】错误

【解析】根据《中华人民共和国安全生产法》第四十一条：生产经营单位应当教育和督促从业人员严格执行本单位的安全生产规章制度和安全操作规程；并向从业人员如实告知作业场所和工作岗位存在的危险因素、防范措施以及事故应急措施。

146. 煤矿为了逃避应当承担的事故赔偿责任，在劳动合同中与从业人员订立“生死合同”是非法的，无效的，不受法律保护。（　　）

【答案】正确

【解析】根据《中华人民共和国安全生产法》第四十九条：生产经营单位与从业人员订立的劳动合同，应当载明有关保障从业人员劳动安全、防止职业危害的事项，以及依法为从业人员办理工伤保险的事项。生产经营单位不得以任何形式与从业人员订立协议，免除或者减轻其对从业人员因生产安全事故伤亡依法应承担的责任。

147. 依据《安全生产法》规定，生产经营单位的从业人员享有工伤保险和伤亡求偿权；危险因素和应急措施的知情权；安全管理的批评检控权；拒绝违章指挥和强令冒险作业权；紧急情况下的停止作业和紧急撤离权。（　　）

【答案】正确

【解析】根据《中华人民共和国安全生产法》第四十八条：生产经营单位必须依法参加工伤保险，为从业人员缴纳保险费。

第五十一条：从业人员有权对本单位安全生产工作中存在的问题提出批评、检举、控告；有权拒绝违章指挥和强令冒险作业。生产经营单位不得因从业人员对本单位安全生产工作提出批评、检举、控告或者拒绝违章指挥、强令冒险作业而降低其工资、福利等待遇或者解除与其订立的劳动合同。

第五十二条：从业人员发现直接危及人身安全的紧急情况时，有权停止作业或者在采取可能的应急措施后撤离作业场所。生产经营单位不得因从业人员在前款紧急情况下停止作业或者采取紧急撤离措施而降低其工资、福利等待遇或者解除与其订立的劳动合同。

148. 依据《安全生产法》规定，从业人员有权了解作业场所和工作岗位存在的危险因素，生产经营单位应当如实告之，不得隐瞒和欺骗。（　　）

【答案】正确

【解析】根据《中华人民共和国安全生产法》第五十条：生产经营单位的从业人员有权了解其作业场所和工作岗位存在的危险因素、防范措施及事故应急措施，有权对本单位的安全生产工作提出建议。

149. 为安全生产提供技术、管理服务的中介机构必须是依法组建成立的，具备国家规定的资质条件，对其出具的安全评价、认证、检测、检验结果的准确性、公正性负法律责任。（　　）

【答案】正确

【解析】根据《中华人民共和国安全生产法》第六十九条：承担安全评价、认证、检测、检验的机构应当具备国家规定的资质条件，并对其作出的安全评价、认证、检测、检验的结果负责。

150. 从业人员享有批评、检举控告权和拒绝违章指挥、强令冒险作业的权利。生产经营单位不得因从业人员行使上述权利而对其进行打击报复，如：降低工资、降低福利待遇和解除劳动合同等。（　　）

【答案】正确

【解析】根据《中华人民共和国安全生产法》第五十一条：从业人员有权对本单位安全生产工作中存在的问题提出批评、检举、控告；有权拒绝违章指挥和强令冒险作业。生产经营单位不得因从业人员对本单位安全生产工作提出批评、检举、控告或者拒绝违章指挥、强令冒险作业而降低其工资、福利等待遇或者解除与其订立的劳动合同。

151. 工程监理单位与被监理工程的承包单位以及建筑材料、建筑构配件和设备供应单位可以有隶属关系。（　　）

【答案】错误

【解析】根据《建设工程质量管理条例》第三十五条：工程监理单位与被监理工程的施工承包单位以及建筑材料、建筑构配件和设备供应单位有隶属关系或者其他利害关系的，不得承担该项建设工程的监理业务。

152. 房屋拆除应当由具备保证安全条件的建筑施工单位承担，由建筑施工单位负责人对安全负责。（　　）

【答案】正确

【解析】根据《中华人民共和国建筑法》第五十条：房屋拆除应当由具备保证安全条件的建筑施工单位承担，由建筑施工单位负责人对安全负责。

153. 建筑物在合理使用寿命内，必须确保地基基础工程和主体结构的质量。（　　）

【答案】正确

【解析】根据《中华人民共和国建筑法》第六十条：建筑物在合理使用寿命内，必须确保地基基础工程和主体结构的质量。建筑工程竣工时，屋顶、墙面不得留有渗漏、开裂等质量缺陷；对已发现的质量缺陷，建筑施工企业应当修复。

154. 工程监理单位应当在其资质等级许可的监理范围内，承担工程监理业务。（　　）

【答案】正确

【解析】根据《中华人民共和国建筑法》第三十四条：工程监理单位应当在其资质等级许可的监理范围内，承担工程监理业务。工程监理单位应当根据建设单位的委托，客观、公正地执行监理任务。工程监理单位与被监理工程的承包单位以及建筑材料、建筑构配件和设备供应单位不得有隶属关系或者其他利害关系。工程监理单位不得转让工程监理业务。

155. 实施建筑工程监理前，建设单位应当将委托的工程监理单位、监理的内容及监理权限，口头通知被监理的建筑施工企业。（　　）

【答案】错误

【解析】根据《中华人民共和国建筑法》第三十三条：实施建筑工程监理前，建设单位应当将委托的工程监理单位、监理的内容及监理权限，书面通知被监理的建筑施工企业。

156. 建设单位可以将建设工程肢解发包。（　　）

【答案】错误

【解析】根据《中华人民共和国建筑法》第二十四条：提倡对建筑工程实行总承包，禁止将建筑工程肢解发包。建筑工程的发包单位可以将建筑工程的勘察、设计、施工、设备采购一并发包给一个工程总承包单位，也可以将建筑工程勘察、设计、施工、设备采购的一项或者多项发包给一个工程总承包单位；但是，不得将应当由一个承包单位完成的建筑工程肢解成若干部分发包给几个承包单位。

157. 供热与供冷系统的最低保修期限为3个采暖期、供冷期。（　　）

【答案】错误

【解析】根据《建设工程质量管理条例》在正常使用条件下，建设工程的最低保修期限为：1. 基础设施工程、房屋建筑的地基基础工程和主体结构工程，为设计文件规定的该工程的合理使用年限；2. 屋面防水工程、有防水要求的卫生间、房间和外墙面的防渗漏，为5年；3. 供热与供冷系统，为2个采暖期、供冷期；4. 电气管线、给排水管道、设备安装和装修工程，为2年。其他项目的保修期限由发包方与承包方约定。建设工程的保修期，自竣工验收合格之日起计算。

158. 基础设施工程、房屋建筑的地基基础工程和主体结构工程的最低保修期限为50年。（　　）

【答案】错误

【解析】根据《建设工程质量管理条例》在正常使用条件下，建设工程的最低保修期限为：1. 基础设施工程、房屋建筑的地基基础工程和主体结构工程，为设计文件规定的该工程的合理使用年限；2. 屋面防水工程、有防水要求的卫生间、房间和外墙面的防渗漏，为5年；3. 供热与供冷系统，为2个采暖期、供冷期；4. 电气管线、给排水管道、设备安装和装修工程，为2年。其他项目的保修期限由发包方与承包方约定。建设工程的保修期，自竣工验收合格之日起计算。

159. 一名注册监理工程师只能担任一项建设工程监理合同的总监理工程师。（　　）

【答案】错误

【解析】根据《建设工程监理规范》GB/T 50319—2013第3.1.5条：一名注册监理工

程师可担任一项建设工程监理合同的总监理工程师。当需要同时担任多项建筑工程监理合同的总监理工程师时，应经建设单位书面同意，且最多不得超过三项。

160. 监理员的职责是进行见证取样、编写监理日志等。（　　）

【答案】错误

【解析】根据《建设工程监理规范》GB/T 50319—2013 第 3.2.4 条：监理员应履行下列职责：1. 检查施工单位投入工程的人力、主要设备的使用及运行状况。2. 进行见证取样。3. 复核工程计量有关数据。4. 检查工序施工结果。5. 发现施工作业中的问题，及时指出并向专业监理工程师报告。

161. 总监理工程师可以委托总监代表根据工程进展情况调配监理人员。（　　）

【答案】错误

【解析】根据《建设工程监理规范》GB/T 50319—2013 第 3.2.2 条：总监理工程师不得将下列工作委托给总监理工程师代表：1. 组织编制监理规划，审批监理实施细则。2. 根据工程进展及监理工作情况调配监理人员。3. 组织审查施工组织设计、（专项）施工方案。4. 签发工程开工令、暂停令和复工令。5. 签发工程款支付证书，组织审核竣工结算。6. 调解建设单位与施工单位的合同争议，处理工程索赔。7. 审查施工单位的竣工申请，组织工程竣工预验收，组织编写工程质量评估报告，参与工程竣工验收。8. 参与或配合工程质量安全事故的调查和处理。

162. 对专业性较强、危险性较大的分部分项工程，项目监理机构应编制监理规划。（　　）

【答案】错误

【解析】根据《建设工程监理规范》GB/T 50319—2013 第 4.3.1 条：对专业性较强、危险性较大的分部分项工程，项目监理机构应编制监理实施细则。

163. 施工单位应当设立安全生产管理机构，配备兼职安全生产管理人员。（　　）

【答案】错误

【解析】根据《建设工程安全生产管理条例》第二十三条：施工单位应当设立安全生产管理机构，配备专职安全生产管理人员。专职安全生产管理人员负责对安全生产进行现场监督检查。发现安全事故隐患，应当及时向项目负责人和安全生产管理机构报告；对违章指挥、违章操作的，应当立即制止。专职安全生产管理人员的配备办法由国务院建设行政主管部门会同国务院其他有关部门制定。

164. 分包单位应当服从总包单位的安全管理，分包单位不服从管理导致生产安全事故的，由分包单位承担连带责任。（　　）

【答案】错误

【解析】根据《建设工程安全生产管理条例》第二十四条：建设工程实行施工总承包的，由总承包单位对施工现场的安全生产负总责。总承包单位应当自行完成建设工程主体结构的施工。总承包单位依法将建设工程分包给其他单位的，分包合同中应当明确各自的安全生产方面的权利、义务。总承包单位和分包单位对分包工程的安全生产承担连带责任。分包单位应当服从总承包单位的安全生产管理，分包单位不服从管理导致生产安全事故的，由分包单位承担主要责任。

165. 建设单位在编制工程概算时，应当确定建设工程安全作业环境及安全施工措施所需费用。（　　）

【答案】正确

【解析】根据《建设工程安全生产管理条例》第八条：建设单位在编制工程概算时，应当确定建设工程安全作业环境及安全施工措施所需费用。

166. 检验批是工程验收的最小单位，是分项工程、分部工程、单位工程质量验收的基础。（　　）

【答案】正确

【解析】根据《建筑工程施工质量验收统一标准》GB 50300—2013 条文说明第 5.0.1 条：检验批是工程验收的最小单位，是分项工程、分部工程、单位工程质量验收的基础。检验批验收包括两个方面：资料检查、主控项目和一般项目检验。

167. 开挖深度超过 3m 的基坑的土方开挖工程属于超过一定规模的危险性较大的分部分项工程。（　　）

【答案】错误

【解析】根据住房城乡建设部办公厅关于实施《危险性较大的分部分项工程安全管理规定》有关问题的通知，超过一定规模的危险性较大的分部分项工程范围（附件二）：深基坑工程包括：开挖深度超过 5m（含 5m）的基坑（槽）的土方开挖、支护、降水工程。

168. 监理实施细则是针对某一专业或某一方面建设工程监理工作的操作性文件。（　　）

【答案】正确

【解析】根据《建设工程监理规范》GB/T 50319—2013 第 2.0.11 条：监理实施细则是针对某一专业或某一方面建设工程监理工作的操作性文件。

169. 建设单位应按建设工程监理合同的约定，提供监理工作需要的办公、交通、通信、生活等设施。（　　）

【答案】正确

【解析】根据《建设工程监理规范》GB/T 50319—2013 第 3.3.1 条：建设单位应按建设工程监理合同约定，提供监理工作需要的办公、交通、通信、生活等设施。项目监理机构宜妥善使用和保管建设单位提供的设施，并应按建设工程监理合同约定的时间移交建设单位。

170. 监理规划需总监理工程师签字后由工程监理单位负责人审批。（　　）

【答案】错误

【解析】根据《建设工程监理规范》GB/T 50319—2013 第 4.2.2 条：监理规划编审应遵循下列程序：1. 总监理工程师组织专业监理工程师编制。2. 总监理工程师签字后由工程监理单位技术负责人审批。

171. 施工临时用电应按须敷设，不必编制施工组织设计（或方案）。（　　）

【答案】错误

【解析】根据《施工现场临时用电安全技术规范》JGJ 46—2005 第 3.1.1 条：施工现场临时用电设备在 5 台及以上或设备总容量在 50kW 及以上者，应编制用电组织设计。

172. 工程监理单位和监理工程师应当按照法律、法规和工程建设强制性标准实施监理，并对建设工程安全生产承担监理责任。（　　）

【答案】正确

【解析】根据《建设工程安全生产管理条例》第十四条：工程监理单位应当审查施工

组织设计中的安全技术措施或者专项施工方案是否符合工程建设强制性标准。工程监理单位在实施监理过程中，发现存在安全事故隐患的，应当要求施工单位整改；情况严重的，应当要求施工单位暂时停止施工，并及时报告建设单位。施工单位拒不整改或者不停止施工的，工程监理单位应当及时向有关主管部门报告。工程监理单位和监理工程师应当按照法律、法规和工程建设强制性标准实施监理，并对建设工程安全生产承担监理责任。

173. 作业人员进入新的岗位或者新的施工现场时，应当接受安全生产教育培训，未经教育培训或者教育培训不合格的人员，不得上岗作业。（　　）

【答案】正确

【解析】根据《建设工程安全生产管理条例》第三十七条：作业人员进入新的岗位或者新的施工现场前，应当接受安全生产教育培训。未经教育培训或者教育培训考核不合格的人员，不得上岗作业。施工单位在采用新技术、新工艺、新设备、新材料时，应当对作业人员进行相应的安全生产教育培训。

174. 情况紧急时，事故现场有关人员可以直接向事故发生地县级以上人民政府安全生产监督管理部门和负有安全生产监督管理职责的有关部门报告。（　　）

【答案】正确

【解析】根据《生产安全事故报告和调查处理条例》第九条：事故发生后，事故现场有关人员应当立即向本单位负责人报告；单位负责人接到报告后，应当于1小时内向事故发生地县级以上人民政府安全生产监督管理部门和负有安全生产监督管理职责的有关部门报告。情况紧急时，事故现场有关人员可以直接向事故发生地县级以上人民政府安全生产监督管理部门和负有安全生产监督管理职责的有关部门报告。

175. 动力开关箱与照明开关箱不必分设。（　　）

【答案】错误

【解析】根据《施工现场临时用电安全技术规范》JGJ 46—2005 第 8.1.4 条：动力配电箱与照明配电箱宜分别设置。当合并设置为同一配电箱时，动力和照明应分路配电；动力开关箱与照明开关箱必须分设。

176. 总监理工程师应组织专业监理工程师审查施工单位报审的施工方案，符合要求后应予以签认。（　　）

【答案】正确

【解析】根据《建设工程监理规范》GB/T 50319—2013 第 5.2.2 条：总监理工程师应组织专业监理工程师审查施工单位报审的施工方案，符合要求后应予以签认。

177. 架体搭设高度 24m 以上的脚手架，结构设计必须进行设计计算。（　　）

【答案】正确

【解析】根据《建筑施工安全检查标准》JGJ 59—2011 第 3.3.3 条：扣件式钢管脚手架保证项目的检查评定应符合下列规定：1. 架体搭设应有施工方案，搭设高度超过 24m 的架体应单独编制安全专项方案，结构设计应进行设计计算，并按规定进行审核、审批；2. 搭设高度超过 50m 的架体，应组织专家对专项方案进行论证，并按专家论证意见组织实施；3. 施工方案应完整，能正确指导施工作业。

178. 专业监理工程师应审查施工单位提交的工程结算款支付申请书，提出意见。（　　）

【答案】正确

【解析】根据《建设工程监理规范》GB/T 50319—2013 第 5.3.1 条：项目监理机构应按下列程序进行工程计量和付款签证：1. 专业监理工程师对施工单位在工程款支付报审表中提交的工程量和支付金额进行复核，确定实际完成的工程量，提出到期应支付给施工单位的金额，并提出相应的支持性材料。2. 总监理工程师对专业监理工程师的审查意见进行审核，签认后报建设单位审批。3. 总监理工程师根据建设单位的审批意见，向施工单位签发工程款支付证书。

179.《开工报审表》在施工合同签订后由施工单位提交至建设单位。(　　)

【答案】错误

【解析】根据《建设工程监理规范》GB/T 50319—2013 第 5.1.8 条：总监理工程师应组织专业监理工程师审查施工单位报送的工程开工报审表及相关资料；同时具备下列条件时，应由总监理工程师签署审核意见，并应报建设单位批准后，总监理工程师签发工程开工令：1. 设计交底和图纸会审已完成。2. 施工组织设计已由总监理工程师签认。3. 施工单位现场质量、安全生产管理体系已建立，管理及施工人员已到位，施工机械具备使用条件，主要工程材料已落实。4. 进场道路及水、电、通信等已满足开工要求。

180. 在施工中发生危及人身安全的紧急情况时，作业人员有权立即停止作业或者在采取必要的应急措施后撤离危险区域。(　　)

【答案】正确

【解析】根据《建设工程安全生产管理条例》第三十二条：施工单位应当向作业人员提供安全防护用具和安全防护服装，并书面告知危险岗位的操作规程和违章操作的危害。作业人员有权对施工现场的作业条件、作业程序和作业方式中存在的安全问题提出批评、检举和控告，有权拒绝违章指挥和强令冒险作业。在施工中发生危及人身安全的紧急情况时，作业人员有权立即停止作业或者在采取必要的应急措施后撤离危险区域。

181. 照明开关箱（板）中的所有正常不带电的金属可不作保护接零。(　　)

【答案】错误

【解析】根据《施工现场临时用电安全技术规范》JGJ 46—2005 第 5.2.1 条：在 TN 系统中，下列电气设备不带电的外露可导电部分应做保护接零：1. 电机、变压器、电器、照明器具、手持式电动工具的金属外壳；2. 电气设备传动装置的金属部件；3. 配电柜与控制柜的金属框架；4. 配电装置的金属箱体、框架及靠近带电部分的金属围栏和金属门；5. 电力线路的金属保护管、敷线的钢索、起重机的底座和轨道、滑升模板金属操作平台等；6. 安装在电力线路杆（塔）上的开关、电容器等电气装置的金属外壳及支架。

182. 垂直运输机械作业人员、安装拆卸工、爆破作业人员、起重信号工、登高架设作业人员等特种作员人员，必须按照国家有关规定经过专门的安全作业培训，并取得特种作业操作资格证书后，方可上岗作业。(　　)

【答案】正确

【解析】根据《建设工程安全生产管理条例》第二十五条：垂直运输机械作业人员、安装拆卸工、爆破作业人员、起重信号工、登高架设作业人员等特种作业人员，必须按照国家有关规定经过专门的安全作业培训，并取得特种作业操作资格证书后，方可上岗作业。

183. 注册建筑师、注册结构工程师、监理工程师等注册执业人员因过错造成质量事

故的，责令停止执业 2 年。（　　）

【答案】错误

【解析】根据《建筑工程质量管理条例》第七十二条：违反本条例规定，注册建筑师、注册结构工程师、监理工程师等注册执业人员因过错造成质量事故的，责令停止执业 1 年；造成重大质量事故的，吊销执业资格证书，5 年以内不予注册；情节特别恶劣的，终身不予注册。

184. 注册建筑师、注册结构工程师、监理工程师等注册执业人员因过错造成重大质量事故的，吊销执业资格证书，5 年以内不予注册；情节特别恶劣的，终身不予注册。（　　）

【答案】正确

【解析】根据《建筑工程质量管理条例》第七十二条：违反本条例规定，注册建筑师、注册结构工程师、监理工程师等注册执业人员因过错造成质量事故的，责令停止执业 1 年；造成重大质量事故的，吊销执业资格证书，5 年以内不予注册；情节特别恶劣的，终身不予注册。

185. 因生产安全事故受到损害的从业人员，除依法享有工伤社会保险外，依照有关民事法律尚有获得赔偿的权利。（　　）

【答案】正确

【解析】根据《中华人民共和国安全生产法》第五十三条：因生产安全事故受到损害的从业人员，除依法享有工伤保险外，依照有关民事法律尚有获得赔偿的权利的，有权向本单位提出赔偿要求。

186. 生产经营单位的从业人员不服从管理，违反安全生产规章制度或者操作规程的，由国家劳动管理机构进行批评教育，并依照有关规章制度给予处分；构成犯罪的，依照刑法有关规定追究刑事责任。（　　）

【答案】错误

【解析】根据《中华人民共和国安全生产法》第一百零四条：生产经营单位的从业人员不服从管理，违反安全生产规章制度或者操作规程的，由生产经营单位给予批评教育，依照有关规章制度给予处分；构成犯罪的，依照刑法有关规定追究刑事责任。

187. 生产经营单位的主要负责人未履行本法规定的安全生产管理职责，应责令限期改正。（　　）

【答案】正确

【解析】根据《中华人民共和国安全生产法》第九十一条：生产经营单位的主要负责人未履行本法规定的安全生产管理职责的，责令限期改正；逾期未改正的，处二万元以上五万元以下的罚款，责令生产经营单位停产停业整顿。生产经营单位的主要负责人有前款违法行为，导致发生生产安全事故的，给予撤职处分；构成犯罪的，依照刑法有关规定追究刑事责任。生产经营单位的主要负责人依照前款规定受刑事处罚或者撤职处分的，自刑罚执行完毕或者受处分之日起，五年内不得担任任何生产经营单位的主要负责人；对重大、特别重大生产安全事故负有责任的，终身不得担任本行业生产经营单位的主要负责人。

188. 施工单位应当制定本单位生产安全事故应急救援预案、应急救援组织或者应急救援人员，配备必要的应急救援器材、设备。（　　）

【答案】正确

【解析】根据《建设工程安全生产管理条例》第四十八条：施工单位应当制定本单位生产安全事故应急救援预案，建立应急救援组织或者配备应急救援人员，配备必要的应急救援器材、设备，并定期组织演练。

189. 依据《建设工程监理规范》规定，明确见证取样为监理员的工作职责。（ ）

【答案】正确

【解析】根据《建设工程监理规范》GB/T 50319—2013 第 3.2.4 条：监理员应履行下列职责：1. 检查施工单位投入工程的人力、主要设备的使用及运行状况。2. 进行见证取样。3. 复核工程计量有关数据。4. 检查工序施工结果。5. 发现施工作业中的问题，及时指出并向专业监理工程师报告。

190. 工程变更需要修改工程设计文件，涉及到人防、消防、环保、节能、结构等内容的，需要经过有关部门重新审查。（ ）

【答案】正确

【解析】根据《建设工程监理规范》GB/T 50319—2013 条文说明第 6.3.1 条：发生工程变更，应经过建设单位、设计单位、施工单位和工程监理单位的签认，并通过总监理工程师下达变更指令后，施工单位方可进行施工。工程变更需要修改工程设计文件，涉及消防、人防、环保、节能、结构等内容的，应按规定经有关部门重新审查。

191. 危险性较大的分部分项工程是指建筑工程在施工过程中存在的、可能导致作业人员伤亡或造成不良社会影响的分部分项工程。（ ）

【答案】错误

【解析】根据《危险性较大的分部分项工程安全管理规定》第三条：本规定所称危险性较大的分部分项工程是指房屋建筑和市政基础设施工程在施工过程中，容易导致人员群死群伤或者造成重大经济损失的分部分项工程。

192. 悬挑超过 20 米的脚手架必须进行专家论证。（ ）

【答案】正确

【解析】根据《危险性较大的分部分项工程安全管理规定》第十二条：对于超过一定规模的危大工程，施工单位应当组织召开专家论证会对专项施工方案进行论证。实行施工总承包的，由施工总承包单位召开专家论证会。专家论证前专项施工方案应当通过施工单位审核和总监理工程师审查。

超过一定规模的分部分项工程（附件二）：脚手架工程包括 1. 搭设高度 50m 及以上的落地式钢管脚手架工程。2. 提升高度在 150m 及以上的附着式升降脚手架工程或附着式升降操作平台工程。3. 分段架体搭设高度 20m 及以上的悬挑式脚手架工程。

193. 房屋建筑工程质量保修保修费用由质量缺陷的责任方承担。（ ）

【答案】正确

【解析】根据《房屋建筑工程质量保修办法》十三条：保修费用由质量缺陷的责任方承担。

194. 监理人员应熟悉设计文件和图纸，并参加由建设单位组织的设计文件会审，会议纪要由监理人员签认。（ ）

【答案】错误

【解析】根据《建设工程监理规范》GB/T 50319—2013 第 5.1.2 条：项目监理人员应熟悉工程设计文件，并应参加由建设单位主持的图纸会审和设计交底会议，会议纪要应由总监理工程师签认。

195. 从业人员在作业过程中，应当严格遵守本单位的安全生产规章制度和操作规程，服从管理。（　　）

【答案】正确

【解析】根据《中华人民共和国安全生产法》第五十四条：从业人员在作业过程中，应当严格遵守本单位的安全生产规章制度和操作规程，服从管理，正确佩戴和使用劳动防护用品。

196. 安装、拆卸施工起重机械和整体提升脚手架、模板等自升式架设设施，应当编制拆装方案、制定安全施工措施，并由专业技术人员现场监督。（　　）

【答案】正确

【解析】根据《建设工程安全生产管理条例》第十七条：安装、拆卸施工起重机械和整体提升脚手架、模板等自升式架设设施，应当编制拆装方案、制定安全施工措施，并由专业技术人员现场监督。

197. 作业人员进入新的岗位或者新的施工现场时，应当接受安全生产教育培训，未经教育培训或者教育培训不合格的人员，不得上岗作业。（　　）

【答案】正确

【解析】根据《建设工程安全生产管理条例》第三十七条：作业人员进入新的岗位或者新的施工现场前，应当接受安全生产教育培训。未经教育培训或者教育培训考核不合格的人员，不得上岗作业。施工单位在采用新技术、新工艺、新设备、新材料时，应当对作业人员进行相应的安全生产教育培训。

198. 工程监理单位应当审查施工组织设计中的安全技术措施或者专项施工方案是否符合招标文件要求标准。（　　）

【答案】错误

【解析】根据《建设工程安全生产管理条例》第十四条：工程监理单位应当审查施工组织设计中的安全技术措施或者专项施工方案是否符合工程建设强制性标准。

199. 提倡对建筑工程实行总承包，在特殊情况下可以将建筑工程肢解发包。（　　）

【答案】错误

【解析】根据《中华人民共和国建筑法》第二十四条：提倡对建筑工程实行总承包，禁止将建筑工程肢解发包。

200. 工程监理单位应当根据建设单位的委托，按建设单位的意见执行监理任务。（　　）

【答案】错误

【解析】根据《中华人民共和国建筑法》第三十四条：工程监理单位应当在其资质等级许可的监理范围内，承担工程监理业务。工程监理单位应当根据建设单位的委托，客观、公正地执行监理任务。工程监理单位与被监理工程的承包单位以及建筑材料、建筑构配件和设备供应单位不得有隶属关系或者其他利害关系。工程监理单位不得转让工程监理业务。

201. 工程监理单位不按照委托监理合同的约定履行监理义务，对应当监督检查的项目

不检查或者不按照规定检查，给建设单位造成损失的，应当承担相应的赔偿责任。（　　）

【答案】正确

【解析】根据《中华人民共和国建筑法》第三十五条：工程监理单位不按照委托监理合同的约定履行监理义务，对应当监督检查的项目不检查或者不按照规定检查，给建设单位造成损失的，应当承担相应的赔偿责任。工程监理单位与承包单位串通，为承包单位谋取非法利益，给建设单位造成损失的，应当与承包单位承担连带赔偿责任。

202. 涉及建筑主体和承重结构变动的装修工程，建设单位应当在施工前委托原设计单位或者具有相应资质等级的设计单位提出设计方案；没有设计方案的，不得施工。（　　）

【答案】正确

【解析】根据《中华人民共和国建筑法》第四十九条：涉及建筑主体和承重结构变动的装修工程，建设单位应当在施工前委托原设计单位或者具有相应资质条件的设计单位提出设计方案；没有设计方案的，不得施工。

203. 模板拆除的顺序和方法应按照模板的设计规定进行，当设计无规定时，可采用先支的先拆，后支的后拆，先拆非承重模板，后拆承重模板，并应从上而下进行拆除。（　　）

【答案】错误

【解析】根据《建筑施工模板安全技术规范》JGJ 162—2008 第 7.1.8 条：拆模的顺序和方法应按模板的设计规定进行。当设计无规定时，可采取先支的后拆、后支的先拆、先拆非承重模板、后拆承重模板，并应从上而下进行拆除。拆下的模板不得抛扔，应按指定地点堆放。

204. 工程监理单位应当审查施工组织设计中的安全技术措施或者专项施工方案是否符合工程建设强制性标准。（　　）

【答案】正确

【解析】根据《建设工程安全生产管理条例》第十四条：工程监理单位应当审查施工组织设计中的安全技术措施或者专项施工方案是否符合工程建设强制性标准。

205. 工程监理单位在实施监理过程中，发现存在安全事故隐患的，应当要求施工单位整改；情况严重的，应当要求施工单位暂时停止施工，并及时报告建设单位。施工单位拒不整改或者不停止施工的，工程监理单位应当予以处罚。（　　）

【答案】错误

【解析】根据《建设工程安全生产管理条例》第十四条：工程监理单位应当审查施工组织设计中的安全技术措施或者专项施工方案是否符合工程建设强制性标准。工程监理单位在实施监理过程中，发现存在安全事故隐患的，应当要求施工单位整改；情况严重的，应当要求施工单位暂时停止施工，并及时报告建设单位。施工单位拒不整改或者不停止施工的，工程监理单位应当及时向有关主管部门报告。工程监理单位和监理工程师应当按照法律、法规和工程建设强制性标准实施监理，并对建设工程安全生产承担监理责任。

206. 在施工现场安装、拆卸施工起重机械和整体提升脚手架、模板等自升式架设设施，必须由具有相应资质的单位承担。（　　）

【答案】正确

【解析】根据《建设工程安全生产管理条例》第十七条：在施工现场安装、拆卸施工起重机械和整体提升脚手架、模板等自升式架设设施，必须由具有相应资质的单位承担。

第四部分　多项选择题

（每道题最少有两个正确答案）

1. 依据《建设工程安全生产管理条例》规定，下列对工程监理单位安全生产责任的叙述，哪些是正确的（　　）。

A. 工程监理单位在实施监理过程中，发现存在安全事故隐患的，应当要求施工单位整改

B. 发现存在安全事故隐患情况严重，施工单位拒不整改或者不停止施工的，工程监理单位应当及时向施工上级单位报告

C. 发现施工单位的施工组织设计存在重大缺陷的，工程监理单位应当责令设计单位修改

D. 工程监理单位和监理工程师应当按照法律、法规和工程建设强制性标准实施监理，并对建设工程安全生产承担监理责任

E. 工程监理单位应当审查施工组织设计中的安全技术措施或者专项施工方案是否符合工程建设强制性标准

【答案】 ADE

【解析】 根据《建设工程安全生产管理条例》第十四条：工程监理单位应当审查施工组织设计中的安全技术措施或者专项施工方案是否符合工程建设强制性标准。

工程监理单位在实施监理过程中，发现存在安全事故隐患的，应当要求施工单位整改；情况严重的，应当要求施工单位暂时停止施工，并及时报告建设单位。施工单位拒不整改或者不停止施工的，工程监理单位应当及时向有关主管部门报告。

工程监理单位和监理工程师应当按照法律、法规和工程建设强制性标准实施监理，并对建设工程安全生产承担监理责任。

2. 违反《建设工程安全生产管理条例》规定，施工单位的（　　）在进入施工现场前未经查验或者查验不合格即投入使用的，责令限期改正。

A. 安全防护用具　B. 模板　C. 机械设备　D. 建筑材料

E. 施工机具及配件

【答案】 ACE

【解析】 根据《建设工程安全生产管理条例》第六十五条：安全防护用具、机械设备、施工机具及配件在进入施工现场前未经查验或者查验不合格即投入使用的。

3. 依据《危险性较大的分部分项工程安全管理规定》规定，监理单位有（　　）行为之一的，责令限期改正，并处1万元以上3万元以下的罚款；对直接负责的主管人员和其他直接责任人员处1000元以上5000元以下的罚款。

A. 未按照本规定编制监理实施细则

B. 未对危大工程施工实施专项巡视检查

C. 未按照本规定参与组织危大工程验收

D. 未按照本规定建立危大工程安全管理档案

E. 总监理工程师未到岗履职

【答案】 ABCD

【解析】 根据《危险性较大的分部分项工程安全管理规定》第三十七条：监理单位有下列行为之一的，责令限期改正，并处 1 万元以上 3 万元以下的罚款；对直接负责的主管人员和其他直接责任人员处 1000 元以上 5000 元以下的罚款：

（一）未按照本规定编制监理实施细则的；

（二）未对危大工程施工实施专项巡视检查的；

（三）未按照本规定参与组织危大工程验收的；

（四）未按照本规定建立危大工程安全管理档案的。

4. 依据《危险性较大的分部分项工程安全管理规定》规定，属于超过一定规模的危险性较大的分部分项工程有（　　）。

A. 开挖深度超过 5m（含 5m）的基坑（槽）的土方开挖、支护、降水工程

B. 搭设高度 8m 及以上，或搭设跨度 18m 及以上，或施工总荷载（设计值）15kN/m^2 及以上，或集中线荷载（设计值）20kN/m 及以上

C. 分段架体搭设高度 20m 及以上的悬挑式脚手架工程

D. 跨度 30m 的钢结构安装工程

E. 开挖深度小于 18 米的人工挖孔桩工程

【答案】 ABC

【解析】 根据住房城乡建设部办公厅关于实施《危险性较大的分部分项工程安全管理规定》有关问题的通知（建办质〔2018〕31 号）附件二（超过一定规模的危险性较大的分部分项工程范围）包括：一、深基坑工程：开挖深度超过 5m（含 5m）的基坑（槽）的土方开挖、支护、降水工程。二、混凝土模板支撑工程：搭设高度 8m 及以上，或搭设跨度 18m 及以上，或施工总荷载（设计值）15kN/m^2 及以上，或集中线荷载（设计值）20kN/m 及以上。四、脚手架工程（一）搭设高度 50m 及以上的落地式钢管脚手架工程。（二）提升高度在 150m 及以上的附着式升降脚手架工程或附着式升降操作平台工程。（三）分段架体搭设高度 20m 及以上的悬挑式脚手架工程。七、其他（一）施工高度 50m 及以上的建筑幕墙安装工程。（二）跨度 36m 及以上的钢结构安装工程，或跨度 60m 及以上的网架和索膜结构安装工程。（三）开挖深度 16m 及以上的人工挖孔桩工程。（四）水下作业工程。（五）重量 1000kN 及以上的大型结构整体顶升、平移、转体等施工工艺。（六）采用新技术、新工艺、新材料、新设备可能影响工程施工安全，尚无国家、行业及地方技术标准的分部分项工程。

5. 依据《建设工程安全生产管理条例》规定，（　　）属于特种作业人员。

A. 建筑电工

B. 建筑架子工

C. 建筑起重机械安装拆卸工（塔式起重机）

D. 水电工

E. 砌筑工

【答案】 ABC

【解析】 根据《建设工程安全生产管理条例》第二十五条：垂直运输机械作业人员、

安装拆卸工、爆破作业人员、起重信号工、登高架设作业人员等特种作业人员，必须按照国家有关规定经过专门的安全作业培训，并取得特种作业操作资格证书后，方可上岗作业。

6. 依据《生产安全事故报告和调查处理条例》规定，下列属于一般事故范围的是（　　）。

A. 造成3人以下死亡的事故

B. 10人以下重伤的事故

C. 2000万元直接经济损失的事故

D. 1000万元以下直接经济损失的事故

E. 造成50人以上重伤的事故

【答案】ABD

【解析】根据《生产安全事故报告和调查处理条例》第三条：（四）一般事故，是指造成3人以下死亡，或者10人以下重伤，或者1000万元以下直接经济损失的事故。

7. 依据《建设工程安全生产管理条例》规定，下列属于施工单位应当编制专项施工方案的有（　　）。

A. 基坑支护与降水工程　　B. 模板工程

C. 起重吊装工程　　D. 脚手架工程

E. 钢筋工程

【答案】ABCD

【解析】根据《建设工程安全生产管理条例》第二十六条：施工单位应当在施工组织设计中编制安全技术措施和施工现场临时用电方案，对下列达到一定规模的危险性较大的分部分项工程编制专项施工方案，并附具安全验算结果，经施工单位技术负责人、总监理工程师签字后实施，由专职安全生产管理人员进行现场监督：

（一）基坑支护与降水工程；

（二）土方开挖工程；

（三）模板工程；

（四）起重吊装工程；

（五）脚手架工程；拆除、爆破工程；

（六）国务院建设行政主管部门或者其他有关部门规定的其他危险性较大的工程。

8. 依据《建设工程安全生产管理条例》规定，出租的机械设备和施工机具及配件，应当具有（　　）。

A. 生产（制造）许可证　　B. 设备履历书

C. 产品使用说明书　　D. 产品构造图

E. 产品合格证

【答案】AE

【解析】根据《建设工程安全生产管理条例》第十六条：出租的机械设备和施工机具及配件，应当具有生产（制造）许可证、产品合格证。

出租单位应当对出租的机械设备和施工机具及配件的安全性能进行检测，在签订租赁协议时，应当出具检测合格证明。

禁止出租检测不合格的机械设备和施工机具及配件。

9. 依据《建设工程安全生产管理条例》规定，（　　）作业人员必须按照国家有关规定经过培训，并取得特种作业操作资格证书后，方可上岗作业。

A. 垂直运输机械作业人员　　B. 爆破作业人员

C. 起重信号工　　D. 登高架设作业人员

E. 安装拆卸工

【答案】ABCDE

【解析】根据《建设工程安全生产管理条例》第二十五条：垂直运输机械作业人员、安装拆卸工、爆破作业人员、起重信号工、登高架设作业人员等特种作业人员，必须按照国家有关规定经过专门的安全作业培训，并取得特种作业操作资格证书后，方可上岗作业。

10. 申请领取施工许可证，下列属于应当具备条件的是（　　）。

A. 已经办理建筑工程用地审批手续

B. 依法应当办理建设工程规划许可证的，已经取得建设工程规划许可证

C. 已经确定建筑施工企业

D. 有满足施工需要的资金安排、施工图纸及技术资料

E. 建设行政主管部门应当自收到申请之日起十五日内，对符合条件的申请颁发施工许可证

【答案】ABCD

【解析】根据《中华人民共和国建筑法》第八条：申请领取施工许可证，应当具备下列条件：

（一）已经办理该建筑工程用地批准手续；

（二）依法应当办理建设工程规划许可证的，已经取得建设工程规划许可证；

（三）需要拆迁的，其拆迁进度符合施工要求；

（四）已经确定建筑施工企业；

（五）有满足施工需要的资金安排、施工图纸及技术资料；

（六）有保证工程质量和安全的具体措施。

建设行政主管部门应当自收到申请之日起七日内，对符合条件的申请颁发施工许可证。

11. 实施建筑工程监理前，建设单位应当将（　　）书面通知被监理的建筑施工企业。

A. 委托的工程监理单位　　B. 监理的内容

C. 监理单位酬金　　D. 监理人员名单

E. 监理权限

【答案】ABE

【解析】根据《中华人民共和国建筑法》第三十三条：实施建筑工程监理前，建设单位应当将委托的工程监理单位、监理 的内容及监理权限，书面通知被监理的建筑施工企业。

12. 依据《建筑法》规定，建筑施工企业在编制施工组织设计时，应当根据建筑工程的特点制定相应的安全技术措施；对专业性较强的工程项目（　　）。

A. 应当编制专项安全施工组织设计

B. 视情况决定是否编制专项安全施工组织设计

C. 不必编制专项安全施工组织设计

D. 采取安全技术措施

E. 视情况决定是否采取安全技术措施

【答案】 AD

【解析】 根据《中华人民共和国建筑法》第三十八条：建筑施工企业在编制施工组织设计时，应当根据建筑工程的特点制定相应的安全技术措施；对专业性较强的工程项目，应当编制专项安全施工组织设计，并采取安全技术措施。

13. 依据《建筑法》规定，建筑施工企业应当在施工现场采取（　　）。

A. 维护安全的措施

B. 防范危险的措施

C. 预防火灾的措施

D. 有条件的，应当对施工现场实行封闭管理

E. 必须全部封闭管理

【答案】 ABCD

【解析】 根据《中华人民共和国建筑法》第三十九条：建筑施工企业应当在施工现场采取维护安全、防范危险、预防火灾等措施；有条件的，应当对施工现场实行封闭管理。

施工现场对毗邻的建筑物、构筑物和特殊作业环境可能造成损害的，建筑施工企业应当采取安全防护措施。

14. 建筑施工企业应当遵守有关环境保护和安全生产的法律、法规的规定，采取控制和处理施工现场的各种（　　）对环境的污染和危害的措施。

A. 粉尘　　B. 废气　　C. 固体废物　　D. 废水

E. 噪声、振动

【答案】 ABCDE

【解析】 根据《中华人民共和国建筑法》第四十一条：建筑施工企业应当遵守有关环境保护和安全生产的法律、法规的规定，采取控制和处理施工现场的各种粉尘、废气、废水、固体废物以及噪声、振动对环境的污染和危害的措施。

15. 有下列情形之一的，建设单位应当按照国家有关规定办理申请批准手续（　　）。

A. 需要临时占用规划批准范围以外场地的

B. 可能损坏道路、管线、电力、邮电通讯等公共设施的

C. 需要临时停水、停电、中断道路交通的

D. 需要进行爆破作业的

E. 法律、法规规定需要办理报批手续的其他情形

【答案】 ABCDE

【解析】 根据《中华人民共和国建筑法》第四十二条：有下列情形之一的，建设单位应当按照国家有关规定办理申请批准 手续：

（一）需要临时占用规划批准范围以外场地的；

（二）可能损坏道路、管线、电力、邮电通讯等公共设施的；

（三）需要临时停水、停电、中断道路交通的；

（四）需要进行爆破作业的；

（五）法律、法规规定需要办理报批手续的其他情形。

16. 依据《建筑法》规定，建筑施工企业必须（　　）。

A. 依法加强对建筑安全生产的管理

B. 执行安全生产责任制度

C. 采取有效措施防止伤亡的发生

D. 采取有效措施防止其他安全生产事故的发生

E. 避免任何事故的发生

【答案】 ABCD

【解析】 根据《中华人民共和国建筑法》第四十四条：建筑施工企业必须依法加强对建筑安全生产的管理，执行安全生产 责任制度，采取有效措施，防止伤亡和其他安全生产事故的发生。

建筑施工企业的法定代表人对本企业的安全生产负责。

17. 建筑施工企业和作业人员在施工过程中，应当（　　）。

A. 遵守有关安全生产的法律　　B. 遵守有关安全生产的法规

C. 遵守建筑行业安全规章　　D. 遵守建筑行业安全规程

E. 不得违章指挥或者违章作业

【答案】 ABCDE

【解析】 根据《中华人民共和国建筑法》第四十七条：建筑施工企业和作业人员在施工过程中，应当遵守有关安全生产的 法律、法规和建筑行业安全规章、规程，不得违章指挥或者违章作业。作业人员有权 对影响人身健康的作业程序和作业条件提出改进意见，有权获得安全生产所需的防护 用品。作业人员对危及生命安全和人身健康的行为有权提出批评、检举和控告。

18. 超越本单位资质等级承揽工程的，（　　）。

A. 责令停止违法行为　　B. 处以罚款

C. 可以责令停业整顿，降低资质等级　　D. 情节严重的，吊销资质证书

E. 有违法所得的，予以没收

【答案】 ABCDE

【解析】 根据《中华人民共和国建筑法》第六十五条：发包单位将工程发包给不具有相应资质条件的承包单位的，或者违 反本法规定将建筑工程肢解发包的，责令改正，处以罚款。

超越本单位资质等级承揽工程的，责令停止违法行为，处以罚款，可以责令停业整顿，降低资质等级；情节严重的，吊销资质证书；有违法所得的，予以没收。未取得资质证书承揽工程的，予以取缔，并处罚款；有违法所得的，予以没收。以欺骗手段取得资质证书的，吊销资质证书，处以罚款；构成犯罪的，依法追究刑事责任。

19. 依据《建设工程监理规范》规定，项目监理机构应（　　），定期巡视检查危险性较大的分部分项工程施工作业情况。

A. 审查施工单位现场安全生产规章制度的建立和实施情况

B. 审查施工单位安全生产许可证及施工单位项目经理、专职安全生产管理人员和特种作业人员的资格

C. 核查施工机械和设施的安全许可验收手续

D. 施工人员的出勤情况

E. 施工企业的安全保证体系

【答案】ABC

【解析】根据《建设工程监理规范》GB/T 50319—2013 第 5.5.2 条：项目监理机构应审查施工单位现场安全生产规章制度的建立和实施情况，并应审查施工单位安全生产许可证及施工单位项目经理、专职安全生产管理人员和特种作业人员的资格，同时应核查施工机械和设施的安全许可验收手续。

20. 依据《建设工程监理规范》规定，总监理工程师应组织专业监理工程师审查施工单位报送的开工报审表及相关资料，同时具备下列条件的，应由总监理工程师签署审查意见，并应报建设单位批准后，总监理工程师签发工程开工令。其中，具备的条件除设计交底和图纸会审已完成外，还包括（　　）。

A. 施工原材料已经进场检验合格

B. 施工组织设计已由总监理工程师签认

C. 施工单位现场质量、安全生产管理体系已建立，管理及施工人员已到位，施工机械具备使用条件，主要工程材料已落实

D. 进场道路及水、电、通信等已满足开工要求

E. 设计单位已同意开工

【答案】BCD

【解析】根据《建设工程监理规范》GB/T 50319—2013 第 5.1.8 条：总监理工程师应组织专业监理工程师审查施工单位报送的开工报审表及相关资料；同时具备下列条件时，应由总监理工程师签署审查意见，并应报建设单位批准后，总监理工程师签发工程开工令：

1. 设计交底和图纸会审已完成；

2. 施工组织设计已由总监理工程师签认；

3. 施工单位现场质量、安全生产管理体系已建立，管理及施工人员已到位，施工机械具备使用条件，主要工程材料已落实；

4. 进场道路及水、电、通信等已满足开工要求。

21. 关于施工单位职工安全生产教育培训，下列说法正确的有（　　）。

A. 施工单位自主决定是否进行安全生产教育培训

B. 由项目监理机构考核安全生产教育培训情况

C. 施工单位应当加强对职工的安全生产教育培训

D. 施工单位应当建立健全安全生产教育培训制度

E. 未经教育培训或者教育培训考核不合格的人员，不得上岗作业

【答案】CDE

【解析】根据《建设工程安全生产管理条例》第二十一条：施工单位主要负责人依法对本单位的安全生产工作全面负责。施工单位应当建立健全安全生产责任制度和安全生产教育培训制度，制定安全生产规章制度和操作规程，保证本单位安全生产条件所需资金的投入，对所承担的建设工程进行定期和专项安全检查，并做好安全检查记录。

施工单位的项目负责人应当由取得相应执业资格的人员担任，对建设工程项目的安全施工负责，落实安全生产责任制度、安全生产规章制度和操作规程，确保安全生产费用的有效使用，并根据工程的特点组织制定安全施工措施，消除安全事故隐患，及时、如实报告生产安全事故。

第三十七条：作业人员进入新的岗位或者新的施工现场前，应当接受安全生产教育培训。未经教育培训或者教育培训考核不合格的人员，不得上岗作业。

施工单位在采用新技术、新工艺、新设备、新材料时，应当对作业人员进行相应的安全生产教育培训。

22. 依据《建设工程监理规范》规定，专项施工方案审查的基本内容有（　　）。

A. 安全技术措施应符合施工组织设计要求

B. 施工总平面布置应科学合理

C. 编审程序应符合相关规定

D. 安全技术措施应符合工程建设强制性标准

E. 文明施工编制状况

【答案】 CD

【解析】 根据《建设工程监理规范》GB/T 50319—2013 第 5.5.3 条：专项施工方案审查应包括下列基本内容：

1. 编审程序应符合相关规定。

2. 安全技术措施应符合工程建设强制性标准。

23. 为了加强建设工程安全生产监督管理，保障人民群众生命和财产安全，根据（　　），制定《建设工程安全生产管理条例》。

A.《中华人民共和国建筑法》　　B.《中华人民共和国城市规划法》

C.《中华人民共和国安全生产法》　　D.《中华人民共和国招标投标法》

E.《中华人民共和国建设工程勘察设计管理条例》

【答案】 AC

【解析】 根据《建设工程安全生产管理条例》第一条：为了加强建设工程安全生产监督管理，保障人民群众生命和财产安全，根据《中华人民共和国建筑法》《中华人民共和国安全生产法》，制定本条例。

24. 建设单位应当向施工单位提供（　　），并保证资料的真实、准确、完整。

A. 建设工程监理合同

B. 相邻建筑物和构筑物、地下工程的有关资料

C. 气象和水文观测资料

D. 工程担保合同

E. 施工现场及毗邻区域内供水、排水、供电、供气、供热、通信、广播电视等地下管线资料

【答案】 BCE

【解析】 根据《建设工程安全生产管理条例》第六条：建设单位应当向施工单位提供施工现场及毗邻区域内供水、排水、供电、供气、供热、通信、广播电视等地下管线资料，气象和水文观测资料，相邻建筑物和构筑物、地下工程的有关资料，并保证资料的真

实、准确、完整。

建设单位因建设工程需要，向有关部门或者单位查询前款规定的资料时，有关部门或者单位应当及时提供。

25. 项目监理机构应当按照建设工程监理规范的要求，采用（　　）等方式，对建设工程实施监理。

A. 旁站　　B. 巡视　　C. 平行检验　　D. 见证检验

E. 跟踪作业

【答案】 ABC

【解析】 根据《建设工程监理规范》GB/T 50319—2013 第5.5.1条：项目监理机构应根据建设工程监理合同约定，遵循动态控制原理，坚持预防为主的原则，制定和实施相应的监理措施，采用旁站、巡视和平行检验等方式对建设工程实施监理。

26. 依据《安全生产法》规定，危险物品的生产、经营、储存单位以及（　　）应当建立应急救援组织；生产经营规模较小的，可以不建立应急救援组织，但应当指定兼职的救援人员。

A. 矿山、金属冶炼　　B. 城市轨道交通运营

C. 建筑施工单位　　D. 道路运输单位

E. 机械制造单位

【答案】 ABC

【解析】 根据《中华人民共和国安全生产法》第七十九条：危险物品的生产、经营、储存单位以及矿山、金属冶炼、城市轨道交通运营、建筑施工单位应当建立应急救援组织；生产经营规模较小的，可以不建立应急救援组织，但应当指定兼职的应急救援人员。

27. 建设单位和施工单位应当在工程质量保修书中约定（　　）等内容。

A. 保修人　　B. 保修责任　　C. 保修范围　　D. 保修期限

E. 保修单位

【答案】 CD

【解析】 根据《建设工程质量管理条例》第四十一条：建设工程在保修范围和保修期限内发生质量问题的，施工单位应当履行保修义务，并对造成的损失承担赔偿责任。

28. 依据《建设工程安全生产管理条例》规定，下列说法正确的是（　　）。

A. 建设工程安全生产管理条例只适用于施工单位

B. 建设工程安全生产管理条例适用于施工单位

C. 建设工程安全生产管理条例不适用建设单位

D. 建设工程安全生产管理条例不适用监理单位

E. 建设工程安全生产管理条例适用于设计单位

【答案】 BE

【解析】 根据《建设工程安全生产管理条例》第四条：建设单位、勘察单位、设计单位、施工单位、工程监理单位及其他与建设工程安全生产有关的单位，必须遵守安全生产法律、法规的规定，保证建设工程安全生产，依法承担建设工程安全生产责任。

29. 依据《建设工程安全生产管理条例》规定，下列说法错误的是（　　）。

A. 建设工程安全生产管理，坚持质量第一、预防为主的方针

B. 建设单位可根据自身意愿压缩合同约定工期

C. 建设工程安全生产管理，坚持预防第一、安全为主的方针

D. 建设单位因建设工程需要，向有关部门或者单位查询相关资料时，有关部门或者单位应当及时提供

E. 建设工程安全生产管理，坚持安全第一、预防为主的方针

【答案】 ABC

【解析】 根据《建设工程安全生产管理条例》第三条：建设工程安全生产管理，坚持安全第一、预防为主的方针。

第六条：建设单位应当向施工单位提供施工现场及毗邻区域内供水、排水、供电、供气、供热、通信、广播电视等地下管线资料，气象和水文观测资料，相邻建筑物和构筑物、地下工程的有关资料，并保证资料的真实、准确、完整。

建设单位因建设工程需要，向有关部门或者单位查询前款规定的资料时，有关部门或者单位应当及时提供。

第七条：建设单位不得对勘察、设计、施工、工程监理等单位提出不符合建设工程安全生产法律、法规和强制性标准规定的要求，不得压缩合同约定的工期。

30. 依据《建设工程安全生产管理条例》规定，建设单位在编制工程概算时，应当确定（　　）所需费用。

A. 现场卫生条件　　B. 建设工程安全作业环境

C. 工程施工　　D. 安全施工措施

E. 工程文明施工措施

【答案】 BD

【解析】 根据《中华人民共和国建设工程安全生产管理条例》第八条：建设单位在编制工程概算时，应当确定建设工程安全作业环境及安全施工措施所需费用。

31. 依据《建设工程安全生产管理条例》规定，下列说法错误的是（　　）。

A. 建设单位可根据自身意愿压缩合同约定工期

B. 建设单位应当向施工单位提供施工现场资料

C. 施工单位应该自行勘察施工现场，建设单位无义务必须提供相应资料

D. 建设单位因建设工程需要，向有关部门或者单位查询资料时，有关部门或者单位无义务及时提供

E. 建设单位不得压缩合同约定的工期

【答案】 ACD

【解析】 根据《建设工程安全生产管理条例》第六条：建设单位应当向施工单位提供施工现场及毗邻区域内供水、排水、供电、供气、供热、通信、广播电视等地下管线资料，气象和水文观测资料，相邻建筑物和构筑物、地下工程的有关资料，并保证资料的真实、准确、完整。

建设单位因建设工程需要，向有关部门或者单位查询前款规定的资料时，有关部门或者单位应当及时提供。

第七条：建设单位不得对勘察、设计、施工、工程监理等单位提出不符合建设工程安

全生产法律、法规和强制性标准规定的要求，不得压缩合同约定的工期。

32. 依据《建设工程安全生产管理条例》规定，（　　）在编制（　　）时，应当确定建设工程安全作业环境及安全施工措施所需费用。

A. 建设单位　　B. 施工单位　　C. 设计单位　　D. 工程概算

E. 工程决算　　F. 工程预算

【答案】AD

【解析】根据《建设工程安全生产管理条例》第八条：建设单位在编制工程概算时，应当确定建设工程安全作业环境及安全施工措施所需费用。

33. 依据《建设工程安全生产管理条例》规定，下列说法正确的是（　　）。

A. 建设单位在编制工程概算时，应当确定建设工程安全作业环境及安全施工措施所需费用

B. 建设单位在申请领取施工许可证时，应当提供建设工程有关安全施工措施的资料

C. 建设单位可根据自身意愿压缩合同约定工期

D. 建设工程安全生产管理，坚持质量第一、预防为主的方针

E. 建设单位应当向施工单位提供施工现场资料，并保证资料的真实、准确、完整

【答案】ABE

【解析】根据《建设工程安全生产管理条例》第三条：建设工程安全生产管理，坚持安全第一、预防为主的方针。

第六条：建设单位应当向施工单位提供施工现场及毗邻区域内供水、排水、供电、供气、供热、通信、广播电视等地下管线资料，气象和水文观测资料，相邻建筑物和构筑物、地下工程的有关资料，并保证资料的真实、准确、完整。

建设单位因建设工程需要，向有关部门或者单位查询前款规定的资料时，有关部门或者单位应当及时提供。

第八条：建设单位在编制工程概算时，应当确定建设工程安全作业环境及安全施工措施所需费用。

第十条：建设单位在申请领取施工许可证时，应当提供建设工程有关安全施工措施的资料。

依法批准开工报告的建设工程，建设单位应当自开工报告批准之日起15日内，将保证安全施工的措施报送建设工程所在地的县级以上地方人民政府建设行政主管部门或者其他有关部门备案。

34. 在拆除工程施工15日前，建设单位应当报送建设工程所在地的县级以上地方人民政府建设行政主管部门或者其他有关部门备案的资料有（　　）。

A. 堆放、清除废弃物的措施

B. 施工单位资质等级证明

C. 拟拆除工程以往产权证明

D. 拟拆除建筑物、构筑物及可能危及毗邻建筑的说明

E. 拆除施工组织方案

【答案】ABDE

【解析】根据《建设工程安全生产管理条例》第十一条：建设单位应当将拆除工程发

包给具有相应资质等级的施工单位。

建设单位应当在拆除工程施工 15 日前，将下列资料报送建设工程所在地的县级以上地方人民政府建设行政主管部门或者其他有关部门备案：

（一）施工单位资质等级证明；

（二）拟拆除建筑物、构筑物及可能危及毗邻建筑的说明；

（三）拆除施工组织方案；

（四）堆放、清除废弃物的措施。

实施爆破作业的，应当遵守国家有关民用爆炸物品管理的规定。

35. 依据《建设工程安全生产管理条例》规定，下列说法正确的是（　　）。

A. 建设工程，是指土木工程、建筑工程、线路管道和设备安装工程及装修工程

B. 国家鼓励建设工程安全生产的科学技术研究和先进技术的推广应用，推进建设工程安全生产的科学管理

C. 建设单位因建设工程需要，向有关部门或者单位查询规定的资料时，有关部门或者单位应及时提供

D. 建设单位不得对勘察、设计、施工、工程监理等单位提出不符合建设工程安全生产法律、法规和强制性标准规定的要求，不得压缩合同约定的工期

E. 建设单位在编制工程预算时，应当确定建设工程安全作业环境及安全施工措施所需费用

【答案】ABCD

【解析】根据《建设工程安全生产管理条例》第二条：在中华人民共和国境内从事建设工程的新建、扩建、改建和拆除等有关活动及实施对建设工程安全生产的监督管理，必须遵守本条例。

本条例所称建设工程，是指土木工程、建筑工程、线路管道和设备安装工程及装修工程。

第五条：国家鼓励建设工程安全生产的科学技术研究和先进技术的推广应用，推进建设工程安全生产的科学管理。

第六条：建设单位应当向施工单位提供施工现场及毗邻区域内供水、排水、供电、供气、供热、通信、广播电视等地下管线资料，气象和水文观测资料，相邻建筑物和构筑物、地下工程的有关资料，并保证资料的真实、准确、完整。

建设单位因建设工程需要，向有关部门或者单位查询前款规定的资料时，有关部门或者单位应当及时提供。

第七条：建设单位不得对勘察、设计、施工、工程监理等单位提出不符合建设工程安全生产法律、法规和强制性标准规定的要求，不得压缩合同约定的工期。

第八条：建设单位在编制工程概算时，应当确定建设工程安全作业环境及安全施工措施所需费用。

36. 依据《建设工程安全生产管理条例》规定，下列说法正确的是（　　）。

A. 依法批准开工报告的建设工程，建设单位应当自开工报告批准之日起 30 日内，将保证安全施工的措施报送建设工程所在地的县级以上地方人民政府建设行政主管部门或者其他有关部门备案。

B. 依法批准开工报告的建设工程，建设单位应当自开工报告批准之日起 15 日内，将

保证安全施工的措施报送建设工程所在地的县级以上地方人民政府建设行政主管部门或者其他有关部门备案

C. 依法批准开工报告的建设工程，建设单位应当自开工报告批准之日起40日内，将保证安全施工的措施报送建设工程所在地的市级以上人民政府建设行政主管部门或者其他有关部门备案

D. 建设单位应当将拆除工程发包给具有相应资质等级的施工单位

E. 建设单位可以明示或暗示施工单位购买、使用不符合安全施工要求的安全防护用具或机械设备等

【答案】BD

【解析】根据《建设工程安全生产管理条例》第九条：建设单位不得明示或者暗示施工单位购买、租赁、使用不符合安全施工要求的安全防护用具、机械设备、施工机具及配件、消防设施和器材。

第十条：建设单位在申请领取施工许可证时，应当提供建设工程有关安全施工措施的资料。

依法批准开工报告的建设工程，建设单位应当自开工报告批准之日起15日内，将保证安全施工的措施报送建设工程所在地的县级以上地方人民政府建设行政主管部门或者其他有关部门备案。

第十一条：建设单位应当将拆除工程发包给具有相应资质等级的施工单位。

建设单位应当在拆除工程施工15日前，将下列资料报送建设工程所在地的县级以上地方人民政府建设行政主管部门或者其他有关部门备案：

（一）施工单位资质等级证明；

（二）拟拆除建筑物、构筑物及可能危及毗邻建筑的说明；

（三）拆除施工组织方案；

（四）堆放、清除废弃物的措施。

实施爆破作业的，应当遵守国家有关民用爆炸物品管理的规定。

37. 依据《建设工程安全生产管理条例》规定，下列说法正确的是（　　）。

A. 勘察单位应当按照法律、法规和工程建设强制性标准进行勘察，提供的勘察文件应当真实、准确，满足建设工程安全生产的需要

B. 实施爆破作业的，应当遵守国家有关民用爆炸物品管理的规定

C. 建设单位应当将拆除工程发包给具有相应资质等级的施工单位

D. 勘察单位在勘察作业时，应当严格执行操作规程，采取措施保证各类管线、设施和周边建筑物、构筑物的安全

E. 施工单位应当考虑施工安全操作和防护的需要，对涉及施工安全的重点部位和环节在设计文件中注明，并对防范生产安全事故提出指导意见。

【答案】ABCD

【解析】根据《建设工程安全生产管理条例》第十一条：建设单位应当将拆除工程发包给具有相应资质等级的施工单位。

建设单位应当在拆除工程施工15日前，将下列资料报送建设工程所在地的县级以上地方人民政府建设行政主管部门或者其他有关部门备案：

（一）施工单位资质等级证明；

（二）拟拆除建筑物、构筑物及可能危及毗邻建筑的说明；

（三）拆除施工组织方案；

（四）堆放、清除废弃物的措施。

实施爆破作业的，应当遵守国家有关民用爆炸物品管理的规定。

第十二条：勘察单位应当按照法律、法规和工程建设强制性标准进行勘察，提供的勘察文件应当真实、准确，满足建设工程安全生产的需要。

勘察单位在勘察作业时，应当严格执行操作规程，采取措施保证各类管线、设施和周边建筑物、构筑物的安全。

第十三条：设计单位应当按照法律、法规和工程建设强制性标准进行设计，防止因设计不合理导致生产安全事故的发生。

设计单位应当考虑施工安全操作和防护的需要，对涉及施工安全的重点部位和环节在设计文件中注明，并对防范生产安全事故提出指导意见。

38. 依据《建设工程安全生产管理条例》规定，下列说法正确的是（　　）。

A. 建设单位在编制工程概算时，应当确定建设工程安全作业环境及安全施工措施所需费用

B. 依法批准开工报告的建设工程，建设单位应当自开工报告批准之日起 15 日内，将保证安全施工的措施报送建设工程所在地的县级以上地方人民政府建设行政主管部门或者其他有关部门备案

C. 建设单位可以压缩合同约定的工期

D. 建设工程安全生产管理，坚持质量第一、预防为主的方针

E. 施工单位在申请领取施工许可证时，应当提供建设工程有关安全施工措施的资料

【答案】 AB

【解析】 根据《建设工程安全生产管理条例》第三条：建设工程安全生产管理，坚持安全第一、预防为主的方针。

第七条：建设单位不得对勘察、设计、施工、工程监理等单位提出不符合建设工程安全生产法律、法规和强制性标准规定的要求，不得压缩合同约定的工期。

第八条：建设单位在编制工程概算时，应当确定建设工程安全作业环境及安全施工措施所需费用。

第十条：建设单位在申请领取施工许可证时，应当提供建设工程有关安全施工措施的资料。

依法批准开工报告的建设工程，建设单位应当自开工报告批准之日起 15 日内，将保证安全施工的措施报送建设工程所在地的县级以上地方人民政府建设行政主管部门或者其他有关部门备案。

39. 依据《建设工程安全生产管理条例》规定，下列说法正确的是（　　）。

A. 工程监理单位应审查施工组织设计中的安全技术措施或者专项施工方案是否符合工程建设强制性标准

B. 设计单位和注册建筑师等注册执业人员应当对其设计负责

C. 工程监理单位在实施监理过程中，发现存在安全事故隐患的，应当要求施工单位

整改；情况严重的，应及时报告建设单位，但没有权利要求施工单位暂时停止施工

D. 工程监理单位在实施监理过程中，发现存在安全事故隐患的，应当要求施工单位整改；情况严重的，应当要求施工单位暂时停止施工，并及时报告建设单位

E. 工程监理单位和监理工程师应当按照法律、法规和工程建设强制性标准实施监理，并对建设工程安全生产承担监理责任

【答案】ABDE

【解析】根据《建设工程安全生产管理条例》第十三条：设计单位应当按照法律、法规和工程建设强制性标准进行设计，防止因设计不合理导致生产安全事故的发生。

设计单位应当考虑施工安全操作和防护的需要，对涉及施工安全的重点部位和环节在设计文件中注明，并对防范生产安全事故提出指导意见。

采用新结构、新材料、新工艺的建设工程和特殊结构的建设工程，设计单位应当在设计中提出保障施工作业人员安全和预防生产安全事故的措施建议。

设计单位和注册建筑师等注册执业人员应当对其设计负责。

第十四条：工程监理单位应当审查施工组织设计中的安全技术措施或者专项施工方案是否符合工程建设强制性标准。

工程监理单位在实施监理过程中，发现存在安全事故隐患的，应当要求施工单位整改；情况严重的，应当要求施工单位暂时停止施工，并及时报告建设单位。施工单位拒不整改或者不停止施工的，工程监理单位应当及时向有关主管部门报告。

工程监理单位和监理工程师应当按照法律、法规和工程建设强制性标准实施监理，并对建设工程安全生产承担监理责任。

40. 安装、拆卸施工起重机械和整体提升脚手架、模板等自升式架设设施时，下列说法正确的是（　　）。

A. 应当编制拆装方案

B. 制定安全施工措施

C. 由专业技术人员现场监督

D. 必须由具有相应资质的单位承担

E. 可以由非专业人员进行

【答案】ABCD

【解析】根据《建设工程安全生产管理条例》第十七条：在施工现场安装、拆卸施工起重机械和整体提升脚手架、模板等自升式架设设施，必须由具有相应资质的单位承担。

安装、拆卸施工起重机械和整体提升脚手架、模板等自升式架设设施，应当编制拆装方案、制定安全施工措施，并由专业技术人员现场监督。

施工起重机械和整体提升脚手架、模板等自升式架设设施安装完毕后，安装单位应当自检，出具自检合格证明，并向施工单位进行安全使用说明，办理验收手续并签字。

41. 有关施工单位的安全责任，下列说法正确的是（　　）。

A. 施工单位应当依法取得相应等级的资质证书，并在其资质等级许可的范围内承揽工程

B. 施工单位主要负责人依法对本单位的安全生产工作全面负责

C. 施工单位应当对所承担的建设工程进行定期和专项安全检查，并做好安全检查记录

D. 施工单位应当设立安全生产管理机构，配备专职安全生产管理人员

E. 建设工程实行施工分包的，由分包单位对施工现场的安全生产负总责

【答案】 ABCD

【解析】 根据《建设工程安全生产管理条例》第二十条：施工单位从事建设工程的新建、扩建、改建和拆除等活动，应当具备国家规定的注册资本、专业技术人员、技术装备和安全生产等条件，依法取得相应等级的资质证书，并在其资质等级许可的范围内承揽工程。

第二十一条：施工单位主要负责人依法对本单位的安全生产工作全面负责。施工单位应当建立健全安全生产责任制度和安全生产教育培训制度，制定安全生产规章制度和操作规程，保证本单位安全生产条件所需资金的投入，对所承担的建设工程进行定期和专项安全检查，并做好安全检查记录。

施工单位的项目负责人应当由取得相应执业资格的人员担任，对建设工程项目的安全施工负责，落实安全生产责任制度、安全生产规章制度和操作规程，确保安全生产费用的有效使用，并根据工程的特点组织制定安全施工措施，消除安全事故隐患，及时、如实报告生产安全事故。

第二十三条：施工单位应当设立安全生产管理机构，配备专职安全生产管理人员。

第二十四条：建设工程实行施工总承包的，由总承包单位对施工现场的安全生产负总责。

42. 关于施工总、分包单位的责任划分，下列说法正确的是（　　）。

A. 由分包单位对施工现场安全生产负总责

B. 总承包单位和分包单位对分包工程的安全生产承担无限连带责任

C. 分包单位不服从管理导致生产安全事故的，由总承包单位承担主要责任

D. 总承包单位应当对建设工程主体结构的施工安全负总责

E. 总承包单位和分包单位对分包工程的安全生产承担连带责任

【答案】 DE

【解析】 根据《建设工程安全生产管理条例》第二十四条：建设工程实行施工总承包的，由总承包单位对施工现场的安全生产负总责。

总承包单位应当自行完成建设工程主体结构的施工。

总承包单位依法将建设工程分包给其他单位的，分包合同中应当明确各自的安全生产方面的权利、义务。总承包单位和分包单位对分包工程的安全生产承担连带责任。

分包单位应当服从总承包单位的安全生产管理，分包单位不服从管理导致生产安全事故的，由分包单位承担主要责任。

43. 依据《建设工程安全生产管理条例》规定，施工单位应当在下列（　　）危险部位设置明显的安全警示标志。

A. 施工现场入口处　B. 电梯井口　C. 脚手架　D. 分叉路口

E. 十字路口

【答案】 ABC

【解析】 根据《建设工程安全生产管理条例》第二十八条：施工单位应当在施工现场入口处、施工起重机械、临时用电设施、脚手架、出入通道口、楼梯口、电梯井口、孔洞口、桥梁口、隧道口、基坑边沿、爆破物及有害危险气体和液体存放处等危险部位，设置明显的安全警示标志。安全警示标志必须符合国家标准。

施工单位应当根据不同施工阶段和周围环境及季节、气候的变化，在施工现场采取相应的安全施工措施。施工现场暂时停止施工的，施工单位应当做好现场防护，所需费用由责任方承担，或者按照合同约定执行。

44. 依据《建设工程安全生产管理条例》规定，下列说法正确的是（　　）。

A. 施工单位应当根据不同施工阶段和周围环境及季节、气候的变化，在施工现场采取相应的安全施工措施

B. 施工现场暂时停止施工的，施工单位应当做好现场防护，所需费用由施工方承担

C. 建设工程施工前，施工单位负责项目管理的技术人员应当对有关安全施工的技术要求向施工作业班组、作业人员作出详细说明

D. 施工单位应当将施工现场的办公、生活区与作业区分开设置，并保持安全距离

E. 施工现场使用的机械设备应当具有产品合格证或经监理单位同意

【答案】ACD

【解析】根据《建设工程安全生产管理条例》第二十七条：建设工程施工前，施工单位负责项目管理的技术人员应当对有关安全施工的技术要求向施工作业班组、作业人员作出详细说明，并由双方签字确认。

第二十八条：施工单位应当在施工现场入口处、施工起重机械、临时用电设施、脚手架、出入通道口、楼梯口、电梯井口、孔洞口、桥梁口、隧道口、基坑边沿、爆破物及有害危险气体和液体存放处等危险部位，设置明显的安全警示标志。安全警示标志必须符合国家标准。

施工单位应当根据不同施工阶段和周围环境及季节、气候的变化，在施工现场采取相应的安全施工措施。施工现场暂时停止施工的，施工单位应当做好现场防护，所需费用由责任方承担，或者按照合同约定执行。

第二十九条：施工单位应当将施工现场的办公、生活区与作业区分开设置，并保持安全距离；办公、生活区的选址应当符合安全性要求。职工的膳食、饮水、休息场所等应当符合卫生标准。施工单位不得在尚未竣工的建筑物内设置员工集体宿舍。

施工现场临时搭建的建筑物应当符合安全使用要求。施工现场使用的装配式活动房屋应当具有产品合格证。

第三十四条：施工单位采购、租赁的安全防护用具、机械设备、施工机具及配件，应当具有生产（制造）许可证、产品合格证，并在进入施工现场前进行查验。

施工现场的安全防护用具、机械设备、施工机具及配件必须由专人管理，定期进行检查、维修和保养，建立相应的资料档案，并按照国家有关规定及时报废。

45. 依据《建设工程安全生产管理条例》规定，施工单位在采用（　　）时，应当对作业人员进行相应的安全生产教育培训。

A. 新工艺　　B. 新材料　　C. 新结构　　D. 新设备

E. 新技术

【答案】ABDE

【解析】根据《建设工程安全生产管理条例》第三十七条：作业人员进入新的岗位或者新的施工现场前，应当接受安全生产教育培训。未经教育培训或者教育培训考核不合格的人员，不得上岗作业。

施工单位在采用新技术、新工艺、新设备、新材料时，应当对作业人员进行相应的安全生产教育培训。

46. 关于施工总包单位购置的意外伤害保险的期限，下列说法正确的是（　　）。

A. 由建设工程获得施工许可证之日起计算

B. 自建设工程开工之日起计算

C. 至竣工申请之日止

D. 至竣工验收合格止

E. 由施工单位决定

【答案】 BD

【解析】 根据《建设工程安全生产管理条例》第三十八条：施工单位应当为施工现场从事危险作业的人员办理意外伤害保险。

意外伤害保险费由施工单位支付。实行施工总承包的，由总承包单位支付意外伤害保险费。意外伤害保险期限自建设工程开工之日起至竣工验收合格止。

47. 依据《建设工程安全生产管理条例》规定，下列说法正确的（　　）。

A. 在城市市区内的建设工程，施工单位应当对施工现场实行封闭围挡

B. 施工单位应当自施工起重机械和整体提升脚手架、模板等自升式架设设施验收合格之日起 15 日内，向建设行政主管部门或者其他有关部门登记

C. 施工单位主要负责人依法对本单位的安全生产工作全面负责

D. 施工单位应当为施工现场从事危险作业的人员办理意外伤害保险

E. 施工单位应当向作业人员提供安全防护用具和安全防护服装，并书面告知危险岗位的操作规程和违章操作的危害

【答案】 ACDE

【解析】 根据《建设工程安全生产管理条例》第二十一条：施工单位主要负责人依法对本单位的安全生产工作全面负责。施工单位应当建立健全安全生产责任制度和安全生产教育培训制度，制定安全生产规章制度和操作规程，保证本单位安全生产条件所需资金的投入，对所承担的建设工程进行定期和专项安全检查，并做好安全检查记录。

施工单位的项目负责人应当由取得相应执业资格的人员担任，对建设工程项目的安全施工负责，落实安全生产责任制度、安全生产规章制度和操作规程，确保安全生产费用的有效使用，并根据工程的特点组织制定安全施工措施，消除安全事故隐患，及时、如实报告生产安全事故。

第三十条：施工单位对因建设工程施工可能造成损害的毗邻建筑物、构筑物和地下管线等，应当采取专项防护措施。

施工单位应当遵守有关环境保护法律、法规的规定，在施工现场采取措施，防止或者减少粉尘、废气、废水、固体废物、噪声、振动和施工照明对人和环境的危害和污染。

在城市市区内的建设工程，施工单位应当对施工现场实行封闭围挡。

第三十二条：施工单位应当向作业人员提供安全防护用具和安全防护服装，并书面告知危险岗位的操作规程和违章操作的危害。

第三十五条：施工单位应当自施工起重机械和整体提升脚手架、模板等自升式架设设施验收合格之日起 30 日内，向建设行政主管部门或者其他有关部门登记。登记标志应当

置于或者附着于该设备的显著位置。

第三十八条：施工单位应当为施工现场从事危险作业的人员办理意外伤害保险。

意外伤害保险费由施工单位支付。实行施工总承包的，由总承包单位支付意外伤害保险费。意外伤害保险期限自建设工程开工之日起至竣工验收合格止。

48. 依据《建设工程安全生产管理条例》规定，关于意外伤害保险费的支付、期限和费用，下列说法正确的是（　　）。

A. 意外伤害保险费由施工单位支付

B. 意外伤害保险费由建设单位支付

C. 意外伤害保险期限自建设工程开工之日起至竣工验收合格止

D. 意外伤害保险期限自建设工程开工之日起至竣工结算时止

E. 实行施工总承包的，由总承包单位支付意外伤害保险费

【答案】ACE

【解析】根据《建设工程安全生产管理条例》第三十八条：施工单位应当为施工现场从事危险作业的人员办理意外伤害保险。

意外伤害保险费由施工单位支付。实行施工总承包的，由总承包单位支付意外伤害保险费。意外伤害保险期限自建设工程开工之日起至竣工验收合格止。

49. 县级以上人民政府负有建设工程安全生产监督管理职责的部门在各自的职责范围内履行安全监督检查职责时，有权采取（　　）等措施。

A. 要求被检查单位提供有关建设工程安全生产的文件和资料

B. 进入施工现场进行检查

C. 纠正施工中违反安全生产要求的行为

D. 对检查中发现的安全事故隐患，责令监理单位立即进行排除

E. 重大安全事故隐患排除前或者排除过程中无法保证安全的，责令从危险区域内撤出作业人员或者暂时停止施工

【答案】ABCE

【解析】根据《建设工程安全生产管理条例》第四十三条：县级以上人民政府负有建设工程安全生产监督管理职责的部门在各自的职责范围内履行安全监督检查职责时，有权采取下列措施：

（一）要求被检查单位提供有关建设工程安全生产的文件和资料；

（二）进入被检查单位施工现场进行检查；

（三）纠正施工中违反安全生产要求的行为；

（四）对检查中发现的安全事故隐患，责令立即排除；重大安全事故隐患排除前或者排除过程中无法保证安全的，责令从危险区域内撤出作业人员或者暂时停止施工。

50. 依据《建设工程安全生产管理条例》规定，下列说法正确的是（　　）。

A. 国务院负责安全生产监督管理的部门对全国建设工程安全生产工作实施综合监督管理

B. 市级以上地方人民政府建设行政主管部门对本行政区域内建设工程安全生产工作实施综合监督管理

C. 县级以上地方人民政府负责安全生产监督管理的部门对本行政区域内建设工程安

全生产工作实施综合监督管理

D. 市级以上地方人民政府对全国的建设工程安全生产实施监督管理

E. 国务院铁路、交通、水利等有关部门按照国务院规定的职责分工，负责有关专业建设工程安全生产的监督管理

【答案】 ACE

【解析】 根据《建设工程安全生产管理条例》第三十九条：国务院负责安全生产监督管理的部门依照《中华人民共和国安全生产法》的规定，对全国建设工程安全生产工作实施综合监督管理。

县级以上地方人民政府负责安全生产监督管理的部门依照《中华人民共和国安全生产法》的规定，对本行政区域内建设工程安全生产工作实施综合监督管理。

第四十条：国务院建设行政主管部门对全国的建设工程安全生产实施监督管理。国务院铁路、交通、水利等有关部门按照国务院规定的职责分工，负责有关专业建设工程安全生产的监督管理。

县级以上地方人民政府建设行政主管部门对本行政区域内的建设工程安全生产实施监督管理。县级以上地方人民政府交通、水利等有关部门在各自的职责范围内，负责本行政区域内的专业建设工程安全生产的监督管理。

51. 违反《建设工程安全生产管理条例》的规定，县级以上人民政府建设行政主管部门或者其他有关行政管理部门的工作人员，有下列（　　）行为的，给予降级或者撤职的行政处分；构成犯罪的，依照刑法有关规定追究刑事责任。

A. 对不具备安全生产条件的施工单位颁发资质证书

B. 对没有安全施工措施的建设工程颁发施工许可证

C. 不依法履行监督管理职责的其他行为

D. 发现违法行为不予查处的

E. 建设单位未将保证安全施工的措施或者拆除工程的有关资料报送有关部门备案的

【答案】 ABCD

【解析】 根据《建设工程安全生产管理条例》第五十三条：违反本条例的规定，县级以上人民政府建设行政主管部门或者其他有关行政管理部门的工作人员，有下列行为之一的，给予降级或者撤职的行政处分；构成犯罪的，依照刑法有关规定追究刑事责任：

（一）对不具备安全生产条件的施工单位颁发资质证书的；

（二）对没有安全施工措施的建设工程颁发施工许可证的；

（三）发现违法行为不予查处的；

（四）不依法履行监督管理职责的其他行为。

52. 违反《建设工程安全生产管理条例》的规定，建设单位有（　　）行为之一的，责令限期改正，处 20 万元以上 50 万元以下的罚款；造成重大安全事故，构成犯罪的，对直接责任人员，依照刑法有关规定追究刑事责任；造成损失的，依法承担赔偿责任。

A. 对勘察、设计、施工、工程监理等单位提出不符合安全生产法律、法规和强制性标准规定要求

B. 要求施工单位压缩合同约定工期

C. 将拆除工程发包给不具有相应资质等级施工单位

D. 未按照法律、法规和工程建设强制性标准进行勘察、设计

E. 采用新结构、新材料、新工艺的建设工程和特殊结构的建设工程，设计单位未在设计中提出保障施工作业人员安全和预防生产安全事故的措施建议的

【答案】ABC

【解析】根据《建设工程安全生产管理条例》第五十五条：违反本条例的规定，建设单位有下列行为之一的，责令限期改正，处20万元以上50万元以下的罚款；造成重大安全事故，构成犯罪的，对直接责任人员，依照刑法有关规定追究刑事责任；造成损失的，依法承担赔偿责任：

（一）对勘察、设计、施工、工程监理等单位提出不符合安全生产法律、法规和强制性标准规定的要求的；

（二）要求施工单位压缩合同约定的工期的；

（三）将拆除工程发包给不具有相应资质等级的施工单位的。

53. 依据《建设工程安全生产管理条例》规定，下列说法正确的是（　　）。

A. 施工单位取得资质证书后，降低安全生产条件的，责令限期改正；经整改仍未达到与其资质等级相适应的安全生产条件的，责令停业整顿，降低其资质等级直至吊销资质证书

B. 有关法律、行政法规对建设工程安全生产违法行为的行政处罚决定另有规定的，优先适用建设工程安全生产管理条例

C. 抢险救灾和农民自建低层住宅的安全生产管理，也适用建设工程安全生产管理条例

D. 军事建设工程的安全生产管理，按照中央军事委员会的有关规定执行

E. 军事建设工程的安全生产管理，也适用建设工程安全生产管理条例

【答案】AD

【解析】根据《建设工程安全生产管理条例》第六十七条：施工单位取得资质证书后，降低安全生产条件的，责令限期改正；经整改仍未达到与其资质等级相适应的安全生产条件的，责令停业整顿，降低其资质等级直至吊销资质证书。

第六十八条：本条例规定的行政处罚，由建设行政主管部门或者其他有关部门依照法定职权决定。

违反消防安全管理规定的行为，由公安消防机构依法处罚。

有关法律、行政法规对建设工程安全生产违法行为的行政处罚决定机关另有规定的，从其规定。

第六十九条：抢险救灾和农民自建低层住宅的安全生产管理，不适用本条例。

第七十条：军事建设工程的安全生产管理，按照中央军事委员会的有关规定执行。

54. 在中华人民共和国领域内从事生产经营活动的单位的安全生产，适用《中华人民共和国安全生产法》；有关法律、行政法规对（　　）另有规定的，适用其规定。

A. 消防安全　　B. 铁路交通安全　　C. 水上交通安全　　D. 民用航空安全

E. 道路交通安全

【答案】ABCDE

【解析】根据《中华人民共和国安全生产法》第二条：在中华人民共和国领域内从事生产经营活动的单位（以下统称生产经营单位）的安全生产，适用本法；有关法律、行政法规对消防安全和道路交通安全、铁路交通安全、水上交通安全、民用航空安全以及核与辐射安全、特种设备安全另有规定的，适用其规定。

55. 生产经营单位的主要负责人在本单位发生生产安全事故时，不立即组织抢救或者在事故调查处理期间擅离职守或者逃匿的，承担的责任包括（　　）。

A. 给予降级、撤职的处分

B. 由安全生产监督管理部门处上一年年收入百分之六十至百分之一百的罚款

C. 对逃匿的处三十日以下拘留

D. 构成犯罪的，依照刑法有关规定追究刑事责任

E. 对生产安全事故隐瞒不报、谎报或者迟报的，最高给予十五日以下拘留

【答案】ABD

【解析】根据《中华人民共和国安全生产法》第四十九条：生产经营单位与从业人员订立的劳动合同，应当载明有关保障从业人员劳动安全、防止职业危害的事项，以及依法为从业人员办理工伤保险的事项。生产经营单位不得以任何形式与从业人员订立协议，免除或者减轻其对从业人员因生产安全事故伤亡依法应承担的责任。

第一百零六条：生产经营单位的主要负责人在本单位发生生产安全事故时，不立即组织抢救或者在事故调查处理期间擅离职守或者逃匿的，给予降级、撤职的处分，并由安全生产监督管理部门处上一年年收入百分之六十至百分之一百的罚款；对逃匿的处十五日以下拘留；构成犯罪的，依照刑法有关规定追究刑事责任。生产经营单位的主要负责人对生产安全事故隐瞒不报、谎报或者迟报的，依照前款规定处罚。

56. 2017年国务院第一号公报《中共中央　国务院关于推进安全生产领域改革发展的意见》，党中央、国务院的意见指出，要坚守“发展决不能以牺牲安全为代价”这条不可逾越的红线，构建（　　）的安全生产责任体系。

A. 党政同责　　B. 一岗双责　　C. 齐抓共管　　D. 失职追责

E. 全民参与

【答案】ABCD

【解析】根据《中共中央　国务院关于推进安全生产领域改革发展的意见》：（四）明确地方党委和政府领导责任。坚持党政同责、一岗双责、齐抓共管、失职追责，完善安全生产责任体系。地方各级党委和政府要始终把安全生产摆在重要位置，加强组织领导。党政主要负责人是本地区安全生产第一责任人，班子其他成员对分管范围内的安全生产工作负领导责任。地方各级安全生产委员会主任由政府主要负责人担任，成员由同级党委和政府及相关部门负责人组成。

57. 生产经营单位应当具备（　　）规定的安全生产条件。

A. 安全生产法和有关法律　　B. 国家标准或者行业标准

C. 行政法规规定　　D. 地方标准

E. 地方政府

【答案】ABC

【解析】根据《中华人民共和国安全生产法》第十七条：生产经营单位应当具备本法和有关法律、行政法规和国家标准或者行业标准规定的安全生产条件；不具备安全生产条件的，不得从事生产经营活动。

58. 施工起重机械和整体提升脚手架、模板等自升式架设设施安装完毕后，安装单位应（　　）。

A. 进行自检　　B. 出具自检合格证明

C. 向施工单位进行安全使用说明　　D. 向建设单位进行安全使用说明

E. 办理验收手续并签字

【答案】ABCE

【解析】根据《建设工程安全生产管理条例》第十七条：在施工现场安装、拆卸施工起重机械和整体提升脚手架、模板等自升式架设设施，必须由具有相应资质的单位承担。

安装、拆卸施工起重机械和整体提升脚手架、模板等自升式架设设施，应当编制拆装方案、制定安全施工措施，并由专业技术人员现场监督。

施工起重机械和整体提升脚手架、模板等自升式架设设施安装完毕后，安装单位应当自检，出具自检合格证明，并向施工单位进行安全使用说明，办理验收手续并签字。

59. 依据《建设工程安全生产管理条例》规定，（　　）的建设工程，设计单位应当在设计中提出保障施工作业人员安全和预防生产安全事故的措施建议

A. 采用新结构　　B. 采用新材料　　C. 特殊结构　　D. 特殊位置

E. 采用新工艺

【答案】ABCE

【解析】根据《建设工程安全生产管理条例》第十三条：设计单位应当按照法律、法规和工程建设强制性标准进行设计，防止因设计不合理导致生产安全事故的发生。

设计单位应当考虑施工安全操作和防护的需要，对涉及施工安全的重点部位和环节在设计文件中注明，并对防范生产安全事故提出指导意见。

采用新结构、新材料、新工艺的建设工程和特殊结构的建设工程，设计单位应当在设计中提出保障施工作业人员安全和预防生产安全事故的措施建议。

设计单位和注册建筑师等注册执业人员应当对其设计负责。

60. 依据《建设工程安全生产管理条例》规定，关于相关参与单位的职责，下列说法正确的是（　　）。

A. 设计单位应当按照法律、法规和工程建设强制性标准进行勘察，提供的勘察文件应当真实、准确，满足建设工程安全生产的需要

B. 勘察单位应当考虑施工安全操作和防护的需要，对涉及施工安全的重点部位和环节在设计文件中注明，并对防范生产安全事故提出指导意见

C. 设计单位应当考虑施工安全操作和防护的需要，对涉及施工安全的重点部位和环节在设计文件中注明，并对防范生产安全事故提出指导意见

D. 勘察单位在勘察作业时，应当严格执行操作规程，采取措施保证各类管线、设施和周边建筑物、构筑物的安全

E. 监理单位应当考虑施工安全操作和防护的需要，对涉及施工安全的重点部位和环节在设计文件中注明，并对防范生产安全事故提出指导意见

【答案】CD

【解析】根据《建设工程安全生产管理条例》第十二条：勘察单位应当按照法律、法规和工程建设强制性标准进行勘察，提供的勘察文件应当真实、准确，满足建设工程安全生产的需要。

勘察单位在勘察作业时，应当严格执行操作规程，采取措施保证各类管线、设施和周边建筑物、构筑物的安全。

第十三条：设计单位应当按照法律、法规和工程建设强制性标准进行设计，防止因设计不合理导致生产安全事故的发生。

设计单位应当考虑施工安全操作和防护的需要，对涉及施工安全的重点部位和环节在设计文件中注明，并对防范生产安全事故提出指导意见。

采用新结构、新材料、新工艺的建设工程和特殊结构的建设工程，设计单位应当在设计中提出保障施工作业人员安全和预防生产安全事故的措施建议。

设计单位和注册建筑师等注册执业人员应当对其设计负责。

61. 依据《建设工程安全生产管理条例》规定，关于相关参与单位的职责，下列说法正确的是（　　）。

A. 设计单位应当考虑施工安全操作和防护的需要，对涉及施工安全的重点部位和环节在设计文件中注明，并对防范生产安全事故提出指导意见

B. 采用新结构、新材料、新工艺的建设工程和特殊结构的建设工程，监理单位应当在设计中提出保障施工作业人员安全和预防生产安全事故的措施建议

C. 工程监理单位应当审查施工组织设计中的安全技术措施或者专项施工方案是否符合工程建设强制性标准

D. 工程设计单位应当审查施工组织设计中的安全技术措施或者专项施工方案是否符合工程建设强制性标准

E. 监理单位应当考虑施工安全操作和防护的需要，对涉及施工安全的重点部位和环节在设计文件中注明，并对防范生产安全事故提出指导意见

【答案】AC

【解析】根据《建设工程安全生产管理条例》第十三条：设计单位应当按照法律、法规和工程建设强制性标准进行设计，防止因设计不合理导致生产安全事故的发生。

设计单位应当考虑施工安全操作和防护的需要，对涉及施工安全的重点部位和环节在设计文件中注明，并对防范生产安全事故提出指导意见。

采用新结构、新材料、新工艺的建设工程和特殊结构的建设工程，设计单位应当在设计中提出保障施工作业人员安全和预防生产安全事故的措施建议。

设计单位和注册建筑师等注册执业人员应当对其设计负责。

第十四条：工程监理单位应当审查施工组织设计中的安全技术措施或者专项施工方案是否符合工程建设强制性标准。

工程监理单位在实施监理过程中，发现存在安全事故隐患的，应当要求施工单位整改；情况严重的，应当要求施工单位暂时停止施工，并及时报告建设单位。施工单位拒不整改或者不停止施工的，工程监理单位应当及时向有关主管部门报告。

工程监理单位和监理工程师应当按照法律、法规和工程建设强制性标准实施监理，并

对建设工程安全生产承担监理责任。

62. 依据《建设工程安全生产管理条例》规定，关于相关参与单位的职责，下列说法正确的是（　　）。

A. 工程设计单位在施工过程中，发现存在安全事故隐患的，应当要求施工单位整改；情况严重的，应当要求施工单位暂时停止施工，并及时报告建设单位

B. 工程监理单位应审查施工组织设计中的安全技术措施或者专项施工方案是否符合工程建设强制性标准

C. 工程监理单位和监理工程师应当按照法律、法规和工程建设强制性标准实施监理，并对建设工程安全生产承担监理责任

D. 设计单位应当考虑施工安全操作和防护的需要，对涉及施工安全的重点部位和环节在设计文件中注明，并对防范生产安全事故提出指导意见

E. 采用新结构、新材料、新工艺的建设工程和特殊结构的建设工程，监理单位应当在设计中提出保障施工作业人员安全和预防生产安全事故的措施建议

【答案】BCD

【解析】根据《建设工程安全生产管理条例》第十三条：设计单位应当按照法律、法规和工程建设强制性标准进行设计，防止因设计不合理导致生产安全事故的发生。

设计单位应当考虑施工安全操作和防护的需要，对涉及施工安全的重点部位和环节在设计文件中注明，并对防范生产安全事故提出指导意见。

采用新结构、新材料、新工艺的建设工程和特殊结构的建设工程，设计单位应当在设计中提出保障施工作业人员安全和预防生产安全事故的措施建议。

设计单位和注册建筑师等注册执业人员应当对其设计负责。

第十四条：工程监理单位应当审查施工组织设计中的安全技术措施或者专项施工方案是否符合工程建设强制性标准。

工程监理单位在实施监理过程中，发现存在安全事故隐患的，应当要求施工单位整改；情况严重的，应当要求施工单位暂时停止施工，并及时报告建设单位。施工单位拒不整改或者不停止施工的，工程监理单位应当及时向有关主管部门报告。

工程监理单位和监理工程师应当按照法律、法规和工程建设强制性标准实施监理，并对建设工程安全生产承担监理责任。

63. 必须实行监理的建设工程有（　　）。

A. 国家重点建设工程

B. 大中型公用事业工程

C. 成片开发建设的住宅小区工程

D. 利用外国政府或者国际组织贷款、援助资金的工程

E. 私人建设的住宅

【答案】ABCD

【解析】根据《中华人民共和国建设工程质量管理条例》第十二条：实行监理的建设工程，建设单位应当委托具有相应资质等级的工程监理单位进行监理，也可以委托具有工程监理相应资质等级并与被监理工程的施工承包单位没有隶属关系或者其他利害关系的该工程的设计单位进行监理。

下列建设工程必须实行监理：

（一）国家重点建设工程；

（二）大中型公用事业工程；

（三）成片开发建设的住宅小区工程；

（四）利用外国政府或者国际组织贷款、援助资金的工程；

（五）国家规定必须实行监理的其他工程。

64. 依据《建设工程安全生产管理条例》规定，对工程监理单位在实施监理过程中的行为，下列叙述中正确的有（　　）。

A. 发现存在安全事故隐患的，应当要求施工单位整改

B. 发现存在安全事故隐患的，应当立即要求施工单位停工整改

C. 安全事故隐患情况严重的，应当要求施工单位暂时停止施工，并及时报告建设单位

D. 安全事故隐患情况严重的，应当要求施工单位立即停业整顿

E. 施工单位拒不整改或者不停止施工的，工程监理单位应当及时向有关主管部门报告

【答案】ACE

【解析】根据《建设工程安全生产管理条例》第十四条：工程监理单位应当审查施工组织设计中的安全技术措施或者专项施工方案是否符合工程建设强制性标准。

工程监理单位在实施监理过程中，发现存在安全事故隐患的，应当要求施工单位整改；情况严重的，应当要求施工单位暂时停止施工，并及时报告建设单位。施工单位拒不整改或者不停止施工的，工程监理单位应当及时向有关主管部门报告。

工程监理单位和监理工程师应当按照法律、法规和工程建设强制性标准实施监理，并对建设工程安全生产承担监理责任。

65. 依据《建筑施工扣件式钢管脚手架安全技术规范》规定，脚手架连墙件数量的设置除应满足规范的计算要求外，还应符合（　　）的规定。

A. 最大竖向间距

B. 最大水平间距

C. 每根连墙件覆盖的最小面积

D. 每根连墙件覆盖的最大面积

E. 可不考虑每根连墙件覆盖面积

【答案】ABD

【解析】根据《建筑施工扣件式钢管脚手架安全技术规范》（JGJ 130—2011）6.4.2：脚手架连墙件数量的设置除应满足本规范的计算要求外，还应符合表 6.4.2 的规定。

连墙件布置最大间距　　**表 6.4.2**

搭设方法	高度	竖向间距（h）	水平间距（l_a）	每根连墙件覆盖面积（m^2）
双排落地	≤50m	3h	$3l_a$	≤40
双排悬挑	＞50m	2h	$3l_a$	≤27
单搭	≤24m	3h	$3l_a$	≤40

注：h——步距；l_a——纵距。

66. 依据《建设工程安全生产管理条例》规定，关于出租的机械设备和施工机具及配件的相关规定，下列说法正确的是（　　）。

A. 出租的机械设备和施工机具及配件，应当具有产品合格证，出租许可证、生产许

可证

B. 出租单位应对出租的机械设备的安全性能进行检测

C. 出租单位在签订租赁协议时，应当出具检测合格证明

D. 出租单位出租的机械设备应当具有生产（制造）许可证、产品合格证

E. 检测不合格的机械设备应折价出租，并提供技术人员维修

【答案】BCD

【解析】根据《建设工程安全生产管理条例》第十六条：出租的机械设备和施工机具及配件，应当具有生产（制造）许可证、产品合格证。

出租单位应当对出租的机械设备和施工机具及配件的安全性能进行检测，在签订租赁协议时，应当出具检测合格证明。

禁止出租检测不合格的机械设备和施工机具及配件。

67. 工程监理单位在实施监理过程中，发现存在安全事故隐患，根据情况不同其能够采取的措施有（　　）。

A. 罚款　　B. 要求施工单位整改

C. 要求施工单位暂时停止施工　　D. 要求施工单位停业整顿

E. 向有关主管部门报告

【答案】BCE

【解析】根据《建设工程安全生产管理条例》第十四条：工程监理单位应当审查施工组织设计中的安全技术措施或者专项施工方案是否符合工程建设强制性标准。

工程监理单位在实施监理过程中，发现存在安全事故隐患的，应当要求施工单位整改；情况严重的，应当要求施工单位暂时停止施工，并及时报告建设单位。施工单位拒不整改或者不停止施工的，工程监理单位应当及时向有关主管部门报告。

工程监理单位和监理工程师应当按照法律、法规和工程建设强制性标准实施监理，并对建设工程安全生产承担监理责任。

68. 事故报告应当及时、准确、完整，任何单位和个人对事故不得（　　）。

A. 迟报　　B. 漏报　　C. 谎报　　D. 瞒报

E. 通报

【答案】ABCD

【解析】根据《生产安全事故报告和调查处理条例》第四条：事故报告应当及时、准确、完整，任何单位和个人对事故不得迟报、漏报、谎报或者瞒报。

事故调查处理应当坚持实事求是、尊重科学的原则，及时、准确地查清事故经过、事故原因和事故损失，查明事故性质，认定事故责任，总结事故教训，提出整改措施，并对事故责任者依法追究责任。

69. 依据《生产安全事故报告和调查处理条例》规定，报告事故应当包括（　　）内容等。

A. 事故发生单位概况

B. 事故发生的时间、地点以及事故现场情况

C. 事故的简要经过

D. 已经采取的措施

E. 事故处理结果

【答案】ABCD

【解析】根据《生产安全事故报告和调查处理条例》第十二条：报告事故应当包括下列内容：

（一）事故发生单位概况；

（二）事故发生的时间、地点以及事故现场情况；

（三）事故的简要经过；

（四）事故已经造成或者可能造成的伤亡人数（包括下落不明的人数）和初步估计的直接经济损失；

（五）已经采取的措施；

（六）其他应当报告的情况。

70. 依据《安全生产法》规定，安全生产工作应当以人为本，坚持安全发展，坚持（　　）的方针。

A. 安全第一　　B. 预防为主　　C. 综合治理　　D. 全民参与

E. 共同履责

【答案】ABC

【解析】根据《中华人民共和国安全生产法》第三条：安全生产工作应当以人为本，坚持安全发展，坚持安全第一、预防为主、综合治理的方针，强化和落实生产经营单位的主体责任，建立生产经营单位负责、职工参与、政府监管、行业自律和社会监督的机制。

71. 关于总监理工程师代表任职资格的条件和任命程序，下面说法恰当的是（　　）。

A. 具有中级及以上专业技术职称即可

B. 具有3年及以上工程实践经验并经监理业务培训的人员即可

C. 具有工程类注册职业资格或具有中级及以上专业技术职称、3年及以上工程实践经验并经监理业务培训的人员

D. 经工程监理单位法定代表人同意，由总监理工程师书面授权

E. 应由总监理工程师提名，监理单位的法定代表人书面同意

【答案】CD

【解析】根据《建设工程监理规范》GB/T 50319—2013第2.0.7条：总监理工程师代表经工程监理单位法定代表人同意，由总监理工程师书面授权，代表总监理工程师行使其部分职责和权力，具有工程类注册执业资格或具有中级及以上专业技术职称、3年及以上工程实践经验并经监理业务培训的人员。

72. 依据《安全生产法》规定，负有安全生产监督管理职责部门的工作人员，对不符合法定安全生产条件的安全生产事项予以批准或者验收通过的，给予的处罚有（　　）。

A. 记大过　　B. 降级　　C. 警告　　D. 撤职

E. 追究刑事责任

【答案】BDE

【解析】根据《中华人民共和国安全生产法》第八十七条：负有安全生产监督管理职责的部门的工作人员，有下列行为之一的，给予降级或者撤职的处分；构成犯罪的，依照刑法有关规定追究刑事责任：

（一）对不符合法定安全生产条件的涉及安全生产的事项予以批准或者验收通过的；

（二）发现未依法取得批准、验收的单位擅自从事有关活动或者接到举报后不予取缔或者不依法予以处理的；

（三）对已经依法取得批准的单位不履行监督管理职责，发现其不再具备安全生产条件而不撤销原批准或者发现安全生产违法行为不予查处的；

（四）在监督检查中发现重大事故隐患，不依法及时处理的；

负有安全生产监督管理职责的部门的工作人员有前款规定以外的滥用职权、玩忽职守、徇私舞弊行为的，依法给予处分；构成犯罪的，依照刑法有关规定追究刑事责任。

73. 在监理工作实施过程中，如发生（　　）等情形时，需要修改监理规划。

A. 设计方案重大修改

B. 施工方式发生变化、工期和质量要求发生重大变化

C. 原监理规划所确定的程序、方法、措施和制度等需要作重大调整时

D. 监理单位技术负责人变更

E. 项目监理机构人员变动

【答案】 ABC

【解析】 根据《建设工程监理规范》GB/T 50319—2013 条文说明第 4.2.4：在监理工作实施过程中，建设工程的实施可能会发生较大变化，如设计方案重大修改、施工方式发生变化、工期和质量要求发生重大变化，或者当原监理规划所确定的程序、方法、措施和制度等需要作重大调整时，总监理工程师应及时组织专业监理工程师修改监理规划，并按原报审程序审核批准后报建设单位。

74. 依据《建设工程监理规范》规定，监理实施细则编制的对象一般包括（　　）。

A. 专业性较强的分部分项工程

B. 危险性较大的分部分项工程

C. 全部分部分项工程

D. 单项工程设计范围内的全部单位工程

E. 工程规模较小、技术较简单且有成熟管理经验和措施的

【答案】 AB

【解析】 根据《建设工程监理规范》GB/T 50319—2013 第 4.3.1 条：对专业性较强、危险性较大的分部分项工程，项目监理机构应编制监理实施细则。

75. 依据《建设工程监理规范》规定，项目监理机构审查施工组织设计的基本内容除编审程序应符合相关规定、施工总平面布置应科学合理、安全技术措施应符合工程建设强制性标准外，还应包括（　　）。

A. 施工进度、施工方案及工程质量保证措施应符合施工合同要求

B. 强制性条文的执行情况

C. 资金、劳动力、材料、设备等资源供应计划应满足工程施工需要

D. 特殊工种持证上岗情况

E. 施工现场扬尘治理情况

【答案】 AC

【解析】 根据《建设工程监理规范》GB/T 50319—2013 第 5.1.6 条：项目监理机构应

审查施工单位报审的施工组织设计，符合要求时，应由总监理工程师签认后报建设单位。项目监理机构应要求施工单位按已批准的施工组织设计组织施工。施工组织设计需要调整时，项目监理机构应按程序重新审查。施工组织设计审查应包括下列基本内容：1. 编审程序应符合相关规定。2. 施工进度、施工方案及工程质量保证措施应符合施工合同要求。3. 资金、劳动力、材料、设备等资源供应计划应满足工程施工需要。4. 安全技术措施应符合工程建设强制性标准。5. 施工总平面布置应科学合理。

76. 项目监理机构在履行工程安全生产管理的法定职责时，其监理工作应包括（　　）等内容。

A. 审查施工单位现场安全生产规章制度的建立和实施情况

B. 审查施工单位是否有安全生产许可证

C. 审查施工单位项目经理、专职安全生产管理人员和特种作业人员的资格

D. 核查施工机械和设施的安全许可验收手续

E. 组织专家对专项施工方案进行论证

【答案】 ABCD

【解析】 根据《建设工程监理规范》GB/T 50319—2013 第 5.5.2 条：项目监理机构应审查施工单位现场安全生产规章制度的建立和实施情况，并应审查施工单位安全生产许可证及施工单位项目经理、专职安全生产管理人员和特种作业人员的资格，同时应核查施工机械和设施的安全许可验收手续。

第 5.5.3 条项目监理机构应审查施工单位报审的专项施工方案，符合要求的，应由总监理工程师签认后报建设单位。超过一定规模的危险性较大的分部分项工程的专项施工方案，应检查施工单位组织专家进行论证、审查的情况，以及是否附具安全验算结果。项目监理机构应要求施工单位按已批准的专项施工方案组织施工。专项施工方案需要调整时，施工单位应按程序重新提交项目监理机构审查。

77. 生产经营单位必须执行依法制定的保障安全生产的（　　）。

A. 国家标准　　B. 地方标准　　C. 行业标准　　D. 企业标准

E. 专业标准

【答案】 AC

【解析】 根据《中华人民共和国安全生产法》第十条：生产经营单位必须执行依法制定的保障安全生产的国家标准或者行业标准。

78. 临时用电工程必须经（　　）共同验收，合格后方可投入使用。

A. 编制部门　　B. 审核部门　　C. 批准部门　　D. 使用单位

E. 消防部门

【答案】 ABCD

【解析】 根据《施工现场临时用电安全技术规范》JGJ 46—2005 第 3.1.5 条：临时用电工程必须经编制、审核、批准部门和使用单位共同验收，合格后方可投入使用。

79. 我国的安全生产工作坚持的方针是（　　）。

A. 安全第一　　B. 预防为主

C. 综合治理　　D. 预防为主、防治结合

E. 安全第一，人人有责

【答案】ABC

【解析】根据《中华人民共和国安全生产法》第三条：安全生产工作应当以人为本，坚持安全发展，坚持安全第一、预防为主、综合治理的方针，强化和落实生产经营单位的主体责任，建立生产经营单位负责、职工参与、政府监管、行业自律和社会监督的机制。

80. 依据《建设工程安全生产管理条例》规定，施工单位对因建设工程施工可能造成损害的毗邻（　　）等，应当采取专项防护措施。

A. 施工现场安全警示标牌　　B. 建筑物

C. 构筑物　　D. 地下管线

E. 施工现场道路

【答案】BCD

【解析】根据《建设工程安全生产管理条例》第三十条：施工单位对因建设工程施工可能造成损害的毗邻建筑物、构筑物和地下管线等，应当采取专项防护措施。

81. 生产经营单位将（　　）发包或者出租的，应当对承包单位、承租单位的安全生产条件和相应的资质进行审查。

A. 生产经营项目　B. 生产经营场所　C. 生产经营设备　D. 交通运输工具

E. 生产经营理念

【答案】ABCD

【解析】根据《中华人民共和国安全生产法》第四十六条：生产经营单位不得将生产经营项目、场所、设备发包或者出租给不具备安全生产条件或者相应资质的单位或者个人。

生产经营项目、场所发包或者出租给其他单位的，生产经营单位应当与承包单位、承租单位签订专门的安全生产管理协议，或者在承包合同、租赁合同中约定各自的安全生产管理职责；生产经营单位对承包单位、承租单位的安全生产工作统一协调、管理，定期进行安全检查，发现安全问题的，应当及时督促整改。

82. 依据《建设工程安全生产管理条例》规定，违反本条例的规定，工程监理单位有（　　）行为的，责令限期改正；逾期未改正的，责令停业整顿，并处10万元以上30万元以下的罚款；情节严重的，降低资质等级，直至吊销资质证书；造成重大安全事故，构成犯罪的，对直接责任人员，依照刑法有关规定追究刑事责任；造成损失的，依法承担赔偿责任。

A. 未对施工组织设计中的安全技术措施或者专项施工方案进行审查

B. 发现安全事故隐患未及时要求施工单位整改或者暂时停止施工

C. 施工单位拒不整改或者不停止施工，未及时向有关主管部门报告

D. 未依照法律、法规和工程建设强制性标准实施监理

E. 组织论证专项施工方案

【答案】ABCD

【解析】根据《建设工程安全生产管理条例》第五十七条：违反本条例的规定，工程监理单位有下列行为之一的，责令限期改正；逾期未改正的，责令停业整顿，并处10万元以上30万元以下的罚款；情节严重的，降低资质等级，直至吊销资质证书；造成重大安全事故，构成犯罪的，对直接责任人员，依照刑法有关规定追究刑事责任；造成损失的，依法承担赔偿责任：

（一）未对施工组织设计中的安全技术措施或者专项施工方案进行审查的；

（二）发现安全事故隐患未及时要求施工单位整改或者暂时停止施工的；

（三）施工单位拒不整改或者不停止施工，未及时向有关主管部门报告的；

（四）未依照法律、法规和工程建设强制性标准实施监理的。

83. 依据《建设工程安全生产管理条例》规定，建设单位、勘察单位、设计单位、施工单位、工程监理单位及其他与建设工程安全生产有关的单位，必须（　　）。

A. 遵守安全生产法律、法规的规定

B. 依靠政府的安全生产监督管理

C. 完全预防安全事故

D. 保证建设工程安全生产

E. 依法承担建设工程安全生产责任

【答案】 ADE

【解析】 根据《建设工程安全生产管理条例》第四条：建设单位、勘察单位、设计单位、施工单位、工程监理单位及其他与建设工程安全生产有关的单位，必须遵守安全生产法律、法规的规定，保证建设工程安全生产，依法承担建设工程安全生产责任。

84. 在发生下列情况之一时，总监理工程师可签发工程暂停令的情形包括（　　）。

A. 建设单位要求暂停施工且工程需要暂停施工

B. 为了保证工程质量而需要进行停工处理

C. 施工出现了质量、安全隐患

D. 发生了必须暂停施工的紧急事件

E. 承包单位未经许可擅自开工，或拒绝项目监理机构管理

【答案】 ABDE

【解析】 根据《建设工程监理规范》GB/T 50319—2013 第 6.2.2 条：项目监理机构发现下列情况之一时，总监理工程师应及时签发工程暂停令：

1. 建设单位要求暂停施工且工程需要暂停施工的；

2. 施工单位未经批准擅自施工或拒绝项目监理机构管理的；

3. 施工单位未按审查通过的工程设计文件施工的；

4. 施工单位违反工程建设强制性标准的；

5. 施工存在重大质量、安全事故隐患或发生质量、安全事故的。

85. 工程质量保修书也是一种合同，是承发包双方就（　　）等设立权利义务的协议。

A. 保修范围　　B. 保修期限　　C. 保修责任　　D. 保修担保

E. 使用人责任

【答案】 ABC

【解析】 根据《建设工程质量管理条例》第三十九条：建设工程实行质量保修制度。建设工程承包单位在向建设单位提交工程竣工验收报告时，应当向建设单位出具质量保修书。质量保修书中应当明确建设工程的保修范围、保修期限和保修责任等。

86. 依据《建设工程质量管理条例》规定，属于建设单位质量责任和义务规定的有（　　）。

A. 建设单位应当将工程发包给具有相应资质等级的单位

B. 建设单位不得将建设工程肢解发包

C. 建设单位不得对承包单位的建设活动进行干预

D. 施工图设计文件未经审查批准的，建设单位不得使用

E. 对必须实行监理的工程，建设单位应当委托具有相应资质等级的工程监理单位进行监理

【答案】 ABDE

【解析】 根据《建设工程质量管理条例》第七条：建设单位应当将工程发包给具有相应资质等级的单位。建设单位不得将建设工程肢解发包。第十一条：建设单位应当将施工图设计文件报县级以上人民政府建设行政主管部门或者其他有关部门审查。施工图设计文件审查的具体办法，由国务院建设行政主管部门会同国务院其他有关部门制定。施工图设计文件未经审查批准的，不得使用。第十二条：实行监理的建设工程，建设单位应当委托具有相应资质等级的工程监理单位进行监理，也可以委托具有工程监理相应资质等级并与被监理工程的施工承包单位没有隶属关系或者其他利害关系的该工程的设计单位进行监理。

87. 从事建筑活动的建筑施工企业、勘察单位、设计单位和工程监理单位，应当具备（　　）等条件。

A. 有符合国家规定的注册资本

B. 有与其从事的建筑活动相适应的具有法定执业资格的专业技术人员

C. 有从事相关建筑活动所应有的技术装备

D. 法律、行政法规规定的其他条件

E. 有从事相关建筑活动的技术创新能力

【答案】 ABCD

【解析】 根据《中华人民共和国建筑法》第十二条：从事建筑活动的建筑施工企业、勘察单位、设计单位和工程监理单位，应当具备下列条件：

（一）有符合国家规定的注册资本；

（二）有与其从事的建筑活动相适应的具有法定执业资格的专业技术人员；

（三）有从事相关建筑活动所应有的技术装备；

（四）法律、行政法规规定的其他条件。

88. 工程监理人员发现工程设计不符合（　　）的，应当报告建设单位要求设计单位改正。

A. 建筑工程质量标准　　B. 合同约定质量要求

C. 监理规划　　D. 施工组织设计

E. 专项施工方案

【答案】 AB

【解析】 根据《中华人民共和国建筑法》第三十二条：建筑工程监理应当依照法律、行政法规及有关的技术标准、设计文件和建筑工程承包合同，对承包单位在施工质量、建设工期和建设资金使用等方面，代表建设单位实施监督。

工程监理人员认为工程施工不符合工程设计要求、施工技术标准和合同约定的，有权要求建筑施工企业改正。

工程监理人员发现工程设计不符合建筑工程质量标准或者合同约定的质量要求的，应当报告建设单位要求设计单位改正。

89. 依据《建筑法》规定，下列关于分包的说法正确的有（　　）。

A. 承包单位可以将所承包的工程转包给他人

B. 除总承包合同约定的分包外，总承包单位分包其他工程必须经建设单位认可

C. 分包单位针对其分包工程应当直接对建设单位负责

D. 如分包工程出现质量事故，建设单位可以要求总承包单位为之承担连带责任

E. 分包单位经建设单位同意可以将承揽的工程再分包

【答案】BD

【解析】根据《中华人民共和国建筑法》第二十八条：禁止承包单位将其承包的全部建筑工程转包给他人，禁止承包单位将其承包的全部建筑工程肢解以后以分包的名义分别转包给他人。

第二十九条：建筑工程总承包单位可以将承包工程中的部分工程发包给具有相应资质条件的分包单位；但是，除总承包合同中约定的分包外，必须经建设单位认可。施工总承包的，建筑工程主体结构的施工必须由总承包单位自行完成。

建筑工程总承包单位按照总承包合同的约定对建设单位负责；分包单位按照分包合同的约定对总承包单位负责。总承包单位和分包单位就分包工程对建设单位承担连带责任。

禁止总承包单位将工程分包给不具备相应资质条件的单位。禁止分包单位将其承包的工程再分包。

90. 依据《危险性较大的分部分项工程安全管理规定》规定，危险性较大的分部分项工程是指房屋建筑和市政基础设施工程在施工过程中，容易导致（　　）的分部分项工程。

A. 人员重伤　　B. 人员群死群伤　　C. 重大经济损失　　D. 工程质量事故

E. 工程验收不合格

【答案】BC

【解析】根据《危险性较大的分部分项工程安全管理规定》第三条：本规定所称危险性较大的分部分项工程（以下简称“危大工程”），是指房屋建筑和市政基础设施工程在施工过程中，容易导致人员群死群伤或者造成重大经济损失的分部分项工程。

91. 总监理工程师不得将（　　）工作委托总监理工程师代表。

A. 签发工程开工令　　B. 签发工程暂停令

C. 审查分包单位资质　　D. 审批监理实施细则

E. 调换不称职的监理人员

【答案】ABDE

【解析】根据《建设工程监理规范》GB/T 50319—2013 第 3.2.2 条：总监理工程师不得将下列工作委托给总监理工程师代表：

1. 组织编制监理规划，审批监理实施细则；
2. 根据工程进展及监理工作情况调配监理人员；
3. 组织审查施工组织设计、(专项) 施工方案；
4. 签发工程开工令、暂停令和复工令；
5. 签发工程款支付证书，组织审核竣工结算；
6. 调解建设单位与施工单位的合同争议，处理工程索赔；
7. 审查施工单位的竣工申请，组织工程竣工预验收，组织编写工程质量评估报告，

参与工程竣工验收；

8. 参与或配合工程质量安全事故的调查和处理。

92. 监理规划的主要内容包括（　　）等内容。

A. 工程概况　　B. 监理工作的范围、内容、目标

C. 监理人员进退场计划　　D. 监理工作依据

E. 专项施工方案的监理实施细则

【答案】 ABCD

【解析】 根据《建设工程监理规范》GB/T 50319—2013 第 4.2.3 条：监理规划应包括下列主要内容：1. 工程概况。2. 监理工作的范围、内容、目标。3. 监理工作依据。4. 监理组织形式、人员配备及进退场计划、监理人员岗位职责。5. 监理工作制度。6. 工程质量控制。7. 工程造价控制。8. 工程进度控制。9. 安全生产管理的监理工作。10. 合同与信息管理。11. 组织协调。12. 监理工作设施。

93. 在实施安全监理时，依据《建设工程安全生产管理条例》规定，需遵守（　　）的工作原则。

A. 该审的审　　B. 该验的验　　C. 该查的查　　D. 该管的管

E. 该报的报

【答案】 ACDE

【解析】 根据《建设工程安全生产管理条例》第十四条：工程监理单位应当审查施工组织设计中的安全技术措施或者专项施工方案是否符合工程建设强制性标准。

工程监理单位在实施监理过程中，发现存在安全事故隐患的，应当要求施工单位整改；情况严重的，应当要求施工单位暂时停止施工，并及时报告建设单位。施工单位拒不整改或者不停止施工的，工程监理单位应当及时向有关主管部门报告。

工程监理单位和监理工程师应当按照法律、法规和工程建设强制性标准实施监理，并对建设工程安全生产承担监理责任。

94. 依据《安全生产法》规定，生产经营单位的建设项目的安全设施必须做到“三同时”，即生产经营单位新建、改建、扩建工程项目的安全设施，必须与主体工程（　　）。

A. 同时勘察　　B. 同时设计　　C. 同时施工　　D. 同时审批

E. 同时投入生产和使用

【答案】 BCE

【解析】 根据《中华人民共和国安全生产法》第二十八条：生产经营单位新建、改建、扩建工程项目（以下统称建设项目）的安全设施，必须与主体工程同时设计、同时施工、同时投入生产和使用。安全设施投资应当纳入建设项目概算。

95. 依据《建设工程质量管理条例》规定，关于建设工程最低保修期限的说法，正确的有（　　）。

A. 房屋主体结构工程为设计文件规定的合理使用年限

B. 屋面防水工程为 3 年

C. 供热系统为 2 个采暖期

D. 电气管线工程为 3 年

E. 结排水管道工程为 3 年

【答案】AC

【解析】根据《建设工程质量管理条例》第四十条：在正常使用条件下，建设工程的最低保修期限为：

（一）基础设施工程、房屋建筑的地基基础工程和主体结构工程，为设计文件规定的该工程的合理使用年限；

（二）屋面防水工程、有防水要求的卫生间、房间和外墙面的防渗漏，为5年；

（三）供热与供冷系统，为2个采暖期、供冷期；

（四）电气管线、给排水管道、设备安装和装修工程，为2年。

其他项目的保修期限由发包方与承包方约定。

建设工程的保修期，自竣工验收合格之日起计算。

96. 依据《建设工程安全生产管理条例》规定，属于施工单位安全责任的有（　　）。

A. 申领施工许可证

B. 安排具有相应资质的单位安装、拆卸施工起重机械

C. 对所承担的建设工程进行定期和专项安全检查

D. 应当在施工组织设计中编制安全技术措施

E. 对因施工可能造成毗邻构筑物、地下管线损害的，应当采取专项防护措施

【答案】BCDE

【解析】根据《建设工程安全生产管理条例》第十七条：在施工现场安装、拆卸施工起重机械和整体提升脚手架、模板等自升式架设设施，必须由具有相应资质的单位承担。

第二十一条：施工单位主要负责人依法对本单位的安全生产工作全面负责。施工单位应当建立健全安全生产责任制度和安全生产教育培训制度，制定安全生产规章制度和操作规程，保证本单位安全生产条件所需资金的投入，对所承担的建设工程进行定期和专项安全检查，并做好安全检查记录。

第二十六条：施工单位应当在施工组织设计中编制安全技术措施和施工现场临时用电方案，对下列达到一定规模的危险性较大的分部分项工程编制专项施工方案，并附具安全验算结果，经施工单位技术负责人、总监理工程师签字后实施，由专职安全生产管理人员进行现场监督：

（一）基坑支护与降水工程；

（二）土方开挖工程；

（三）模板工程；

（四）起重吊装工程；

（五）脚手架工程；

（六）拆除、爆破工程；

（七）国务院建设行政主管部门或者其他有关部门规定的其他危险性较大的工程。

第三十条：施工单位对因建设工程施工可能造成损害的毗邻建筑物、构筑物和地下管线等，应当采取专项防护措施。

97. 依据《建设工程监理规范》规定，专业监理工程师应履行的职责有（　　）。

A. 审批监理实施细则

B. 组织审定分包单位资格

C. 检查进场的工程材料、构配件、设备的质量

D. 处置发现的质量问题和安全事故隐患

E. 参与工程变更的审查和处理

【答案】 CDE

【解析】 根据《建设工程监理规范》GB/T 50319—2013 第 3.2.3 条：专业监理工程师应履行以下职责：

1. 参与编制监理规划，负责编制监理实施细则。

2. 审查施工单位提交的涉及本专业的报审文件，并向总监理工程师报告。

3. 参与审核分包单位资格。

4. 指导、检查监理员工作，定期向总监理工程师报告本专业监理工作实施情况。

5. 检查进场的工程材料、构配件、设备的质量。

6. 验收检验批、隐蔽工程、分项工程，参与验收分部工程。

7. 处置发现的质量问题和安全事故隐患。

8. 进行工程计量。

9. 参与工程变更的审查和处理。

10. 组织编写监理日志，参与编写监理月报。

11. 收集、汇总、参与整理监理文件资料。

12. 参与工程竣工预验收和竣工验收。

98. 依据《建设工程质量管理条例》规定，工程监理单位有（　　）行为的，责令整改，处 50 万元以上 100 万元以下的罚款，降低资质等级或者吊销资质证书。

A. 超越本单位资质等级承揽工程监理业务

B. 与建设单位串通，弄虚作假、降低工程质量

C. 与施工单位串通，弄虚作假，降低工程质量

D. 允许其他单位以本单位名义承揽工程监理业务

E. 将不合格的建设工程按照合格签字

【答案】 BCE

【解析】 根据《建设工程质量管理条例》第六十七条：工程监理单位有下列行为之一的，责令改正，处 50 万元以上 100 万元以下的罚款，降低资质等级或者吊销资质证书；有违法所得的，予以没收；造成损失的，承担连带赔偿责任：

（一）与建设单位或者施工单位串通，弄虚作假、降低工程质量的；

（二）将不合格的建设工程、建筑材料、建筑构配件和设备按照合格签字的。

99. 依据《建设工程质量管理条例》规定，建设单位有（　　）行为的，可以处以 50 万元以上 100 万元以下的罚款。

A. 将工程肢解发包的

B. 迫使承包方以低于成本的价格竞标的

C. 将建设工程发包给不具有相应资质等级的施工单位

D. 施工设计文件未经审查或审查不合格擅自施工的

E. 委托的工程监理单位不具有相应资质等级

【答案】 CE

【解析】根据《建设工程质量管理条例》第五十四条：违反本条例规定，建设单位将建设工程发包给不具有相应资质等级的勘察、设计、施工单位或者委托给不具有相应资质等级的工程监理单位的，责令改正，处50万元以上100万元以下的罚款。

100. 依据《建设工程安全生产管理条例》规定，施工单位应满足现场卫生、环境与消防安全管理方面的要求包括（　　）。

A. 做好施工现场人员调查

B. 将现场的办公、生活区与作业区分开设置，并保持安全距离

C. 提供的职工膳食、饮水、休息场所等应当符合卫生标准

D. 不得在尚未竣工的建筑物内设置员工集体宿舍

E. 设置消防通道、消防水源，配备消防设施和灭火器材

【答案】BCDE

【解析】根据《建设工程安全生产管理条例》第二十九条：施工单位应当将施工现场的办公、生活区与作业区分开设置，并保持安全距离；办公、生活区的选址应当符合安全性要求。职工的膳食、饮水、休息场所等应当符合卫生标准。施工单位不得在尚未竣工的建筑物内设置员工集体宿舍。

第三十一条：施工单位应当在施工现场建立消防安全责任制度，确定消防安全责任人，制定用火、用电、使用易燃易爆材料等各项消防安全管理制度和操作规程，设置消防通道、消防水源，配备消防设施和灭火器材，并在施工现场入口处设置明显标志。

101. 依据《建筑工程施工质量验收统一标准》规定，分部工程质量验收合格应符合下列（　　）等规定。

A. 所含分项工程的质量均应验收合格

B. 主要使用功能的抽查结果应符合相关专业验收的规定

C. 质量控制资料应完整

D. 有关安全、节能、环境保护和主要使用功能的抽样检验结果应符合相应规定

E. 观感质量应符合要求

【答案】ACDE

【解析】根据《建筑工程施工质量验收统一标准》GB 50300—2013 第5.0.3条分部工程质量验收合格应符合下列规定：1. 所含分项工程的质量均应验收合格。2. 质量控制资料应完整。3. 有关安全、节能、环境保护和主要使用功能的抽样检验结果应符合相应规定。4. 观感质量应符合要求。

102. 依据《建设工程质量管理条例》规定，在工程项目建设监理中，未经监理工程师签字（　　）。

A. 建筑材料、建筑构配件不得在工程上使用

B. 建筑设备不得在工程上安装

C. 施工单位不得进行下一道工序的施工

D. 建设单位不进行竣工验收

E. 建设单位不拨付工程款

【答案】ABC

【解析】根据《建设工程质量管理条例》第三十七条：工程监理单位应当选派具备相

应资格的总监理工程师和监理工程师进驻施工现场。

未经监理工程师签字，建筑材料、建筑构配件和设备不得在工程上使用或者安装，施工单位不得进行下一道工序的施工。未经总监理工程师签字，建设单位不拨付工程款，不进行竣工验收。

103. 依据《建筑法》规定，在施工过程中，施工企业作业人员的权力有（　　）。

A. 获得安全生产所需的防护用品

B. 根据现场条件改变施工图纸内容

C. 对危及生命安全和人身健康的行为提出批评

D. 对危及生命安全和人身健康的行为检举和控告

E. 对影响人身健康的作业程序和条件提出改进意见

【答案】 ACDE

【解析】 根据《中华人民共和国建筑法》第四十七条：建筑施工企业和作业人员在施工过程中，应当遵守有关安全生产的法律、法规和建筑行业安全规章、规程，不得违章指挥或者违章作业。作业人员有权对影响人身健康的作业程序和作业条件提出改进意见，有权获得安全生产所需的防护用品。作业人员对危及生命安全和人身健康的行为有权提出批评、检举和控告。

104. 依据《建设工程监理规范》规定，（　　）属于监理员应履行的职责。

A. 参与审核施工分包单位资质

B. 进行见证取样

C. 复核工程计量的有关数据

D. 验收检验批、隐蔽工程、分项工程

E. 参与工程计量

【答案】 BC

【解析】 根据《建设工程监理规范》GB/T 50319—2013 第 3.2.4 条：监理员应履行下列职责：

1. 检查施工单位投入工程的人力、主要设备的使用及运行状况。
2. 进行见证取样。
3. 复核工程计量有关数据。
4. 检查工序施工结果。
5. 发现施工作业中的问题，及时指出并向专业监理工程师报告。

105. 依据《建设工程监理规范》规定，监理实施细则的编制应包括（　　）等资料。

A. 监理合同　　B. 监理规划

C. 勘察文件　　D. 工程建设标准、工程设计文件

E. 施工组织设计、专项施工方案

【答案】 BDE

【解析】 根据《建设工程监理规范》GB/T 50319—2013 第 4.3.3 条：监理实施细则的编制应依据下列资料：1. 监理规划。2. 工程建设标准、工程设计文件。3. 施工组织设计、（专项）施工方案。

106. 依据《建设工程监理规范》规定，项目监理机构应根据（　　）对工程材料、

施工质量进行平行检验。

A. 工程特点　　B. 专业要求　　C. 施工合同约定　D. 设计要求

E. 监理合同约定

【答案】ABE

【解析】根据《建设工程监理规范》GB/T 50319—2013 第5.2.13条：项目监理机构应根据工程特点、专业要求，以及建设工程监理合同约定，对工程材料、施工质量进行平行检验。

107. 依据《建设工程质量管理条例》规定，工程监理单位有（　　）行为的，处50万元以上100万元以下罚款，降低资质等级或者吊销资质证书。

A. 发生重大工程质量事故隐瞒不报、谎报或者拖延报告期限的

B. 明示或者暗示建设单位或者施工单位购买其指定的生产供应单位的建筑材料、建筑构配件和设备的

C. 与建设单位或者施工单位串通，弄虚作假、降低工程质量的

D. 与被监理工程的施工承包单位以及建筑材料、建筑构配件和设备供应单位有隶属关系或者其他利害关系承担该项建设工程的监理业务的

E. 将不合格的建设工程、建筑材料、建筑构配件和设备按照合格签字的

【答案】CE

【解析】根据《建设工程质量管理条例》第六十七条：工程监理单位有下列行为之一的，责令改正，处50万元以上100万元以下的罚款，降低资质等级或者吊销资质证书；有违法所得的，予以没收；造成损失的，承担连带赔偿责任：

（一）与建设单位或者施工单位串通，弄虚作假、降低工程质量的；

（二）将不合格的建设工程、建筑材料、建筑构配件和设备按照合格签字的。

108. 下列做法中，不符合《建筑法》关于分包工程规定的是（　　）。

A. 某建筑施工企业将其承包的全部建筑工程转包给他人

B. 某建筑施工企业将其承包的全部建筑工程肢解以后以分包的名义分别转包给他人

C. 某建筑施工企业经建设单位认可将承包工程中的部分工程发包给具有相应资质条件的分包单位

D. 分包单位将其承包工程中的部分工程再分包给具有相应资质条件的施工企业

E. 施工总承包单位将建设工程主体结构的施工分包给其他单位的

【答案】ABDE

【解析】根据《中华人民共和国建筑法》第二十八条：禁止承包单位将其承包的全部建筑工程转包给他人，禁止承包单位 将其承包的全部建筑工程肢解以后以分包的名义分别转包给他人。

第二十九条：建筑工程总承包单位可以将承包工程中的部分工程发包给具有相 应资质条件的分包单位；但是，除总承包合同中约定的分包外，必须经建设单位认可。施工总承包的，建筑工程主体结构的施工必须由总承包单位自行完成。

建筑工程总承包单位按照总承包合同的约定对建设单位负责；分包单位按照分包合同的约定对总承包单位负责。总承包单位和分包单位就分包工程对建设单位承担连带责任。

禁止总承包单位将工程分包给不具备相应资质条件的单位。禁止分包单位将其承包的工程再分包。

109. 依据《建设工程安全生产管理条例》规定，下列选项中（　　）是建设单位的安全责任。

A. 向施工单位提供实现安全生产管理所需的有关资料

B. 不得向有关单位提出影响安全生产的违法要求

C. 不得明示或暗示施工单位购买、租赁、使用不符合安全施工要求的物资

D. 及时报告安全生产事故隐患

E. 办理企业安全生产许可证

【答案】ABC

【解析】根据《建设工程安全生产管理条例》第六条：建设单位应当向施工单位提供施工现场及毗邻区域内供水、排水、供电、供气、供热、通信、广播电视等地下管线资料，气象和水文观测资料，相邻建筑物和构筑物、地下工程的有关资料，并保证资料的真实、准确、完整。

建设单位因建设工程需要，向有关部门或者单位查询前款规定的资料时，有关部门或者单位应当及时提供。

第七条：建设单位不得对勘察、设计、施工、工程监理等单位提出不符合建设工程安全生产法律、法规和强制性标准规定的要求，不得压缩合同约定的工期。

110. 依据《建设工程安全生产管理条例》规定，下列选项中（　　）符合施工总承包单位与分包单位安全责任划分的规定。

A. 建设工程实行施工总承包的，由总承包单位对施工现场的安全生产负总责

B. 总承包单位应当自行完成建设工程主体结构施工，并承担安全责任

C. 总承包单位和分包单位对分包工程的安全生产承担连带责任

D. 分包单位应当服从总承包单位的安全生产管理

E. 分包单位不服从管理导致生产安全事故的，由分包单位承担全部责任

【答案】ABCD

【解析】根据《建设工程安全生产管理条例》第二十四条：建设工程实行施工总承包的，由总承包单位对施工现场的安全生产负总责。

总承包单位应当自行完成建设工程主体结构的施工。

总承包单位依法将建设工程分包给其他单位的，分包合同中应当明确各自的安全生产方面的权利、义务。总承包单位和分包单位对分包工程的安全生产承担连带责任。

分包单位应当服从总承包单位的安全生产管理，分包单位不服从管理导致生产安全事故的，由分包单位承担主要责任。

111. 根据生产安全事故造成的人员伤亡或者直接经济损失，事故一般分为以下（　　）等级。

A. 特别重大事故　B. 重大事故　C. 较大事故　D. 一般事故

E. 轻微事故

【答案】ABCD

【解析】根据《生产安全事故报告和调查处理条例》第三条：根据生产安全事故（以下简称事故）造成的人员伤亡或者直接经济损失，事故一般分为以下等级：

（一）特别重大事故，是指造成30人以上死亡，或者100人以上重伤（包括急性工业

中毒，下同），或者1亿元以上直接经济损失的事故；

（二）重大事故，是指造成10人以上30人以下死亡，或者50人以上100人以下重伤，或者5000万元以上1亿元以下直接经济损失的事故；

（三）较大事故，是指造成3人以上10人以下死亡，或者10人以上50人以下重伤，或者1000万元以上5000万元以下直接经济损失的事故；

（四）一般事故，是指造成3人以下死亡，或者10人以下重伤，或者1000万元以下直接经济损失的事故。

国务院安全生产监督管理部门可以会同国务院有关部门，制定事故等级划分的补充性规定。本条所称的“以上”包括本数，所称的“以下”不包括本数。

112. 依据《建设工程质量管理条例》规定，建设单位有（　　）行为的，责令改正，处20万元以上50万元以下的罚款。

A. 施工图设计文件未经审查或者审查不合格，擅自施工

B. 任意压缩合理工期

C. 明示或者暗示设计单位或者施工单位违反工程建设强制性标准，降低工程质量

D. 未取得施工许可证擅自施工

E. 明示或者暗示施工单位使用不合格的建筑材料、建筑构配件和设备

【答案】 ABCE

【解析】 根据《建设工程质量管理条例》第五十六条：违反本条例规定，建设单位有下列行为之一的，责令改正，处20万元以上50万元以下的罚款：

（一）迫使承包方以低于成本的价格竞标的；

（二）任意压缩合理工期的；

（三）明示或者暗示设计单位或者施工单位违反工程建设强制性标准，降低工程质量的；

（四）施工图设计文件未经审查或者审查不合格，擅自施工的；

（五）建设项目必须实行工程监理而未实行工程监理的；

（六）未按照国家规定办理工程质量监督手续的；

（七）明示或者暗示施工单位使用不合格的建筑材料、建筑构配件和设备的；

（八）未按照国家规定将竣工验收报告、有关认可文件或者准许使用文件报送备案的。

113. 违反《建设工程安全生产管理条例》的规定，工程监理单位有（　　）行为的，责令限期改正；逾期未改正的，责令停业整顿，并处10万元以上30万元以下的罚款；情节严重的，降低资质等级，直至吊销资质证书；造成重大安全事故，构成犯罪的，对直接责任人员，依照刑法有关规定追究刑事责任；造成损失的，依法承担赔偿责任。

A. 未对施工组织设计中的安全技术措施或者专项施工方案进行审查

B. 发现安全事故隐患未及时要求施工单位整改或者暂时停止施工

C. 未检查施工单位安全管理人员及特种作业人员资格

D. 未依照法律、法规和工程建设强制性标准实施监理

E. 施工单位拒不整改或者不停止施工，未及时向有关主管部门报告

【答案】 ABDE

【解析】 根据《建设工程安全生产管理条例》第五十七条：违反本条例的规定，工程监理单位有下列行为之一的，责令限期改正；逾期未改正的，责令停业整顿，并处10万

元以上30万元以下的罚款；情节严重的，降低资质等级，直至吊销资质证书；造成重大安全事故，构成犯罪的，对直接责任人员，依照刑法有关规定追究刑事责任；造成损失的，依法承担赔偿责任：

（一）未对施工组织设计中的安全技术措施或者专项施工方案进行审查的；

（二）发现安全事故隐患未及时要求施工单位整改或者暂时停止施工的；

（三）施工单位拒不整改或者不停止施工，未及时向有关主管部门报告的；

（四）未依照法律、法规和工程建设强制性标准实施监理的。

114. 违反《建设工程安全生产管理条例》规定，施工起重机械和整体提升脚手架、模板等自升式架设设施安装、拆卸单位有（　　）行为的，责令限期改正，处5万元以上10万元以下的罚款；情节严重的，责令停业整顿，降低资质等级，直至吊销资质证书；造成损失的，依法承担赔偿责任。

A. 未编制拆装方案、制定安全施工措施

B. 未向作业人员提供安全防护用具和安全防护服装

C. 未出具自检合格证明或者出具虚假证明

D. 未向施工单位进行安全使用说明，办理移交手续

E. 未由专业技术人员现场监督

【答案】ACDE

【解析】根据《建设工程安全生产管理条例》第六十一条：违反本条例的规定，施工起重机械和整体提升脚手架、模板等自升式架设设施安装、拆卸单位有下列行为之一的，责令限期改正，处5万元以上10万元以下的罚款；情节严重的，责令停业整顿，降低资质等级，直至吊销资质证书；造成损失的，依法承担赔偿责任：

（一）未编制拆装方案、制定安全施工措施的；

（二）未由专业技术人员现场监督的；

（三）未出具自检合格证明或者出具虚假证明的；

（四）未向施工单位进行安全使用说明，办理移交手续的；

（五）施工起重机械和整体提升脚手架、模板等自升式架设设施安装、拆卸单位有前款规定的第（一）项、第（三）项行为，经有关部门或者单位职工提出后，对事故隐患仍不采取措施，因而发生重大伤亡事故或者造成其他严重后果，构成犯罪的，对直接责任人员，依照刑法有关规定追究刑事责任。

115. 违反《建设工程安全生产管理条例》的规定，施工单位有（　　）行为的，责令限期改正；逾期未改正的，责令停业整顿，并处5万元以上10万元以下的罚款；造成重大安全事故，构成犯罪的，对直接责任人员，依照刑法有关规定追究刑事责任。

A. 施工前未对有关安全施工的技术要求作出详细说明

B. 未根据不同施工阶段和周围环境及季节、气候的变化，在施工现场采取相应的安全施工措施，或者在城市市区内的建设工程的施工现场未实行封闭围挡

C. 在尚未竣工的建筑物内设置员工集体宿舍

D. 施工现场临时搭建的建筑物不符合安全使用要求

E. 在施工组织设计中未编制安全技术措施、施工现场临时用电方案或者专项施工方案

【答案】ABCD

【解析】根据《建设工程安全生产管理条例》第六十四条：违反本条例的规定，施工单位有下列行为之一的，责令限期改正；逾期未改正的，责令停业整顿，并处5万元以上10万元以下的罚款；造成重大安全事故，构成犯罪的，对直接责任人员，依照刑法有关规定追究刑事责任：

（一）施工前未对有关安全施工的技术要求作出详细说明的；

（二）未根据不同施工阶段和周围环境及季节、气候的变化，在施工现场采取相应的安全施工措施，或者在城市市区内的建设工程的施工现场未实行封闭围挡的；

（三）在尚未竣工的建筑物内设置员工集体宿舍的；

（四）施工现场临时搭建的建筑物不符合安全使用要求的；

（五）未对因建设工程施工可能造成损害的毗邻建筑物、构筑物和地下管线等采取专项防护措施的。

施工单位有前款规定第（四）项、第（五）项行为，造成损失的，依法承担赔偿责任。

116. 依据《建筑法》规定，建筑工程监理应当依照（　　）对承包单位在施工质量、建设工期和建设资金的使用方面，代表建设单位实施监督。

A. 法律、行政法规　　B. 施工组织设计

C. 相关技术标准、规范　　D. 工程设计文件

E. 工程承包合同

【答案】ACDE

【解析】根据《中华人民共和国建筑法》第三十二条：建筑工程监理应当依照法律、行政法规及有关的技术标准、设计文件和建筑工程承包合同，对承包单位在施工质量、建设工期和建设资金使用等方面，代表建设单位实施监督。

工程监理人员认为工程施工不符合工程设计要求、施工技术标准和合同约定的，有权要求建筑施工企业改正。

工程监理人员发现工程设计不符合建筑工程质量标准或者合同约定的质量要求的，应当报告建设单位要求设计单位改正。

117. 施工单位应该严格按照专家论证通过后的专项施工方案施工，当（　　）因素发生变化，需变更施工方案时，应重新编制专项施工方案，重新组织专家论证。

A. 设计变更　　B. 监理人员　　C. 规划调整　　D. 操作工人

E. 劳务单位

【答案】AC

【解析】根据《危险性较大的分部分项工程安全管理规定》第十六条：施工单位应当严格按照专项施工方案组织施工，不得擅自修改专项施工方案。

因规划调整、设计变更等原因确需调整的，修改后的专项施工方案应当按照本规定重新审核和论证。涉及资金或者工期调整的，建设单位应当按照约定予以调整。

118. 建设工程竣工验收应当具备（　　）等条件。

A. 完整的技术档案和施工管理资料

B. 施工单位签署的工程保修书

C. 质量监督部门同意验收的文件

D. 勘察、设计、施工、工程监理等单位分别签署的质量合格文件

E. 按照国家规定将竣工验收报告、有关认可文件或者准许使用文件报送备案

【答案】ABD

【解析】根据《建设工程质量管理条例》第十六条：建设单位收到建设工程竣工报告后，应当组织设计、施工、工程监理等有关单位进行竣工验收。

建设工程竣工验收应当具备下列条件：

（一）完成建设工程设计和合同约定的各项内容；

（二）有完整的技术档案和施工管理资料；

（三）有工程使用的主要建筑材料、建筑构配件和设备的进场试验报告；

（四）有勘察、设计、施工、工程监理等单位分别签署的质量合格文件；

（五）有施工单位签署的工程保修书。

建设工程经验收合格的，方可交付使用。

119. 施工单位应当建立质量责任制，确定工程项目的（　　）。

A. 项目经理　　B. 质量负责人

C. 技术负责人　　D. 施工管理负责人

E. 安全负责人

【答案】ACD

【解析】根据《建设工程质量管理条例》第二十六条：施工单位对建设工程的施工质量负责。

施工单位应当建立质量责任制，确定工程项目的项目经理、技术负责人和施工管理负责人。

建设工程实行总承包的，总承包单位应当对全部建设工程质量负责；建设工程勘察、设计、施工、设备采购的一项或者多项实行总承包的，总承包单位应当对其承包的建设工程或者采购的设备的质量负责。

120. 施工单位应当在施工组织设计中编制安全技术措施和施工现场临时用电方案，对达到一定规模的危险性较大的分部分项工程编制专项施工方案，并附具安全验算结果，经（　　）签字后实施，由专职安全生产管理人员进行现场监督。

A. 项目经理　　B. 项目技术负责人

C. 施工单位技术负责人　　D. 电气专业监理工程师

E. 总监理工程师

【答案】CE

【解析】根据《建设工程安全管理条例》第二十六条：施工单位应当在施工组织设计中编制安全技术措施和施工现场临时用电方案，对达到一定规模的危险性较大的分部分项工程编制专项施工方案，并附具安全验算结果，经施工单位技术负责人、总监理工程师签字后实施，由专职安全生产管理人员进行现场监督。

121. 监理单位存在（　　）行为的，责令限期改正，逾期未改正的，责令停业整顿，并处10万元以上30万元以下罚款。

A. 施工单位拒绝整改或不停止施工，未及时向有关主管部门报告

B. 按照建设单位指示，要求施工单位修改进度计划，压缩工期，带来安全隐患

C. 对施工方案未提出预防安全事故的措施和建议

D. 发现安全事故隐患，未要求施工单位整改或暂时停止施工

E. 没有审查施工组织设计中的安全技术措施。

【答案】 ADE

【解析】 根据《建设工程安全管理条例》第五十七条：违反本条例的规定，工程监理单位有下列行为之一的，责令限期改正；逾期未改正的，责令停业整顿，并处10万元以上30万元以下的罚款；情节严重的，降低资质等级，直至吊销资质证书；造成重大安全事故，构成犯罪的，对直接责任人员，依照刑法有关规定追究刑事责任；造成损失的，依法承担赔偿责任：

（一）未对施工组织设计中的安全技术措施或者专项施工方案进行审查的；

（二）发现安全事故隐患未及时要求施工单位整改或者暂时停止施工的；

（三）施工单位拒不整改或者不停止施工，未及时向有关主管部门报告的；

（四）未依照法律、法规和工程建设强制性标准实施监理的。

122. 安全生产监督检查人员应当将检查的（　　）作出书面记录，并由检查人员和被检查单位的负责人签字。

A. 时间、地点、内容　　B. 发现的问题

C. 现场人数　　D. 周边环境

E. 问题处理情况

【答案】 ABE

【解析】 根据《中华人民共和国安全生产法》第六十五条：安全生产监督检查人员应当将检查的时间、地点、内容、发现的问题及其处理情况，作出书面记录，并由检查人员和被检查单位的负责人签字；被检查单位的负责人拒绝签字的，检查人员应当将情况记录在案，并向负有安全生产监督管理职责的部门报告。

123. 依据《安全生产法》规定，安全生产工作应当强化和落实生产经营单位的主体责任，建立（　　）和社会监督的机制。

A. 生产经营单位负责　　B. 职工参与

C. 政府监管　　D. 行业自律

E. 领导负责

【答案】 ABCD

【解析】 根据《中华人民共和国安全生产法》第三条：安全生产工作应当以人为本，坚持安全发展，坚持安全第一、预防为主、综合治理的方针，强化和落实生产经营单位的主体责任，建立生产经营单位负责、职工参与、政府监管、行业自律和社会监督的机制。

124. 建设单位办理竣工验收备案提交了工程验收备案表和工程竣工验收报告后，还需要提交的材料有（　　）。

A. 施工图设计文件审查意见

B. 法律、行政法规规定应当由规划、公安消防、环保等部门出具的认可文件或者准许使用文件

C. 施工单位签署的工程质量保修书

D. 住宅工程还应当提交《住宅质量保证书》《住宅使用说明书》

E. 质量监督机构的监督报告

【答案】ABCD

【解析】根据住房城乡建设部《房屋建筑工程和市政基础设施工程竣工验收备案管理暂行办法》规定，建设单位应当自工程竣工验收合格之日起15日内，依照本办法规定，向工程所在地的县级以上地方人民政府建设主管部门（以下简称备案机关）备案。

建设单位办理工程竣工验收备案应当提交下列文件：(1) 工程竣工验收备案表；(2) 工程竣工验收报告，应当包括工程报建日期，施工许可证号，施工图设计文件审查意见，勘察、设计、施工、工程监理等单位分别签署的质量合格文件及验收人员签署的竣工验收原始文件，市政基础设施的有关质量检测和功能性试验资料以及备案机关认为需要提供的有关资料；(3) 法律、行政法规规定应当由规划、环保等部门出具的认可文件或者准许使用文件；(4) 法律规定应当由公安消防部门出具的对大型的人员密集场所和其他特殊建设工程验收合格的证明文件；(5) 施工单位签署的工程质量保修书；(6) 法规、规章规定必须提供的其他文件。住宅工程还应当提交《住宅质量保证书》和《住宅使用说明书》。

125. 检验批可根据施工、质量控制和专业验收的需要，按（　　）进行划分。

A. 单元　B. 变形缝　C. 工程量　D. 楼层

E. 施工段

【答案】BCDE

【解析】根据《建筑工程施工质量验收统一标准》GB 50300—2013 第4.0.5条：检验批可根据施工、质量控制和专业验收的需要，按工程量、楼层、施工段、变形缝等进行划分。

126. 依据《建设工程监理规范》规定，总监理工程师不得将（　　）工作委托给总监理工程师代表。

A. 组织召开监理例会

B. 主持编制监理规划，审批监理实施细则

C. 组织审查施工组织设计、(专项) 施工方案

D. 组织审核分包单位资格

E. 调配调换不称职的监理人员

【答案】BE

【解析】根据《建设工程监理规范》GB/T 50319—2013 第3.2.4条：总监理工程师不得将下列工作委托总监理工程师代表：

1. 主持编写项目监理规划审批项目监理实施细则；

2. 签发工程开工/复工报审表工程暂停令工程款支付证书工程竣工报验单；

3. 审核签认竣工结算；

4. 调解建设单位与承包单位的合同争议处理索赔审批工程延期；

5. 根据工程项目的进展情况进行监理人员的调配调换不称职的监理人员。

127. 检验批应由专业监理工程师组织施工单位（　　）等进行验收。

A. 操作者　B. 专业工长

C. 项目专业质量检查员　D. 项目技术负责人

E. 班组长

【答案】BC

【解析】根据《建筑工程施工质量验收统一标准》GB 50300—2013 第6.0.1条：检验

批应由专业监理工程师组织施工单位项目专业质量检查员、专业工长等进行验收。

128. 依据《建设工程安全生产管理条例》规定，施工单位在使用施工起重机械和整体提升脚手架、模板等自升式架设设施前，应当组织有关单位进行验收，使用承租的机械设备和施工机具及配件的，由（　　）共同进行验收。

A. 施工总承包单位　　B. 分包单位
C. 出租单位　　D. 安装单位
E. 建设单位

【答案】 ABCD

【解析】 根据《建设工程安全生产管理条例》第三十五条：施工单位在使用施工起重机械和整体提升脚手架、模板等自升式架设设施前，应当组织有关单位进行验收，也可以委托具有相应资质的检验检测机构进行验收；使用承租的机械设备和施工机具及配件的，由施工总承包单位、分包单位、出租单位和安装单位共同进行验收。验收合格的方可使用。

129.《中共中央　国务院关于推进安全生产领域改革发展的意见》在“加强安全风险管控”中要求：高危项目审批必须把安全生产作为前置条件，城乡规划（　　）等各项工作必须以安全为前提，实行重大安全风险“一票否决”。

A. 布局　　B. 设计　　C. 建设　　D. 管理
E. 施工

【答案】 ABCD

【解析】 根据《中共中央　国务院关于推进安全生产领域改革发展的意见》第五项建立安全预防控制体系中加强安全风险管控方面：地方各级政府要建立完善安全风险评估与论证机制，科学合理确定企业选址和基础设施建设、居民生活区空间布局。高危项目审批必须把安全生产作为前置条件，城乡规划布局、设计、建设、管理等各项工作必须以安全为前提，实行重大安全风险“一票否决”。加强新材料、新工艺、新业态安全风险评估和管控。紧密结合供给侧结构性改革，推动高危产业转型升级。位置相邻、行业相近、业态相似的地区和行业要建立完善重大安全风险联防联控机制。构建国家、省、市、县四级重大危险源信息管理体系，对重点行业、重点区域、重点企业实行风险预警控制，有效防范重特大生产安全事故。

130. 依据《危险性较大的分部分项工程安全管理规定》规定，对于按规定需要验收的危大工程，（　　）应当组织有关人员进行验收。

A. 建设单位　　B. 设计单位　　C. 监理单位　　D. 勘察单位
E. 施工单位

【答案】 CE

【解析】 根据《危险性较大的分部分项工程安全管理规定》（住房城乡建设部 37 号令）第二十一条：对于按照规定需要验收的危大工程，施工单位、监理单位应当组织相关人员进行验收。验收合格的，经施工单位项目技术负责人及总监理工程师签字确认后，方可进入下一道工序。

危大工程验收合格后，施工单位应当在施工现场明显位置设置验收标识牌，公示验收时间及责任人员。

131. 依据《建设工程安全生产管理条例》规定，不属于建设单位安全责任的有（　　）。

A. 编制施工安全生产规章制度和操作资料

B. 向施工单位提供准确的地下管线资料

C. 对拆除工程进行备案

D. 保证设计文件符合工程建设强制性标准

E. 为从事特种作业的施工人员办理意外伤害保险

【答案】 ADE

【解析】 根据《建设工程安全生产管理条例》第六条：建设单位应当向施工单位提供施工现场及毗邻区域内供水、排水、供电、供气、供热、通信、广播电视等地下管线资料，气象和水文观测资料，相邻建筑物和构筑物、地下工程的有关资料，并保证资料的真实、准确、完整。

建设单位因建设工程需要，向有关部门或者单位查询前款规定的资料时，有关部门或者单位应当及时提供。

第七条　建设单位不得对勘察、设计、施工、工程监理等单位提出不符合建设工程安全生产法律、法规和强制性标准规定的要求，不得压缩合同约定的工期。

第十一条　建设单位应当将拆除工程发包给具有相应资质等级的施工单位。

建设单位应当在拆除工程施工15日前，将下列资料报送建设工程所在地的县级以上地方人民政府建设行政主管部门或者其他有关部门备案：

（一）施工单位资质等级证明；

（二）拟拆除建筑物、构筑物及可能危及毗邻建筑的说明；

（三）拆除施工组织方案；

（四）堆放、清除废弃物的措施。

实施爆破作业的，应当遵守国家有关民用爆炸物品管理的规定。

132. 关于注册监理工程师未执行法律、法规和工程建设强制性标准的说法正确的有（　　）。

A. 责令停止执业3个月以上1年以下

B. 情节严重的，吊销执业资格证书，2年内不予注册

C. 造成重大安全事故的，5年内不予注册

D. 处以罚金10万元

E. 构成犯罪的，依照刑法有关规定追究刑事责任

【答案】 AE

【解析】 根据《建设工程安全生产管理条例》第五十八条：注册执业人员未执行法律、法规和工程建设强制性标准的，责令停止执业3个月以上1年以下；情节严重的，吊销执业资格证书，5年内不予注册；造成重大安全事故的，终身不予注册；构成犯罪的，依照刑法有关规定追究刑事责任。

133. 涉及（　　）等项目的专项验收要求应由建设单位组织专家论证。

A. 安全　　B. 使用功能　　C. 节能　　D. 环境保护

E. 结构

【答案】 ACD

【解析】 根据《建筑工程施工质量验收统一标准》GB 50300—2013第3.0.5条：当专

业验收规范对工程中的验收项目未做出相应规定时，应由建设单位组织监理、设计、施工等相关单位制定专项验收要求。涉及安全、节能、环境保护等项目的专项验收要求应由建设单位组织专家论证。

134. 项目监理机构的组织形式和规模，可根据（　　）来确定。

A. 工程监理合同约定的服务内容、服务期限

B. 工程施工合同的要求

C. 工程的特点、规模

D. 技术复杂程度、环境

E. 建设单位的要求

【答案】 ACD

【解析】 根据《建设工程监理规范》GB/T 50319—2013 第 3.1.1 条：工程监理单位实施监理时，应在施工现场派驻项目监理机构。项目监理机构的组织形式和规模，可根据建设工程监理合同约定的服务内容、服务期限，以及工程特点、规模、技术复杂程度、环境等因素确定。

135. 依据《危险性较大的分部分项工程安全管理规定》规定，不得作为专家论证会专家组成员的有（　　）。

A. 建设单位项目负责人

B. 项目总监理工程师

C. 项目设计单位技术负责人

D. 项目专职安全生产管理人员

E. 非工程参与单位的总工程师

【答案】 ABCD

【解析】 根据《危险性较大的分部分项工程安全管理规定》（住房城乡建设部 37 号令）第十二条：对于超过一定规模的危大工程，施工单位应当组织召开专家论证会对专项施工方案进行论证。实行施工总承包的，由施工总承包单位组织召开专家论证会。专家论证前专项施工方案应当通过施工单位审核和总监理工程师审查。

专家应当从地方人民政府住房城乡建设主管部门建立的专家库中选取，符合专业要求且人数不得少于 5 名。与本工程有利害关系的人员不得以专家身份参加专家论证会。

136. 项目监理机构对施工组织设计进行审查的内容有（　　）等。

A. 编审程序是否符合相关规定

B. 工程材料质量证明文件是否齐全有效

C. 资源供应计划是否满足工程施工需要

D. 工程质量保证措施是否符合施工合同要求

E. 安全技术措施是否符合工程建设强制性标准

【答案】 ACDE

【解析】 根据《建设工程监理规范》GB/T 50319—2013 第 5.1.6 条：项目监理机构应审查施工单位报审的施工组织设计，符合要求时，应由总监理工程师签认后报建设单位。项目监理机构应要求施工单位按已批准的施工组织设计组织施工。施工组织设计需要调整时，项目监理机构应按程序重新审查。

施工组织设计审查应包括下列基本内容：

1. 编审程序应符合相关规定；

2. 施工进度、施工方案及工程质量保证措施应符合施工合同要求；

3. 资金、劳动力、材料、设备等资源供应计划应满足工程施工需要；

4. 安全技术措施应符合工程建设强制性标准；

5. 施工总平面布置应科学合理。

137. 依据《建筑工程施工质量验收统一标准》规定，分部工程可按（　　）划分。

A. 施工工艺　　B. 工程部位　　C. 工程量　　D. 专业性质

E. 施工段

【答案】 BD

【解析】 根据《建筑工程施工质量验收统一标准》GB 50300—2013 第 4.0.3 条：分部工程应按下列原则划分：1. 可按专业性质、工程部位确定。2. 当分部工程较大或较复杂时，可按材料种类、施工特点、施工程序、专业系统及类别等将分部工程划分为若干子分部工程。

138. 单位工程划分通常应在施工前确定，并应由（　　）共同协商确定。

A. 建设单位　　B. 监理单位

C. 政府建设行政主管部门　　D. 施工单位

E. 勘察单位

【答案】 ABD

【解析】 根据《建筑工程施工质量验收统一标准》GB 50300—2013 第 4.0.7 条：施工前，应由施工单位制定分项工程和检验批的划分方案，并由监理单位审核。对于附录 B 及相关专业验收规范未涵盖的分项工程和检验批，可由建设单位组织监理、施工等单位协商确定。

139. 安全生产事故划分为一般、较大、重大、特大四个等级，其中（　　）为重大事故。

A. 死亡人数 10 人以上、30 人以下，或 50 人以上 100 人以下重伤的

B. 直接经济损失 5000 万元以上 1 亿元以下的

C. 直接经济损失 1000 万以上 5000 万元以下的

D. 死亡人数 30 人以上、50 人以上 100 人以下重伤的

E. 直接经济损失 1 亿元以上的

【答案】 AB

【解析】 根据《生产安全事故报告和调查处理条例》第三条：根据生产安全事故（以下简称事故）造成的人员伤亡或者直接经济损失，事故一般分为以下等级：

（一）特别重大事故，是指造成 30 人以上死亡，或者 100 人以上重伤（包括急性工业中毒，下同），或者 1 亿元以上直接经济损失的事故；

（二）重大事故，是指造成 10 人以上 30 人以下死亡，或者 50 人以上 100 人以下重伤，或者 5000 万元以上 1 亿元以下直接经济损失的事故；

（三）较大事故，是指造成 3 人以上 10 人以下死亡，或者 10 人以上 50 人以下重伤，或者 1000 万元以上 5000 万元以下直接经济损失的事故；

（四）一般事故，是指造成 3 人以下死亡，或者 10 人以下重伤，或者 1000 万元以下直接经济损失的事故。

140. 工程监理单位应依照（　　）代表建设单位对工程实施监理，并对施工质量承担监理责任。

A. 法律法规　　B. 有关技术标准

C. 设计文件与施工方案　　D. 施工预算

E. 规范规定

【答案】AB

【解析】根据《建设工程质量管理条例》第三十六条：工程监理单位应当依照法律、法规以及有关技术标准、设计文件和建设工程承包合同，代表建设单位对施工质量实施监理，并对施工质量承担监理责任。

141. 依据《建设工程安全生产管理条例》规定，工程监理单位和监理工程师应当按照（　　）实施监理，并对建设工程安全生产承担监理责任。

A. 建设单位内控文件　　B. 法律

C. 法规　　D. 工程建设强制性标准

E. 施工单位内部标准

【答案】BCD

【解析】根据《建设工程安全生产管理条例》第十四条：工程监理单位应当审查施工组织设计中的安全技术措施或者专项施工方案是否符合工程建设强制性标准。

工程监理单位在实施监理过程中，发现存在安全事故隐患的，应当要求施工单位整改；情况严重的，应当要求施工单位暂时停止施工，并及时报告建设单位。施工单位拒不整改或者不停止施工的，工程监理单位应当及时向有关主管部门报告。

工程监理单位和监理工程师应当按照法律、法规和工程建设强制性标准实施监理，并对建设工程安全生产承担监理责任。

142. 工程建设阶段安全生产管理的监理工作要求可以归纳为（　　）。

A. 该审查的一定要审查　　B. 该检查的一定要检查

C. 该赔偿的一定要赔偿　　D. 该停工的一定要停工

E. 该报告的一定要报告

【答案】ABDE

【解析】根据《建设工程安全生产管理条例》第十四条：工程监理单位应当审查施工组织设计中的安全技术措施或者专项施工方案是否符合工程建设强制性标准。

工程监理单位在实施监理过程中，发现存在安全事故隐患的，应当要求施工单位整改；情况严重的，应当要求施工单位暂时停止施工，并及时报告建设单位。施工单位拒不整改或者不停止施工的，工程监理单位应当及时向有关主管部门报告。

工程监理单位和监理工程师应当按照法律、法规和工程建设强制性标准实施监理，并对建设工程安全生产承担监理责任。

143. 依据《危险性较大的分部分项工程安全管理规定》规定，监理单位有（　　）行为的，依照《中华人民共和国安全生产法》《建设工程安全生产管理条例》对单位进行处罚；对直接负责的主管人员和其他直接责任人员处1000元以上5000元以下的罚款。

A. 总监理工程师未按照本规定审查危大工程专项施工方案

B. 发现施工单位未按照专项施工方案实施，未要求其整改或者停工

C. 施工单位拒不整改或者不停止施工时，未向建设单位和工程所在地住房城乡建设主管部门报告

D. 总监理工程师未到岗履职

E. 未按照本规定建立危大工程安全管理档案

【答案】ABC

【解析】根据《危险性较大的分部分项工程安全管理规定》第三十六条：监理单位有下列行为之一的，依照《中华人民共和国安全生产法》《建设工程安全生产管理条例》对单位进行处罚；对直接负责的主管人员和其他直接责任人员处1000元以上5000元以下的罚款：

（一）总监理工程师未按照本规定审查危大工程专项施工方案的；

（二）发现施工单位未按照专项施工方案实施，未要求其整改或者停工的；

（三）施工单位拒不整改或者不停止施工时，未向建设单位和工程所在地住房城乡建设主管部门报告的。

144. 监理月报应包括的主要内容有（　　）。

A. 本月工程实施情况　　B. 本月监理工作情况

C. 本月施工中存在的问题及处理情况　　D. 下月监理工作重点

E. 上月监理工作情况

【答案】ABCD

【解析】根据《建设工程监理规范》GB/T 50319—2013第7.2.3条：监理月报应包括下列主要内容：1. 本月工程实施情况。2. 本月监理工作情况。3. 本月施工中存在的问题及处理情况。4. 下月监理工作重点。

145. 依据《建设工程监理规范》规定，项目监理机构对分包单位资格的审核应包括（　　）等基本内容。

A. 企业营业执照、资质等级证书　　B. 企业规模和人员数量

C. 安全生产许可证文件　　D. 类似工程业绩

E. 专职管理人员和特种作业人员的资格

【答案】ACDE

【解析】根据《建设工程监理规范》GB/T 50319—2013第5.1.10条：分包工程开工前，项目监理机构应审核施工单位报送的分包单位资格报审表，专业监理工程师提出审查意见后，应由总监理工程师审核签认。分包单位资格审核应包括下列基本内容：1. 营业执照、企业资质等级证书。2. 安全生产许可文件。3. 类似工程业绩。4. 专职管理人员和特种作业人员的资格。

146. 依据《建设工程监理规范》规定，项目监理机构对施工方案的审查应包括（　　）等基本内容。

A. 编审程序应符合相关规定　　B. 提交审查资料的编制格式

C. 工程质量保证措施应符合有关标准　　D. 工程概况和分析

E. 施工预算方案

【答案】AC

【解析】根据《建设工程监理规范》GB/T 50319—2013第5.2.2条：总监理工程师应

组织专业监理工程师审查施工单位报审的施工方案，符合要求后应予以签认。施工方案审查应包括下列基本内容：1. 编审程序应符合相关规定。2. 工程质量保证措施应符合有关标准。

147. 依据《安全生产法》规定，施工单位的主要负责人依法对本单位的安全生产工作全面负责，主要责任有（　　）。

A. 建立健全安全生产责任制度　　B. 制定安全生产规章制度和操作规程

C. 制定安全生产教育培训制度　　D. 及时、如实报告生产安全事故

E. 确保安全生产费用的有效使用

【答案】 ABCD

【解析】 根据《建设工程安全生产管理条例》二十一条：施工单位主要负责人依法对本单位的安全生产工作全面负责。施工单位应当建立健全安全生产责任制度和安全生产教育培训制度，制定安全生产规章制度和操作规程，保证本单位安全生产条件所需资金的投入，对所承担的建设工程进行定期和专项安全检查，并做好安全检查记录。施工单位的项目负责人应当由取得相应执业资格的人员担任，对建设工程项目的安全施工负责，落实安全生产责任制度、安全生产规章制度和操作规程，确保安全生产费用的有效使用，并根据工程的特点组织制定安全施工措施，消除安全事故隐患，及时、如实报告生产安全事故。

148. 依据《建设工程质量管理条例》规定，属于建设工程竣工验收应当具备的条件有（　　）。

A. 工程监理日志

B. 施工单位签署的工程保修书

C. 完成建设工程设计和合同约定的各项内容

D. 完整的技术档案和施工管理材料

E. 工程使用的主要建筑材料，建筑构配件和设备进场实验报告

【答案】 BCDE

【解析】 根据《建设工程质量管理条例》第十六条：建设单位收到建设工程竣工报告后，应当组织设计、施工、工程监理等有关单位进行竣工验收。

建设工程竣工验收应当具备下列条件：

（一）完成建设工程设计和合同约定的各项内容；

（二）有完整的技术档案和施工管理资料；

（三）有工程使用的主要建筑材料、建筑构配件和设备的进场试验报告；

（四）有勘察、设计、施工、工程监理等单位分别签署的质量合格文件；

（五）有施工单位签署的工程保修书。

建设工程经验收合格的，方可交付使用。

149. 工程监理单位和被监理工程的（　　）有隶属关系或其他利害关系的，不得承担该建设工程监理业务。

A. 建设单位　　B. 造价咨询单位

C. 施工企业　　D. 建筑材料、建筑构配件供应单位

E. 设备供应单位

【答案】 CDE

【解析】根据《建设工程质量管理条例》第三十五条：工程监理单位与被监理工程的施工承包单位以及建筑材料、建筑构配件和设备供应单位有隶属关系或者其他利害关系的，不得承担该项建设工程的监理业务。

150. 分包工程发生安全问题给建设单位造成损失的，关于损失承担的说法，正确的是（　　）。

A. 分包单位只对总承包单位承担赔偿责任

B. 建设单位可以只向给其造成损失的分包单位主张权利

C. 总承包单位赔偿额超过其应承担份额的，有权向责任的分包单位追偿

D. 建设单位与分包单位无合同关系，无权向分包单位主张权利

E. 分包单位和总承包单位对造成的损失承担连带责任

【答案】CE

【解析】根据《建设工程安全生产管理条例》第二十四条：建设工程实行施工总承包的，由总承包单位对施工现场的安全生产负总责。

总承包单位应当自行完成建设工程主体结构的施工。

总承包单位依法将建设工程分包给其他单位的，分包合同中应当明确各自的安全生产方面的权利、义务。总承包单位和分包单位对分包工程的安全生产承担连带责任。

分包单位应当服从总承包单位的安全生产管理，分包单位不服从管理导致生产安全事故的，由分包单位承担主要责任。

151. 依据《建筑工程质量管理条例》规定，以下说法正确的是（　　）。

A. 设计文件应当符合国家规定的设计深度要求，注明工程合理使用年限

B. 设计单位应当就审查合格的施工图设计文件向建设单位作出详细说明

C. 建设单位在领取施工许可证后，按照有关规定办理工程质量监督手续

D. 设计单位应当参与建设工程质量事故分析

E. 对于非施工单位原因造成的质量问题，施工单位应当负责返修

【答案】AD

【解析】根据《建设工程质量管理条例》第十三条：建设单位在领取施工许可证或者开工报告前，应当按照国家有关规定办理工程质量监督手续。

第二十一条　设计单位应当根据勘察成果文件进行建设工程设计。设计文件应当符合国家规定的设计深度要求，注明工程合理使用年限。

第二十二条　设计单位在设计文件中选用的建筑材料、建筑构配件和设备，应当注明规格、型号、性能等技术指标，其质量要求必须符合国家规定的标准。除有特殊要求的建筑材料、专用设备、工艺生产线等外，设计单位不得指定生产厂、供应商。

第二十三条　设计单位应当就审查合格的施工图设计文件向施工单位作出详细说明。

第二十四条　设计单位应当参与建设工程质量事故分析，并对因设计造成的质量事故，提出相应的技术处理方案。

152. 依据《建设工程安全生产管理条例》规定，施工单位在现场安装、拆卸施工起重机械和整体提升脚手架、模板等自升式架设设施时，应当（　　）。

A. 向建设主管部门报批　　B. 编制拆装方案

C. 签订安全作业责任状　　D. 制定安全施工措施

E. 由专业技术人员现场监督

【答案】BDE

【解析】根据《建设工程安全生产管理条例》第十七条：在施工现场安装、拆卸施工起重机械和整体提升脚手架、模板等自升式架设设施，必须由具有相应资质的单位承担。

安装、拆卸施工起重机械和整体提升脚手架、模板等自升式架设设施，应当编制拆装方案、制定安全施工措施，并由专业技术人员现场监督。

施工起重机械和整体提升脚手架、模板等自升式架设设施安装完毕后，安装单位应当自检，出具自检合格证明，并向施工单位进行安全使用说明，办理验收手续并签字。

153. 依据《建设工程质量管理条例》规定，最低保修期限为 2 年的工程有（　　）。

A. 装饰工程　　B. 电气管线

C. 给排水管道工程　　D. 屋面防水工程

E. 设备安装工程

【答案】ABCE

【解析】根据《建设工程质量管理条例》第四十条：在正常使用条件下，建设工程的最低保修期限为：

（一）基础设施工程、房屋建筑的地基基础工程和主体结构工程，为设计文件规定的该工程的合理使用年限；

（二）屋面防水工程、有防水要求的卫生间、房间和外墙面的防渗漏，为 5 年；

（三）供热与供冷系统，为 2 个采暖期、供冷期；

（四）电气管线、给排水管道、设备安装和装修工程，为 2 年；

其他项目的保修期限由发包方与承包方约定。

建设工程的保修期，自竣工验收合格之日起计算。

154. 专业监理工程师对《工程款支付报审表》的审核意见应包括（　　）等内容。

A. 确定施工单位提交的实际已验收完成的工程量

B. 审核施工单位提交的实际已开工的工程量

C. 提出到期应支付给施工单位的金额

D. 提出相应的支持性材料

E. 签署工程款支付证书

【答案】ACD

【解析】根据《建设工程监理规范》GB/T 50319—2013 第 5.3.1 条：项目监理机构应按下列程序进行工程计量和付款签证：

1. 专业监理工程师对施工单位在工程款支付报审表中提交的工程量和支付金额进行复核，确定实际完成的工程量，提出到期应支付给施工单位的金额，并提出相应的支持性材料；

2. 总监理工程师对专业监理工程师的审查意见进行审核，签认后报建设单位审批；

3. 总监理工程师根据建设单位的审批意见，向施工单位签发工程款支付证书。

155. 地基与基础分部工程的验收应由（　　）项目负责人和总监理工程师参加并签字。

A. 建设单位项目负责人

B. 勘察单位项目负责人
C. 设计单位项目负责人
D. 施工单位技术、质量部门负责人
E. 质量监督机构

【答案】 BCD

【解析】 根据《建筑工程施工质量验收统一标准》GB 50300—2013 第 6.0.3 条：分部工程应由总监理工程师组织施工单位项目负责人和项目技术负责人等进行验收。

勘察、设计单位项目负责人和施工单位技术、质量部门负责人应参加地基与基础分部工程的验收。

设计单位项目负责人和施工单位技术、质量部门负责人应参加主体结构、节能分部工程的验收。

156. 申请领取施工许可证，应当具备（　　）等条件。
A. 已经办理该建筑工程用地批准手续
B. 在城市规划区的建筑工程，已经取得规划许可证
C. 有满足施工需要的施工图纸及技术资料
D. 施工单位已确定专业分包单位
E. 现场三通一平满足施工需要

【答案】 ABC

【解析】 根据《中华人民共和国建筑法》第八条：申请领取施工许可证，应当具备下列条件：

（一）已经办理该建筑工程用地批准手续；
（二）在城市规划区的建筑工程，已经取得规划许可证；
（三）需要拆迁的，其拆迁进度符合施工要求；
（四）已经确定建筑施工企业；
（五）有满足施工需要的施工图纸及技术资料；
（六）有保证工程质量和安全的具体措施；
（七）建设资金已经落实；
（八）法律、行政法规规定的其他条件；
（九）建设行政主管部门应当自收到申请之日起十五日内，对符合条件的申请颁发施工许可证。

157. 从事建筑活动的建筑施工企业、勘察单位、设计单位和工程监理单位，应当具备（　　）等条件。
A. 有足够的从业人员数量
B. 有符合国家规定的注册资本
C. 有与其从事的建筑活动相适应的具有法定执业资格的专业技术人员
D. 有企业相关的财务管理制度
E. 有从事相关建筑活动所应有的技术装备

【答案】 BCE

【解析】 根据《中华人民共和国建筑法》第十二条：从事建筑活动的建筑施工企业、

勘察单位、设计单位和工程监理单位，应当具备下列条件：

（一）有符合国家规定的注册资本；

（二）有与其从事的建筑活动相适应的具有法定执业资格的专业技术人员；

（三）有从事相关建筑活动所应有的技术装备；

（四）法律、行政法规规定的其他条件。

158.《安全生产法》把安全投入作为必备的安全保障条件之一，要求生产经营单位应当具备的安全生产条件所必需的资金投入，由（　　）予以保证。

A. 生产经营单位的决策机构

B. 生产经营单位的主要负责人

C. 个人经营的投资人

D. 安全生产监督管理部门

E. 生产经营单位的财务部门

【答案】 ABC

【解析】 根据《中华人民共和国安全生产法》第二十条：生产经营单位应当具备的安全生产条件所必需的资金投入，由生产经营单位的决策机构、主要负责人或者个人经营的投资人予以保证，并对由于安全生产所必需的资金投入不足导致的后果承担责任。

159. 依据《建设工程质量管理条例》规定，关于违法分包行为，下列说法正确的是（　　）。

A. 总承包单位将建设工程分包给不具备相应资质条件的单位的

B. 建设工程总承包合同中未有约定，又未经建设单位认可，承包单位将其承包的部分建设工程交由其他单位完成的

C. 施工总承包单位将建设工程主体结构的施工分包给其他单位的

D. 分包单位将其承包的建设工程再分包的

E. 施工总包单位在现场派驻的管理人员公司没有合同关系的

【答案】 ABCD

【解析】 根据《建设工程质量管理条例》第七十八条：本条例所称违法分包，是指下列行为：

（一）总承包单位将建设工程分包给不具备相应资质条件的单位的；

（二）建设工程总承包合同中未有约定，又未经建设单位认可，承包单位将其承包的部分建设工程交由其他单位完成的；

（三）施工总承包单位将建设工程主体结构的施工分包给其他单位的；

（四）分包单位将其承包的建设工程再分包的。

160. 施工单位项目负责人的安全责任有：（　　）。

A. 对建设工程项目的安全施工负责，确保安全生产费用的有效使用

B. 落实安全生产责任制度、安全生产规章制度和操作规程

C. 组织制定并实施本单位安全生产教育和培训计划

D. 根据工程的特点组织制定安全施工措施，消除安全事故隐患

E. 及时、如实报告生产安全事故

【答案】 ABDE

【解析】根据《建设工程安全生产管理条例》第二十一条：施工单位的项目负责人应当由取得相应执业资格的人员担任，对建设工程项目的安全施工负责，落实安全生产责任制度、安全生产规章制度和操作规程，确保安全生产费用的有效使用，并根据工程的特点组织制定安全施工措施，消除安全事故隐患，及时、如实报告生产安全事故。

161. 专职安全生产管理人员的安全责任包括（　　）等内容。

A. 对工人进行安全生产教育和培训

B. 负责对安全生产进行现场监督检查

C. 发现安全事故隐患，应当及时向项目负责人和安全生产管理机构报告

D. 根据工程的特点组织制定安全施工措施，消除安全事故隐患

E. 对违章指挥、违章操作的，应当立即制止

【答案】BCE

【解析】根据《建设工程安全生产管理条例》第二十三条：施工单位应当设立安全生产管理机构，配备专职安全生产管理人员。

专职安全生产管理人员负责对安全生产进行现场监督检查。发现安全事故隐患，应当及时向项目负责人和安全生产管理机构报告；对违章指挥、违章操作的，应当立即制止。专职安全生产管理人员的配备办法由国务院建设行政主管部门会同国务院其他有关部门制定。

162. 下列（　　）工种需取得特种作业操作资格证书后，方可上岗作业。

A. 建筑电工　　B. 木工

C. 安装拆卸工　　D. 登高架设作业人员

E. 起重信号工

【答案】ACDE

【解析】根据《建设工程安全生产管理条例》第二十五条：垂直运输机械作业人员、安装拆卸工、爆破作业人员、起重信号工、登高架设作业人员等特种作业人员，必须按照国家有关规定经过专门的安全作业培训，并取得特种作业操作资格证书后，方可上岗作业。

163. 涉及（　　）工程的专项施工方案，施工单位还应当组织专家进行论证、审查。

A. 深基坑工程　　B. 高大模板工程

C. 灌注桩工程　　D. 大体积混凝土浇筑工程

E. 地下暗挖工程

【答案】ABE

【解析】根据《建设工程安全生产管理条例》第二十六条：施工单位应当在施工组织设计中编制安全技术措施和施工现场临时用电方案，对下列达到一定规模的危险性较大的分部分项工程编制专项施工方案，并附具安全验算结果，经施工单位技术负责人、总监理工程师签字后实施，由专职安全生产管理人员进行现场监督：

（一）基坑支护与降水工程；（二）土方开挖工程；（三）模板工程；（四）起重吊装工程；（五）脚手架工程；（六）拆除、爆破工程；（七）国务院建设行政主管部门或者其他有关部门规定的其他危险性较大的工程。

对前款所列工程中涉及深基坑、地下暗挖工程、高大模板工程的专项施工方案，施工

单位还应当组织专家进行论证、审查。

164.《中华人民共和国建筑法》所称建筑活动，是指各类房屋建筑及其附属设施的建造和与其配套的（　　）的安装活动。

A. 线路　　B. 管道　　C. 设备　　D. 工艺

E. 设施

【答案】 ABC

【解析】 根据《中华人民共和国建筑法》第二条：在中华人民共和国境内从事建筑活动，实施对建筑活动的监督管理，应当遵守本法。

本法所称建筑活动，是指各类房屋建筑及其附属设施的建造和与其配套的线路、管道、设备的安装活动。

165. 生产经营单位主要负责人未履行《安全生产法》规定的安全生产管理职责，导致发生生产安全事故的，由安全生产监督管理部门依照事故等级处以罚款。关于罚款数量的规定，下列说法正确的是（　　）。

A. 发生一般事故的，处上一年年收入百分之三十的罚款

B. 发生较大事故的，处上一年年收入百分之四十的罚款

C. 发生重大事故的，处上一年年收入百分之六十的罚款

D. 发生特别重大事故的，处上一年年收入百分之八十的罚款

E. 发生特别重大事故的，处上一年年收入百分之百的罚款

【答案】 ABCD

【解析】 根据《中华人民共和国安全生产法》第九十二条：生产经营单位的主要负责人未履行本法规定的安全生产管理职责，导致发生生产安全事故的，由安全生产监督管理部门依照下列规定处以罚款：

（一）发生一般事故的，处上一年年收入百分之三十的罚款；

（二）发生较大事故的，处上一年年收入百分之四十的罚款；

（三）发生重大事故的，处上一年年收入百分之六十的罚款；

（四）发生特别重大事故的，处上一年年收入百分之八十的罚款。

166. 依据《安全生产法》规定，发生生产安全事故，对负有责任的生产经营单位除要求其依法承担相应的赔偿等责任外，由安全生产监督管理部门处以罚款。关于罚款数量的规定，下列说法正确的是（　　）。

A. 发生一般事故的，处二十万元以上五十万元以下的罚款

B. 发生较大事故的，处五十万元以上一百万元以下的罚款

C. 发生重大事故的，处一百万元以上五百万元以下的罚款

D. 发生特别重大事故的，处五百万元以上一千万元以下的罚款；情节特别严重的，处一千万元以上二千万元以下的罚款

E. 发生特别重大事故的，处一千万元以上二千万元以下的罚款；情节特别严重的，处二千万元以上五千万元以下的罚款

【答案】 ABCD

【解析】 根据《中华人民共和国安全生产法》第一百零九条：发生生产安全事故，对负有责任的生产经营单位除要求其依法承担相应的赔偿等责任外，由安全生产监督管理部

门依照下列规定处以罚款：

（一）发生一般事故的，处二十万元以上五十万元以下的罚款；

（二）发生较大事故的，处五十万元以上一百万元以下的罚款；

（三）发生重大事故的，处一百万元以上五百万元以下的罚款；

（四）发生特别重大事故的，处五百万元以上一千万元以下的罚款；情节特别严重的，处一千万元以上二千万元以下的罚款。

167. 依据《建筑法》规定，建筑物在合理使用寿命内，必须确保（　　）的质量。

A. 地基基础工程　B. 电气　C. 主体结构　D. 管线

E. 装饰工程

【答案】AC

【解析】根据《中华人民共和国建筑法》第六十条：建筑物在合理使用寿命内，必须确保地基基础工程和主体结构的质量。

建筑工程竣工时，屋顶、墙面不得留有渗漏、开裂等质量缺陷；对已发现的质量缺陷，建筑施工企业应当修复。

168. 依据《建筑法》规定，对（　　）的行为，可以责令改正，或责令停止施工，或可以处以罚款。

A. 未委托监理单位　B. 未取得施工许可证

C. 开工报告未经批准　D. 不符合开工条件

E. 未取得规划许可证

【答案】BCD

【解析】根据《中华人民共和国建筑法》第六十四条：违反本法规定，未取得施工许可证或者开工报告未经批准擅自施工的，责令改正，对不符合开工条件的责令停止施工，可以处以罚款。

169. 工程质量评估报告应包括的主要内容有（　　）。

A. 工程各参建单位情况

B. 工程质量验收情况

C. 专项施工方案评审情况

D. 竣工资料审查情况

E. 工程质量事故及其处理情况

【答案】ABDE

【解析】根据《建设工程监理规范》GB/T 50319—2013 条文说明第 5.2.19 条：工程质量评估报告应包括以下主要内容：

1. 工程概况；

2. 工程各参建单位；

3. 工程质量验收情况；

4. 工程质量事故及其处理情况；

5. 竣工资料审查情况；

6. 工程质量评估结论。

170. 在 2017 年国务院第一号公报《中共中央　国务院关于推进安全生产领域改革发展

的意见》中，提出了推进安全生产领域改革发展应坚持安全发展、坚持改革创新、（　　）的基本原则。

A. 坚持依法监管　B. 坚持预防为主　C. 坚持源头防范　D. 坚持系统治理

E. 坚持防治结合

【答案】 ACD

【解析】 根据《中共中央　国务院关于推进安全生产领域改革发展的意见》：（二）基本原则：

——坚持安全发展。贯彻以人民为中心的发展思想，始终把人的生命安全放在首位，正确处理安全与发展的关系，大力实施安全发展战略，为经济社会发展提供强有力的安全保障。

——坚持改革创新。不断推进安全生产理论创新、制度创新、体制机制创新、科技创新和文化创新，增强企业内生动力，激发全社会创新活力，破解安全生产难题，推动安全生产与经济社会协调发展。

——坚持依法监管。大力弘扬社会主义法治精神，运用法治思维和法治方式，深化安全生产监管执法体制改革，完善安全生产法律法规和标准体系，严格规范公正文明执法，增强监管执法效能，提高安全生产法治化水平。

——坚持源头防范。严格安全生产市场准入，经济社会发展要以安全为前提，把安全生产贯穿城乡规划布局、设计、建设、管理和企业生产经营活动全过程。构建风险分级管控和隐患排查治理双重预防工作机制，严防风险演变、隐患升级导致生产安全事故发生。

——坚持系统治理。严密层级治理和行业治理、政府治理、社会治理相结合的安全生产治理体系，组织动员各方面力量实施社会共治。综合运用法律、行政、经济、市场等手段，落实人防、技防、物防措施，提升全社会安全生产治理能力。

171. 依据《建设工程安全生产管理条例》规定，专职安全生产管理人员负责对安全指挥进行现场监督检查。对（　　）的，应当立即制止。

A. 违章指挥　B. 违反纪律　C. 违反规定　D. 违章操作

E. 违反标准

【答案】 AD

【解析】 根据《建设工程安全生产管理条例》第二十三条：施工单位应当设立安全生产管理机构，配备专职安全生产管理人员。

专职安全生产管理人员负责对安全生产进行现场监督检查。发现安全事故隐患，应当及时向项目负责人和安全生产管理机构报告；对违章指挥、违章操作的，应当立即制止。

专职安全生产管理人员的配备办法由国务院建设行政主管部门会同国务院其他有关部门制定。

172. 按照住房城乡建设部的有关规定，下列（　　）工程必须进行专家论证。

A. 开挖深度超过 5m（含 5m）的基坑（槽）的土方开挖、支护、降水工程

B. 基坑未超 5m，但地质条件和周围环境复杂、地下水位在基坑以上的工程

C. 搭设高度 50m 及以上的落地式钢管脚手架工程

D. 分段架体搭设高度 20m 及以上的悬挑式脚手架工程

E. 可能影响行人、交通、电力设施、通讯设施或其他建、构筑物安全的拆除工程

【答案】 ACD

【解析】 根据住房城乡建设部办公厅关于实施《危险性较大的分部分项工程安全管理规定》有关问题的通知（建办质〔2018〕31 号）附件二（超过一定规模的危险性较大的分部分项工程范围）包括：一、深基坑工程：开挖深度超过 5m（含 5m）的基坑（槽）的土方开挖、支护、降水工程。四、脚手架工程包括：（一）搭设高度 50m 及以上的落地式钢管脚手架工程。（二）提升高度在 150m 及以上的附着式升降脚手架工程或附着式升降操作平台工程。（三）分段架体搭设高度 20m 及以上的悬挑式脚手架工程。

173. 从事建筑活动的建筑施工企业、勘察单位、设计单位和工程监理单位，应当具备（　　）等条件。

A. 符合国家规定的注册资本

B. 与其从事的建筑活动相适应的具有法定执业资格的专业技术人员

C. 从事相关建筑活动所应有的技术装备

D. 通过企业的 ISO 体系认证

E. 法律、行政法规规定的其他条件

【答案】 ABCE

【解析】 根据《中华人民共和国建筑法》第十二条：从事建筑活动的建筑施工企业、勘察单位、设计单位和工程监理单位，应当具备下列条件：

（一）有符合国家规定的注册资本；

（二）有与其从事的建筑活动相适应的具有法定执业资格的专业技术人员；

（三）有从事相关建筑活动所应有的技术装备；

（四）法律、行政法规规定的其他条件。

174. 项目监理机构应对施工单位报验的（　　）进行验收。

A. 分项工程　　B. 隐蔽工程　　C. 检验批　　D. 单位工程

E. 单项工程

【答案】 ABC

【解析】 根据《建设工程监理规范》GB/T 50319—2013 第 5.2.14 条：项目监理机构应对施工单位报验的隐蔽工程、检验批、分项工程和分部工程进行验收，对验收合格的应给予签认，对验收不合格的应拒绝签认，同时应要求施工单位在指定的时间内整改并重新报验。

175. 依据《建设工程质量管理条例》规定，建设单位应对（　　）等行为引起的质量问题承担责任。

A. 肢解建设工程进行发包

B. 因赶工而任意压缩合理工期

C. 未办理工程保险

D. 暗示设计单位或施工单位违反工程建设强制性标准

E. 对施工单位采购未经检测

【答案】 ABD

【解析】 根据《建设工程质量管理条例》第七条：建设单位应当将工程发包给具有相应资质等级的单位。建设单位不得将建设工程肢解发包。

第十条　建设工程发包单位不得迫使承包方以低于成本的价格竞标，不得任意压缩合理工期。

建设单位不得明示或者暗示设计单位或者施工单位违反工程建设强制性标准，降低建设工程质量。

176. 建筑工程检验批质量验收中的主控项目是指对（　　）起决定性作用的检验项目。

A. 节能　　B. 安全　　C. 环境保护　　D. 成本

E. 主要使用功能

【答案】 ABCE

【解析】 根据《建筑工程施工质量验收统一标准》GB 50300—2013 第 2.1.8 条：主控项目建筑工程中对安全、节能、环境保护和主要使用功能起决定性作用的检验项目。

177. 依据《建设工程安全生产管理条例》规定，施工单位应当编制专项施工方案的达到一定规模的危险性较大的分部分项工程有（　　）。

A. 基坑支护与降水工程　　B. 土方开挖工程

C. 起重吊装工程　　D. 主体结构工程

E. 模板工程和脚手架工程

【答案】 ABCE

【解析】 根据《建设工程安全生产管理条例》第二十六条：施工单位应当在施工组织设计中编制安全技术措施和施工现场临时用电方案，对下列达到一定规模的危险性较大的分部分项工程编制专项施工方案，并附具安全验算结果，经施工单位技术负责人、总监理工程师签字后实施，由专职安全生产管理人员进行现场监督：

（一）基坑支护与降水工程；

（二）土方开挖工程；

（三）模板工程；

（四）起重吊装工程；

（五）脚手架工程；

（六）拆除、爆破工程；

（七）国务院建设行政主管部门或者其他有关部门规定的其他危险性较大的工程。

178. 依据《建设工程安全生产管理条例》规定，工程监理单位的安全责任有（　　）。

A. 审查施工组织设计中的安全技术措施和专项施工方案

B. 针对采用新工艺的建设工程制定预防生产安全事故的措施建议

C. 发现存在安全事故隐患时要求施工单位整改

D. 协助施工单位执行安全教育培训制度

E. 将保证安全施工的措施有关部门备案

【答案】 AC

【解析】 根据《建设工程安全生产管理条例》第十四条：工程监理单位应当审查施工组织设计中的安全技术措施或者专项施工方案是否符合工程建设强制性标准。

工程监理单位在实施监理过程中，发现存在安全事故隐患的，应当要求施工单位整改；情况严重的，应当要求施工单位暂时停止施工，并及时报告建设单位。施工单位拒不整改或者不停止施工的，工程监理单位应当及时向有关主管部门报告。

179. 依据《建设工程监理规范》规定，工程类注册执业人员担任总监理工程师代表的条件有（　　）。

A. 中级及以上专业技术职称　　B. 大专及以上学历

C. 3年及以上工程实践经验　　D. 工程类或经济类高等教育

E. 经过监理业务培训

【答案】 ACE

【解析】 根据《建设工程监理规范》GB/T 50319—2013 第2.0.7条：总监理工程师代表是指经工程监理单位法定代表人同意，由总监理工程师书面授权，代表总监理工程师行使其部分职责和权力，具有工程类注册执业资格或具有中级及以上专业技术职称、3年及以上工程实践经验并经监理业务培训的人员。

180. 依据《建设工程监理规范》规定，监理实施细则应包括（　　）等主要内容。

A. 监理管理制度　B. 专业工程特点　C. 监理工作流程　D. 监理工作要点

E. 监理工作方法及措施

【答案】 BCDE

【解析】 根据《建设工程监理规范》GB/T 50319—2013 第4.3.4条：监理实施细则应包括下列主要内容：

1. 专业工程特点；
2. 监理工作流程；
3. 监理工作要点；
4. 监理工作方法及措施。

181. 依据《危险性较大的分部分项工程安全管理规定》规定，（　　）应当建立危大工程安全管理档案。

A. 建设单位　B. 施工单位　C. 监理单位　D. 设计单位

E. 建设主管部门

【答案】 BC

【解析】 根据《危险性较大的分部分项工程安全管理规定》第二十四条：施工、监理单位应当建立危大工程安全管理档案。

施工单位应当将专项施工方案及审核、专家论证、交底、现场检查、验收及整改等相关资料纳入档案管理。

监理单位应当将监理实施细则、专项施工方案审查、专项巡视检查、验收及整改等相关资料纳入档案管理。

182. 关于施工许可证有效期的说法，正确的有（　　）。

A. 自领取施工许可证之日起三个月内不能按期开工的，应当申请延期

B. 施工许可证延期以一次为限，且不超过六个月

C. 施工许可证延期以二次为限，每次不超过三个月

D. 因故中止施工的，应当自中止施工起一个月内向施工许可证发证机关报告

E. 中止施工满六个月以上的工程恢复施工前，应当报施工许可证发证机关核验

【答案】 ACD

【解析】 根据《中华人民共和国建筑法》第九条：建设单位应当自领取施工许可证之

日起三个月内开工。因故不能按期开工的，应当向发证机关申请延期；延期以两次为限，每次不超过三个月。既不开工又不申请延期或者超过延期时限的，施工许可证自行废止。

第十条：在建的建筑工程因故中止施工的，建设单位应当自中止施工之日起一个月内，向发证机关报告，并按照规定做好建筑工程的维护管理工作。

建筑工程恢复施工时，应当向发证机关报告；中止施工满一年的工程恢复施工前，建设单位应当报发证机关核验施工许可证。

183. 依据《危险性较大的分部分项工程安全管理规定》规定，不得以专家身份参加专项施工方论证会的人员有（　　）。

A. 本项目的总监理工程师　　B. 本项目施工项目经理

C. 本项目建设单位项目经理　　D. 本项目质量安全监督机构负责人

E. 专家库抽取的非本项目专业技术人员

【答案】 ABC

【解析】 根据《危险性较大的分部分项工程安全管理规定》第十二条：对于超过一定规模的危大工程，施工单位应当组织召开专家论证会对专项施工方案进行论证。实行施工总承包的，由施工总承包单位组织召开专家论证会。专家论证前专项施工方案应当通过施工单位审核和总监理工程师审查。

专家应当从地方人民政府住房城乡建设主管部门建立的专家库中选取，符合专业要求且人数不得少于5名。与本工程有利害关系的人员不得以专家身份参加专家论证会。

184. 依据《危险性较大的分部分项工程安全管理规定》规定，专家论证的主要内容应当包括（　　）。

A. 专项方案内容是否完整、可行

B. 专项方案的编审程序是否符合规定

C. 专项施工方案计算书和验算依据、施工图是否符合有关标准规范

D. 专项施工方案是否满足现场实际情况，并能够确保施工安全

E. 专项方案实施是否满足工程进度计划

【答案】 ACD

【解析】 根据住房城乡建设部办公厅关于实施《危险性较大的分部分项工程安全管理规定》有关问题的通知（建办质〔2018〕31号文）第四项关于专家论证内容：对于超过一定规模的危大工程专项施工方案，专家论证的主要内容应当包括：

（一）专项施工方案内容是否完整、可行；

（二）专项施工方案计算书和验算依据、施工图是否符合有关标准规范；

（三）专项施工方案是否满足现场实际情况，并能够确保施工安全。

185. 依据《危险性较大的分部分项工程安全管理规定》规定，专项施工方案应当由（　　）审核签字、加盖单位公章，并由（　　）审查签字、加盖执业印章后方可实施。

A. 施工单位技术负责人　　B. 总监理工程师

C. 建设单位项目负责人　　D. 施工单位项目经理

E. 设计单位技术负责人

【答案】 AB

【解析】 根据《危险性较大的分部分项工程安全管理规定》第十一条：专项施工方案

应当由施工单位技术负责人审核签字、加盖单位公章，并由总监理工程师审查签字、加盖执业印章后方可实施。

186. 根据《建设工程监理规范》，监理员的任职条件有（　　）。

A. 中专以上学历　　B. 中级及以上专业技术职称

C. 经过监理业务培训　　D. 工程类注册执业资格

E. 2 年以上工程实践经验

【答案】AC

【解析】根据《建设工程监理规范》GB/T 50319—2013 第 2.0.9 条：监理员从事具体监理工作，具有中专及以上学历并经过监理业务培训的人员。

187. 制定《中华人民共和国安全生产法》目的是为了（　　）。

A. 加强安全生产工作　　B. 防止和减少生产安全事故

C. 保障人民群众生命和财产安全　　D. 促进经济社会持续健康发展

E. 为了制裁各种安全生产违法犯罪行为

【答案】ABCD

【解析】根据《中华人民共和国安全生产法》第一条：为了加强安全生产工作，防止和减少生产安全事故，保障人民群众生命和财产安全，促进经济社会持续健康发展，制定本法。

188. 负有安全生产监督管理职责的部门对涉及安全生产的事项进行审查、验收时（　　）。

A. 不得收取费用

B. 不得要求接受审查、验收的单位购买其指定品牌或者指定生产、销售单位的安全设备、器材或者其他产品

C. 合理收取费用

D. 可以要求接受审查、验收的单位购买其指定品牌或者指定生产、销售单位的安全设备、器材或者其他产品

E. 部分收取费用

【答案】AB

【解析】根据《中华人民共和国安全生产法》第六十一条：负有安全生产监督管理职责的部门对涉及安全生产的事项进行审查、验收，不得收取费用；不得要求接受审查、验收的单位购买其指定品牌或者指定生产、销售单位的安全设备、器材或者其他产品。

189. 施工单位应当在（　　）、爆破物及有害危险气体和液体存放处等危险部位，设置明显的安全警示标志。

A. 施工围墙　　B. 施工起重机械　　C. 临时用电设施　　D. 脚手架

E. 基坑边沿

【答案】BCDE

【解析】根据《中华人民共和国建设工程安全生产管理条例》第二十八条：施工单位应当在施工现场入口处、施工起重机械、临时用电设施、脚手架、出入通道口、楼梯口、电梯井口、孔洞口、桥梁口、隧道口、基坑边沿、爆破物及有害危险气体和液体存放处等危险部位，设置明显的安全警示标志。安全警示标志必须符合国家标准。

190. 危险性较大的分部分项工程安全专项施工方案的施工安全保证措施应包括（　　）。

A. 备案申报　　B. 组织保障措施　　C. 技术措施　　D. 应急处置措施

E. 监测监控措施

【答案】BCE

【解析】根据住房城乡建设部办公厅关于实施《危险性较大的分部分项工程安全管理规定》有关问题的通知（建办质〔2018〕31号）二、关于专项施工方案内容中危大工程专项施工方案的主要内容应当包括：

（一）工程概况：危大工程概况和特点、施工平面布置、施工要求和技术保证条件；

（二）编制依据：相关法律、法规、规范性文件、标准、规范及施工图设计文件、施工组织设计等；

（三）施工计划：包括施工进度计划、材料与设备计划；

（四）施工工艺技术：技术参数、工艺流程、施工方法、操作要求、检查要求等；

（五）施工安全保证措施：组织保障措施、技术措施、监测监控措施等；

（六）施工管理及作业人员配备和分工：施工管理人员、专职安全生产管理人员、特种作业人员、其他作业人员等；

（七）验收要求：验收标准、验收程序、验收内容、验收人员等；

（八）应急处置措施；

（九）计算书及相关施工图纸。

191. 在下列（　　）行业中，生产经营单位的主要负责人和安全生产管理人员的安全生产知识和管理能力应当由主管的负有安全生产监督管理职责的部门对其安全生产知识和管理能力考核合格。

A. 危险物品的生产、经营、储存单位　　B. 金属冶炼、矿山企业

C. 建筑施工企业　　D. 机械制造企业

E. 道路运输单位

【答案】ABCE

【解析】根据《中华人民共和国安全生产法》第二十四条：生产经营单位的主要负责人和安全生产管理人员必须具备与本单位所从事的生产经营活动相应的安全生产知识和管理能力。

危险物品的生产、经营、储存单位以及矿山、金属冶炼、建筑施工、道路运输单位的主要负责人和安全生产管理人员，应当由主管的负有安全生产监督管理职责的部门对其安全生产知识和管理能力考核合格。考核不得收费。

192. 生产经营单位应当对从业人员进行安全生产教育和培训，保证从业人员具备必要的安全生产知识，培训的内容包括（　　）。

A. 安全生产规章制度和安全操作规程　　B. 职业道德和企业文化

C. 事故应急处理措施　　D. 掌握本岗位的安全操作技能

E. 自身在安全生产方面的权利和义务

【答案】ACDE

【解析】根据《中华人民共和国安全生产法》第二十五条：生产经营单位应当对从业人员进行安全生产教育和培训，保证从业人员具备必要的安全生产知识，熟悉有关的安全生产

规章制度和安全操作规程，掌握本岗位的安全操作技能，了解事故应急处理措施，知悉自身在安全生产方面的权利和义务。未经安全生产教育和培训合格的从业人员，不得上岗作业。

193. 关于生产经营单位安全生产管理机构以及安全生产管理人员的职责，下列说法正确的是（　　）。

A. 督促落实本单位重大危险源的安全管理措施

B. 组织或者参与拟订本单位安全生产规章制度、操作规程和生产安全事故应急救援预案

C. 保证本单位安全生产投入的有效实施

D. 组织或者参与本单位应急救援演练

E. 检查本单位的安全生产状况，及时排查生产安全事故隐患，提出改进安全生产管理的建议

【答案】ABDE

【解析】根据《中华人民共和国安全生产法》第二十二条：生产经营单位的安全生产管理机构以及安全生产管理人员履行下列职责：

（一）组织或者参与拟订本单位安全生产规章制度、操作规程和生产安全事故应急救援预案；

（二）组织或者参与本单位安全生产教育和培训，如实记录安全生产教育和培训情况；

（三）督促落实本单位重大危险源的安全管理措施；

（四）组织或者参与本单位应急救援演练；

（五）检查本单位的安全生产状况，及时排查生产安全事故隐患，提出改进安全生产管理的建议；

（六）制止和纠正违章指挥、强令冒险作业、违反操作规程的行为；

（七）督促落实本单位安全生产整改措施。

194. 专业监理工程师应审查施工单位报送的新材料、新工艺、新技术、新设备的（　　）的适用性，必要时，应要求施工单位组织专题论证，审查合格后报总监理工程师签认。

A. 质量认证材料　B. 安全认证材料　C. 相关验收标准　D. 设计标准

E. 鉴定标准

【答案】AC

【解析】根据《建设工程监理规范》GB/T 50319—2013 第 5.2.4 条：专业监理工程师应审查施工单位报送的新材料、新工艺、新技术、新设备的质量认证材料和相关验收标准的适用性，必要时，应要求施工单位组织专题论证，审查合格后报总监理工程师签认。

195. 依据《建设工程安全生产管理条例》规定，对于采用新结构、新材料、新工艺的建设工程和特殊结构的建设工程，设计单位应当在设计中提出（　　）的措施建议。

A. 保证施工进度　B. 保障施工作业人员安全

C. 保证工程质量　D. 预防生产安全事故

E. 保障资金投入

【答案】BD

【解析】根据《建设工程安全生产管理条例》第十三条：采用新结构、新材料、新工

艺的建设工程和特殊结构的建设工程，设计单位应当在设计中提出保障施工作业人员安全和预防生产安全事故的措施建议。

196. 依据《建设工程安全生产管理条例》规定，（　　）等自升式架设设施的使用达到国家规定的检验检测期限的，必须经具有专业资质的检验检测机构检测。经检测不合格的，不得继续使用。

A. 施工起重机械　　B. 商品混凝土输送泵

C. 整体提升脚手架　　D. 商品混凝土拌合机

E. 模板

【答案】ACE

【解析】根据《建设工程安全生产管理条例》第十八条：施工起重机械和整体提升脚手架、模板等自升式架设设施的使用达到国家规定的检验检测期限的，必须经具有专业资质的检验检测机构检测。经检测不合格的，不得继续使用。

参考文献

［1］《中华人民共和国安全生产法》(2014 年修正).

［2］《中华人民共和国建筑法》(2019 年修正).

［3］《建设工程安全生产管理条例》(国务院 393 号令).

［4］《建设工程质量管理条例》(国务院 279 号令).

［5］《建设工程监理规范》(GB/T 50319—2013).

［6］《建筑工程施工质量验收统一标准》(GB 50300—2013).

［7］《危险性较大的分部分项工程安全管理规定》住建部 2018 年第 37 号令.

［8］住房城乡建设部办公厅关于实施《危险性较大的分部分项工程安全管理规定》有关问题的通知(建办质〔2018〕31 号).

［9］《施工现场临时用电安全技术规范》(JGJ 46—2005).

［10］《建筑施工安全检查标准》(JGJ 59—2011).

［11］《国务院关于进一步加强企业安全生产工作的通知》(国发〔2010〕23 号).

［12］《建筑施工扣件式脚手架安全技术规程》(JGJ 130—2011).

［13］《建筑施工特种作业人员管理规定》(建质〔2008〕75 号).

［14］《生产安全事故报告和调查处理条例》(国务院 493 号令).

［15］《建设工程高大模板支撑系统施工安全监督管理导则》建质〔2009〕254 号.

［16］《中共中央　国务院关于推进安全生产领域改革发展的意见》(2016 年 12 月 9 日).

［17］《中华人民共和国刑法》(2014 年修正).

［18］《安全生产许可证条例》(2014 年修正).

［19］《建筑施工企业安全生产管理机构设置及专职安全生产管理人员配备办法》(建质〔2008〕91 号).

［20］《安全色》(GB 2893—2008).

［21］《企业安全生产标准化基本规范》(GB/T 33000—2016).

［22］《建筑施工企业主要负责人、项目负责人和专职安全生产管理人员安全生产管理规定》(住建部 2014 年第 17 号令).

［23］《建筑施工模板安全技术规范》(JGJ 162—2008).

［24］《建筑施工高处作业安全技术规范》(JGJ 80—2016).

［25］《特种作业人员安全技术培训考核管理规定》(安监总局令第 80 号).

［26］《房屋建筑工程质量保修办法》(中华人民共和国建设部令第 80 号).

［27］《建筑施工模板安全技术规范 》(JGJ 162—2008).

［28］《关于落实建设工程安全生产监理责任的若干意见》(建市〔2006〕248 号).

［29］《建筑工程预防坍塌事故若干规定》建质〔2003〕82 号.

［30］《建设工程项目管理规范》(GB/T 50326—2017).

［31］《建筑施工工人安全教育规范》(建标〔2006〕77 号).